信息安全工程师 5 天修炼

施　游　朱小平　编著

中国水利水电出版社
www.waterpub.com.cn
·北京·

内 容 提 要

计算机软件考试作为国家级的专业技术人员资格水平考试，是目前行业内最具权威的资格水平考试。信息安全工程师（中级）作为其中一个岗位，通过该考试并获得证书的人员，表明已具备从事相应专业岗位工作的水平和能力。

本书结合作者培训经验，安排了5天的学习内容。本书利用"思维导图"来帮助考生梳理考纲、教程、考题所涉及的知识脉络；对于重点和难点进行标记并进行详细阐述和分析；对于一般性的知识点和通俗易懂的知识，简单分析。最终实现把书读薄，把书读透，花较少的精力亦能获得更好的成绩。最后，还给出了一套全真的模拟试题并给出了详细的分析。

本书可供广大有志于通过考试的考生考前复习使用，也可供各类高等院校（或培训班）的教师教学、培训使用。

图书在版编目（ＣＩＰ）数据

信息安全工程师5天修炼 / 施游，朱小平编著. --
北京 ：中国水利水电出版社，2017.3（2020.3重印）
ISBN 978-7-5170-5219-7

Ⅰ．①信… Ⅱ．①施… ②朱… Ⅲ．①信息安全－安全技术－资格考试－自学参考资料 Ⅳ．①TP309

中国版本图书馆CIP数据核字(2017)第040333号

责任编辑：周春元　　　加工编辑：孙　丹　　　封面设计：李　佳

书　　名	信息安全工程师 5 天修炼 XINXI ANQUAN GONGCHENGSHI 5 TIAN XIULIAN
作　　者	施　游　朱小平　编著
出版发行	中国水利水电出版社 （北京市海淀区玉渊潭南路 1 号 D 座　100038） 网址：www.waterpub.com.cn E-mail：mchannel@263.net（万水） 　　　　sales@waterpub.com.cn 电话：（010）68367658（营销中心）、82562819（万水）
经　　售	全国各地新华书店和相关出版物销售网点
排　　版	北京万水电子信息有限公司
印　　刷	三河市铭浩彩色印装有限公司
规　　格	184mm×240mm　　16 开本　　17.75 印张　　422 千字
版　　次	2017 年 3 月第 1 版　　2020 年 3 月第 6 次印刷
印　　数	15001—18000 册
定　　价	58.00 元

编委会成员

前　言

网络安全已成为信息时代国家安全的战略基石。随着互联网化、信息技术的飞速发展，政治、经济、军事等领域都面临着网络与信息安全等问题。一旦信息基础设施被破坏、信息泄露，将给国家、企业、个人带来巨大的损失和影响。维护网络与信息安全就成为了国家、社会、企业发展的前提。网络安全成为关乎全局的重大问题，信息化程度越高的行业，其安全工作越重要，对相关人才的需求也越迫切。

计算机软件考试作为国家级的专业技术人员资格水平考试，是目前行业内最具权威的资格水平考试。计算机软件考试纳入全国专业技术人员职业资格证书制度的统一规划，信息安全工程师（中级）作为其中一个岗位，通过该考试并获得证书的人员，表明已具备从事相应专业岗位工作的水平和能力，用人单位可根据工作需要从获得证书的人员中择优聘任相应专业技术职务（中级对应工程师）的人员。

我们在线上、线下进行的考前辅导中，与很多"准信息安全工程师"交流过，他们都反映出一个心声："考试涉及面太广，教程1000多页不可能看完，密码学太难看不懂，工作太忙没有时间复习。"

为了帮助"准信息安全工程师"们，结合我们10多年的软考辅导心得，我们想就以历次培训经典的5天时间，共30多个学时作为学习时序，将本书命名为"信息安全工程师5天修炼"，寄希望于考生能在5天的时间里有所飞跃。5天的时间很短，但真正深入学习也很不容易。真诚地希望"准信息安全工程师"们能抛弃一切杂念，静下心来，将5天的学习当作一个修炼项目来做，相信一定会有意外的收获。

然而，信息安全工程师考试的范围十分广泛，如信息安全基础、安全法规和标准、计算机网络基础、密码学、网络安全、系统安全、应用配置等领域知识，这里每一门知识都可以扩展为一门或者多门课程。同时，大部分考生们是没有足够的时间反复阅读教程的，也没有时间和精力耗费在旷日持久的复习上。所以，我们坚持简化教程、突出重点，利用"思维导图"来帮助考生梳理考纲、教程、考题所涉及的知识脉络；对于重点和难点进行标记，并进行详细阐述和分析；对于一般性的知识点和通俗易懂的知识简单分析。最终实现把书读薄，把书读透，花较少的精力亦能获得很好的成绩。

感谢学员在教学过程中给予的反馈！

感谢合作培训机构给予的支持！

感谢中国水利水电出版社在此套丛书上的尽心尽力！

感谢湖南师范大学信息化办公室陈宇主任、张智勇主任和全体同事们的大力支持，他们为本书提了不少宝贵意见，甚至参与了部分编写工作！

我们自知本书并非完美，我们的教师团队也必然会持续完善本书。读者在阅读过程中有任何想法和意见，欢迎关注"攻克要塞"公众号（扫描二维码），与我们交流。

编　者

目　录

冲关前的准备

不管基础如何、学历如何，拿到这本书的就算是有缘人。5 天的关键学习并不需要准备太多的东西，不过还是在此罗列出来，以做一些必要的简单准备。

（1）本书。如果看不到本书那真是太遗憾了。

（2）至少 20 张草稿纸。

（3）1 支笔。

（4）处理好自己的工作和生活，以使这 5 天能静下心来学习。

◎考试形式解读

信息安全工程师考试有两场，分为上午考试和下午考试，两场考试均在同一天。而且两场考试中都要合格，方可拿到信息安全工程师证书。

上午考试的内容是**信息安全基础知识**，考试时长为 150 分钟，考题均为单项选择题（其中含 5 分的英文题）。上午考试共计 75 道题，每题 1 分，满分 75 分，通常 45 分过关。

下午考试的内容是**信息安全应用技术**，考试时长为 150 分钟，笔试，问答题。一般为 5 道大题，每题 10~20 分，每道大题含若干个小问，满分 75 分，通常 45 分过关。

◎答题注意事项

上午考试答题时要注意以下事项：

（1）记得带 2B 以上的铅笔和橡皮。上午考试答题采用填涂答题卡的形式，阅卷是由机器阅卷的，所以需要使用 2B 以上的铅笔；带好一点的橡皮是为了修改选项时擦得比较干净。

（2）注意把握考试时间，上午考试时间有 150 分钟，但题量较大，一共 75 道题，每道题答题时间不到 2 分钟，最后还要留出 10 分钟填涂答题卡以及核对选项。

（3）做题先易后难。上午考试中一般前面的试题会容易一点，大多是知识点性质的题目，以及少量计算题，个别会有一定难度，难题常出现在 60~70 题之间。考试时建议先将容易做的和自己会的做完，其他的先跳过去，在后续的时间中再集中精力做难题。

下午考试答题采用的是专用答题纸，题型可以是选择题、填空题、简答题、计算题等。下午考试答题时要注意以下事项：

（1）先易后难。先大致浏览一下 5 道考题，考试往往既会有知识点问答题，也会有计算题，同样先将自己最为熟悉和最有把握的题先完成，再重点攻关难题。

（2）问答题最好以要点形式回答。阅卷时多以要点给分，不一定要求和参考答案一模一样，常以关键词语或语句意思表达相同或接近为判断是否给分或给多少分的标准。因此答题时要点要多写一些，以涵盖到参考答案中的要点。比如，如果题目中某问题给的是 5 分，则极可能是 5 个要点，一个要点 1 分，回答时最好能写出 7 个左右的要点。

◎ 制定复习计划

5 天的集中学习对每位考生来说都是一个挑战，这么多的知识点要在短短的 5 天时间内看完是很不容易的，也是非常紧张的，但也是值得的。学习完这 5 天，相信你会感到非常充实，通过考试胜券在握。先看看这 5 天的内容是如何安排的吧（如表 1-1 所示）。

表 1-1　5 天修炼学习计划表

时间		学习内容
第 1 天　学习基础，熟悉法律	第 1~4 学时	信息安全基础知识
	第 5~8 学时	安全法规和标准
第 2 天　夯实基础，学习密码学	第 1 学时	密码学基本概念
	第 2 学时	分组密码
	第 3 学时	序列密码
	第 4 学时	Hash 函数
	第 5 学时	公钥密码体制
	第 6~8 学时	数字签名、认证、密钥管理
第 3 天　学习网络和网络安全	第 1~4 学时	计算机网络基础
	第 5~8 学时	网络安全
第 4 天　再接再厉，深入实践	第 1~2 学时	系统安全
	第 3~4 学时	应用安全
	第 5~6 学时	信息系统安全
	第 7~8 学时	安全配置
第 5 天　模拟测试，反复操练	第 1~2 学时	模拟测试 1（上午试题）
	第 3~4 学时	模拟测试 1（下午试题）
	第 5~6 学时	模拟测试 1（上午试题点评）
	第 7~8 学时	模拟测试 1（下午试题点评）

闲话不多说了，开始第 1 天的学习吧。

学习基础，熟悉法律

第1天学习的知识点包括信息安全基础知识、安全法规和标准。

第1章　信息安全基础知识

本章考点知识结构图如图1-0-1所示。

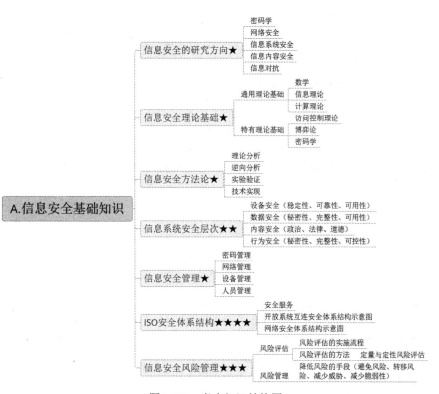

图1-0-1　考点知识结构图

1.1　信息安全研究方向

目前信息安全的研究包含密码学、网络安全、信息系统安全、信息内容安全、信息对抗等方向。

网络空间是所有信息系统的集合,网络空间安全的核心是信息安全。网络空间安全学科是研究信息的获取、存储、传输、处理等领域中信息安全保障问题的一门学科。

1.2　信息安全理论基础

信息安全理论基础包含的学科如下:

(1)通用理论基础。

● 数学:包含代数、数论、概率统计、组合数学、逻辑学等知识。

● 信息理论:包含信息论、控制论、系统论。

● 计算理论:包含可计算性理论、计算复杂性理论。

(2)特有理论基础。

● 访问控制理论:包含各种访问控制模型、授权理论。

● 博弈论:一些个人、团队、组织面对一定的环境条件,在一定的规则约束下,依靠掌握的信息,同时或先后,一次或多次,从各自允许选择的行为或策略进行选择并实施,并各自取得相应结果或收益的过程。

● 密码学:研究编制密码和破译密码的技术科学。

1.3　信息安全方法论

信息安全方法论是研究解决安全问题的方法,具体内容有**理论分析、逆向分析、实验验证、技术实现**。

1.4　信息系统安全层次

信息系统安全可以划分为四个层次,具体如表 1-4-1 所示。

表 1-4-1　信息系统安全层次

层次	属性	说明
设备安全	设备稳定性	设备一定时间内不出故障的概率
	设备可靠性	设备一定时间内正常运行的概率
	设备可用性	设备随时可以正常使用的概率

续表

层次	属性	说明
数据安全	数据秘密性	数据不被未授权方使用的属性
	数据完整性	数据保持真实与完整，不被篡改的属性
	数据可用性	数据随时可以正常使用的概率
内容安全	政治健康	略
	合法合规	
	符合道德规范	
行为安全	行为秘密性	行为的过程和结果是秘密的，不影响数据的秘密性
	行为完整性	行为的过程和结果可预期，不影响数据的完整性
	行为的可控性	可及时发现、纠正、控制偏离预期的行为

1.5　信息安全管理

信息安全管理是维护信息安全的体制，是对信息安全保障进行指导、规范的一系列活动和过程。**信息安全管理体系**是组织在整体或特定范围内建立的信息安全方针和目标，以及所采用的方法和手段所构成的体系。该体系包含**密码管理、网络管理、设备管理、人员管理**。

1.5.1　密码管理

密码技术是保护信息安全的最有效手段，也是保护信息安全的最关键技术。各国政府相应出台了各种密码管理政策用于控制密码技术、监控密码市场等。目前我国密码管理相关的机构是国家密码管理局，全称国家商用密码管理办公室。

国家出台密码相关的主要政策有《商用密码管理条例》（中华人民共和国国务院第 273 号令，1999 年 10 月 7 日发布）、《电子认证服务密码管理办法》《证书认证系统密码及其相关安全技术规范》《商用密码科研管理规定》《商用密码产品生产管理规定》和《商用密码产品销售管理规定》《可信计算密码支撑平台功能与接口规范》《IPSec VPN 技术规范》。

《商用密码管理条例》相关的重要规定如下：

第二条　本条例所称商用密码，是指对不涉及国家秘密内容的信息进行加密保护或者安全认证所使用的密码技术和密码产品。

第三条　商用密码技术属于国家秘密。国家对商用密码产品的科研、生产、销售和使用实行专控管理。

第四条　国家密码管理委员会及其办公室（以下简称国家密码管理机构）主管全国的商用密码管理工作。

1.5.2　网络管理

网络管理是对网络进行有效而安全的监控、检查。网络管理的任务就是检测和控制。OSI 定义的网络管理功能有性能管理、配置管理、故障管理、安全管理、计费管理。

注意：详细的网络管理知识参见本书的 SNMP 部分。

1.5.3　设备管理

设备安全管理包含设备的选型、安装、调试、安装与维护、登记与使用、存储管理等。设备管理相关标准有：《电子计算机机房设计规范》（GB50173-9）、《计算站场地技术条件》（GB2887-89）、《计算站场地安全要求》（GB9361-88）。

1.5.4　人员管理

人员管理应该全面提升管理人员的业务素质、职业道德、思想素质。网络安全管理人员首先应该通过安全意识、法律意识、管理技能等多方面的审查；之后要对所有相关人员进行适合的安全教育培训。

安全教育对象不仅仅包含网络管理员，还应该包含用户、管理者、工程实施人员、研发人员、运维人员等。

安全教育培训内容包含法规教育、安全技术教育（包含加密技术、防火墙技术、入侵检测技术、漏洞扫描技术、备份技术、计算机病毒防御技术和反垃圾邮件技术、风险防范措施和技术等）和安全意识教育（包含了解组织安全目标、安全规定与规则、安全相关法律法规等）。

1.6　ISO 安全体系结构

ISO 制定了国际标准 ISO7498-2-1989《信息处理系统开放系统互连基本参考模型　第 2 部分安全体系结构》。该标准描述了开放系统互连（OSI）的基本参考模型，为协调开发现有的与未来系统互连标准建立起了一个框架。其任务是提供安全服务与有关机制的一般描述，确定在参考模型内部提供服务与机制的位置。图 1-6-1 给出了开放系统互连安全体系结构示意图。

ISO 的开放系统互连安全体系结构包含了安全机制、安全服务、OSI 参考模型，并明确了三者之间的逻辑关系。

- 安全机制：保护系统免受攻击、侦听、破坏及恢复系统的机制。
- 安全服务：加强数据处理系统和信息传输的安全性服务，利用一种或多种安全机制阻止安全攻击。
- OSI 参考模型：开放系统互连参考模型，即常见的七层协议体系结构。

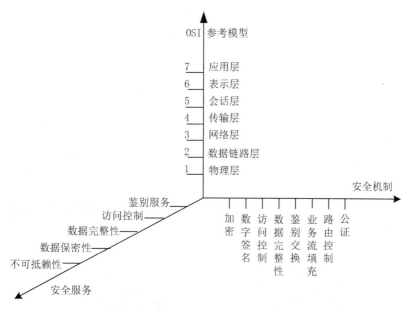

图 1-6-1　开放系统互连安全体系结构示意图

网络安全体系结构借鉴了开放系统互连安全体系结构，具体如图 1-6-2 所示。

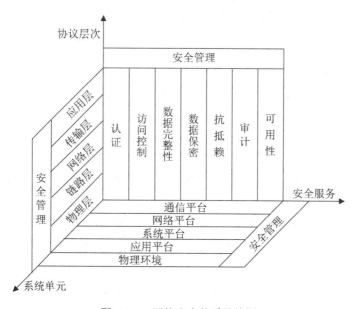

图 1-6-2　网络安全体系结构图

网络安全体系结构包含三部分内容：协议层次、系统单元、安全服务。

- 协议层次：TCP/IP 协议。
- 系统单元：该安全单元能解决哪些系统环境的安全问题。
- 安全服务：该安全单元能解决哪些安全威胁。

1.7　信息安全风险管理

系统外部可能造成的损害，称为威胁；系统内部可能造成的损害，称为脆弱性。系统风险则是威胁利用脆弱性造成损坏的可能性。

图 1-7-1 蛋的裂缝可以看作"鸡蛋"系统的脆弱性，而苍蝇可以看作威胁，苍蝇叮有缝的蛋表示威胁利用脆弱性造成了破坏。

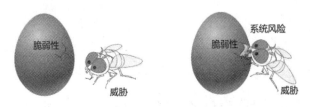

苍蝇不叮无缝的蛋

图 1-7-1　威胁、损害、系统风险示意图

1.7.1　风险评估

风险评估就是依据评估标准，利用评估的方法、技术和工具，对系统中资产、威胁、脆弱点所带来风险的大小，以及可能的控制措施的全面评估。在项目管理理论中，风险评估在风险分析和风险监控中常常用到。

对信息系统进行风险评估，首先要确保评估和分析的内容、范围应该覆盖整个信息系统的体系。系统体系包含：系统基本情况分析、系统安全状况调查、系统安全组织、政策分析、系统弱点漏洞分析等。

风险评估的过程包括风险评估准备、风险因素识别、风险程度分析和风险等级评价四个阶段。风险评估的方法有定性风险评估、定量风险评估、定量与定性结合的风险评估。

- 定性风险评估：评估、汇总风险发生的概率和影响，并对风险进行排序。
- 定量风险评估：定量分析已识别风险对项目的整体影响。
- 定量与定性结合的风险评估：常用的方法有**层次分析法**，核心是将决策者的经验判断进行量化，并提供定量的决策依据。层次分析法的基本步骤是系统分解、构造判断矩阵、层次总排序。

1.7.2　风险管理

风险管理的目的提高积极风险的发生概率和影响，降低消极风险的发生概率和影响。项目管理中定义的风险管理包含如下过程：

（1）规划风险管理：决定如何进行、规划和实施项目风险管理活动。

（2）识别风险：识别并记录影响项目的风险。

（3）定性风险分析：评估、汇总风险发生的概率和影响，并对风险进行排序。

（4）定量风险分析：定量分析已识别风险对项目的整体影响。

（5）风险控制：制定具体的积极、消极风险应对方案。减少风险的方法如下：避免风险（例如：隔离重要计算机避免受攻击）、转移风险（例如：外包服务、购买保险）、减少威胁（例如：安装杀毒软件）、减少脆弱性（例如：安装系统补丁）、减少威胁可能的损害、检测意外事件。

（6）风险监控：整个项目过程中，跟踪已知风险，识别新风险，实施风险应对、评估风险有效性。

一般可通过以下途径达到降低风险的目的：

● 避免风险：通过改变项目计划，排除风险起源，改变风险目标避免风险，取消项目。例如，对重要设备进行网络隔离，避免攻击。

● 转移风险：将部分或者全部风险连同应对的责任转移到他方身上。例如，对高风险业务进行外包、保险、担保等。

● 减少威胁：降低风险概率到可接受范围。例如，部署杀毒软件或者反木马软件，减少系统被攻击的机会。

● 减少脆弱性：常用的方法有系统安装补丁，修复漏洞，减少系统的脆弱性。

● 减少威胁可能的影响：例如制定业务持续性计划，把灾难造成的损失降到最低。

● 检测并响应和恢复意外事件：例如，使用网管软件检测系统性能和故障，当发现问题时进行相应的响应。

在实施风险控制后，仍然会存在风险，称为**剩余风险**。**风险接受**是一个对剩余风险进行确认、评价、接受的过程。

第2章　安全法规和标准

本章考点知识结构图如图 2-0-1 所示。

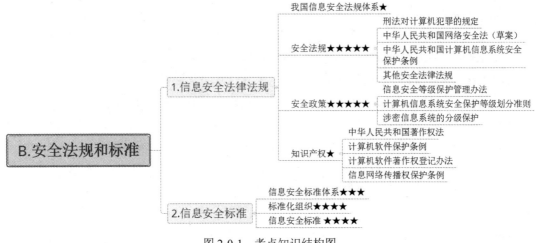

图 2-0-1   考点知识结构图

2.1   信息安全法律法规

2.1.1   信息安全法律法规体系

我国信息安全法规体系可以分为4层，具体如表2-1-1所示。

表 2-1-1   我国信息安全法规体系

法律层面	具体对应的法律、法规
一般性法律规定	宪法、国家安全法、国家秘密法、治安管理处罚条例等虽然没有专门针对信息安全的条款，但约束了信息安全相关的行为
规范和惩罚信息网络犯罪的法律	《中华人民共和国刑法》《全国人大常委会关于维护互联网安全的决定》
直接针对信息安全的特别规定	《中华人民共和国计算机信息系统安全保护条例》《中华人民共和国电信条例》《中华人民共和国计算机信息网络国际联网管理暂行规定》《计算机信息网络国际联网安全保护管理办法》
具体规范信息安全技术、信息安全管理	《商用密码管理条例》《计算机病毒防治管理办法》《计算机软件保护条例》《中华人民共和国电子签名法》《金融机构计算机信息系统安全保护工作暂行规定》《计算机信息系统国际联网保密管理规定》

2.1.2   安全法规

2.1.2.1   刑法对计算机犯罪规定

有人将计算机犯罪定义为"以计算机资产（包括硬件资产、计算机信息系统及其服务）为犯罪对象的具有严重社会危害性的行为"，可将计算机犯罪分为以下六类：

（1）窃取、破坏计算机资产。

（2）未经批准使用计算机信息系统资源。

（3）超越权限的批准或接受计算机服务。

（4）篡改或窃取计算机中的信息。

（5）计算机信息系统装入欺骗性数据。

（6）窃或诈骗系统中的电子钱财。

1．刑法对计算机犯罪的规定

《中华人民共和国刑法》（2015修正）对计算机犯罪的规定如下：

第二百八十五条　【非法侵入计算机信息系统罪】违反国家规定，**侵入国家事务、国防建设、尖端科学技术领域的计算机信息系统**的，处**三年以下**有期徒刑或者拘役。

【非法获取计算机信息系统数据、非法控制计算机信息系统罪】违反国家规定，侵入前款规定以外的计算机信息系统或者采用其他技术手段，获取该计算机信息系统中存储、处理或者传输的数据，或者对该计算机信息系统实施非法控制，情节严重的，处三年以下有期徒刑或者拘役，并处或者单处罚金；情节特别严重的，处**三年以上七年以下**有期徒刑，并处罚金。

【提供侵入、非法控制计算机信息系统程序、工具罪】提供专门用于侵入、非法控制计算机信息系统的程序、工具，或者明知他人实施侵入、非法控制计算机信息系统的违法犯罪行为而为其提供程序、工具，情节严重的，依照前款的规定处罚。

单位犯前三款罪的，对单位判处罚金，并对其直接负责的主管人员和其他直接责任人员，依照各该款的规定处罚。

第二百八十六条　【破坏计算机信息系统罪】违反国家规定，对计算机信息系统功能进行**删除、修改、增加、干扰**，造成计算机信息系统不能正常运行，后果严重的，处**五年以下**有期徒刑或者拘役；后果特别严重的，**处五年以上**有期徒刑。

违反国家规定，对计算机信息系统中存储、处理或者传输的数据和应用程序进行删除、修改、增加的操作，后果严重的，依照前款的规定处罚。

故意制作、传播计算机病毒等破坏性程序，影响计算机系统正常运行，后果严重的，依照第一款的规定处罚。

单位犯前三款罪的，对单位判处罚金，并对其直接负责的主管人员和其他直接责任人员，依照第一款的规定处罚。

第二百八十六条之一　【拒不履行信息网络安全管理义务罪】网络服务提供者不履行法律、行政法规规定的信息网络安全管理义务，经监管部门责令采取改正措施而拒不改正，有下列情形之一的，处**三年以下有期徒刑、拘役或者管制**，并处或者单处罚金：

（一）致使违法信息大量传播的；

（二）致使用户信息泄露，造成严重后果的；

（三）致使刑事案件证据灭失，情节严重的；

（四）有其他严重情节的。

单位犯前款罪的，对单位判处罚金，并对其直接负责的主管人员和其他直接责任人员，依照前款的规定处罚。

有前两款行为，同时构成其他犯罪的，依照处罚较重的规定定罪处罚。

第二百八十七条　利用计算机实施金融诈骗、盗窃、贪污、挪用公款、窃取国家秘密或者其他犯罪的，依照本法有关规定定罪处罚。

第二百八十七条之一　【非法利用信息网络罪】利用信息网络实施下列行为之一，情节严重的，处三年以下有期徒刑或者拘役，并处或者单处罚金：

（一）设立用于实施诈骗、传授犯罪方法、制作或者销售违禁物品、管制物品等违法犯罪活动的网站、通讯群组的；

（二）发布有关制作或者销售毒品、枪支、淫秽物品等违禁物品、管制物品或者其他违法犯罪信息的；

（三）为实施诈骗等违法犯罪活动发布信息的。

有前款行为，同时构成其他犯罪的，依照处罚较重的规定定罪处罚。

单位犯第一款罪的，对单位判处罚金，并对其直接负责的主管人员和其他直接责任人员，依照第一款的规定处罚。

第二百八十七条之二　【帮助信息网络犯罪活动罪】明知他人利用信息网络实施犯罪，为其犯罪提供互联网接入、服务器托管、网络存储、通讯传输等技术支持，或者提供广告推广、支付结算等帮助，情节严重的，**处三年以下有期徒刑或者拘役**，并处或者单处罚金。

有前款行为，同时构成其他犯罪的，依照处罚较重的规定定罪处罚。

单位犯第一款罪的，对单位判处罚金，并对其直接负责的主管人员和其他直接责任人员，依照第一款的规定处罚。

2. 刑法追责的四类行为

《全国人民代表大会常务委员会关于维护互联网安全的规定》规定适用刑法追责的四类行为如表 2-1-2 所示。

表 2-1-2　适用刑法追责的四类行为

威胁行为	具体特点
威胁互联网的运行安全	（1）侵入国家事务、国防建设、尖端科学技术领域的计算机信息系统； （2）故意制作、传播计算机病毒等破坏性程序，攻击计算机系统及通信网络，致使计算机系统及通信网络遭受损害； （3）违反国家规定，擅自中断计算机网络或者通信服务，造成计算机网络或者通信系统不能正常运行
威胁国家安全和社会稳定	（1）利用互联网造谣、诽谤或者发表、传播其他有害信息，煽动颠覆国家政权、推翻社会主义制度，或者煽动分裂国家、破坏国家统一； （2）通过互联网窃取、泄露国家秘密、情报或者军事秘密； （3）利用互联网煽动民族仇恨、民族歧视，破坏民族团结； （4）利用互联网组织邪教组织、联络邪教组织成员，破坏国家法律、行政法规实施

续表

威胁行为	具体特点
威胁社会主义市场经济秩序和社会管理秩序	（1）利用互联网销售伪劣产品或者对商品、服务作虚假宣传； （2）利用互联网损害他人商业信誉和商品声誉； （3）利用互联网侵犯他人知识产权； （4）利用互联网编造并传播影响证券、期货交易或者其他扰乱金融秩序的虚假信息； （5）在互联网上建立淫秽网站、网页，提供淫秽站点链接服务，或者传播淫秽书刊、影片、音像、图片
威胁个人、法人和其他组织的人身、财产等合法权利	（1）利用互联网侮辱他人或者捏造事实诽谤他人； （2）非法截获、篡改、删除他人电子邮件或者其他数据资料，侵犯公民通信自由和通信秘密； （3）利用互联网进行盗窃、诈骗、敲诈勒索

2.1.2.2　《中华人民共和国网络安全法》

2016年11月7日第十二届全国人民代表大会常务委员会第二十四次会议通过了《中华人民共和国网络安全法》，自2017年6月1日起施行。

《中华人民共和国网络安全法》草案共7章79条，涉及网络设备、网络运行、网络数据、网络信息等方面的安全。其中，**禁止为不实名用户提供服务、出售公民信息可处最高10倍违法所得的罚款、重大事件可限制网络、阻止违法信息传播**是本法的四大亮点。

其中，重要条款如下：

第一章　总则

第八条　国家网信部门负责统筹协调网络安全工作和相关监督管理工作。国务院电信主管部门、公安部门和其他有关机关依照本法和有关法律、行政法规的规定，在各自职责范围内负责网络安全保护和监督管理工作。

县级以上地方人民政府有关部门的网络安全保护和监督管理职责，按照国家有关规定确定。

第三章　网络运行安全

第一节　一般规定

第二十一条　**国家实行网络安全等级保护制度。**网络运营者应当按照网络安全等级保护制度的要求，履行下列安全保护义务，保障网络免受干扰、破坏或者未经授权的访问，防止网络数据泄露或者被窃取、篡改：

（一）制定内部安全管理制度和操作规程，确定网络安全负责人，落实网络安全保护责任；

（二）采取防范计算机病毒和网络攻击、网络侵入等危害网络安全行为的技术措施；

（三）采取监测、记录网络运行状态、网络安全事件的技术措施，并按照规定留存相关的网络日志不少于六个月；

（四）采取数据分类、重要数据备份和加密等措施；

（五）法律、行政法规规定的其他义务。

第二十二条 网络产品、服务应当符合相关国家标准的强制性要求。网络产品、服务的提供者不得设置恶意程序；发现其网络产品、服务存在安全缺陷、漏洞等风险时，应当立即采取补救措施，按照规定及时告知用户并向有关主管部门报告。

网络产品、服务的提供者应当为其产品、服务持续提供安全维护；在规定或者当事人约定的期限内，不得终止提供安全维护。

网络产品、服务具有收集用户信息功能的，其提供者应当向用户明示并取得同意；涉及用户个人信息的，还应当遵守本法和有关法律、行政法规关于个人信息保护的规定。

第二十三条 网络关键设备和网络安全专用产品应当按照相关国家标准的强制性要求，由具备资格的机构安全认证合格或者安全检测符合要求后，方可销售或者提供。国家网信部门会同国务院有关部门制定、公布网络关键设备和网络安全专用产品目录，并推动安全认证和安全检测结果互认，避免重复认证、检测。

第二十四条 网络运营者为用户办理网络接入、域名注册服务，办理固定电话、移动电话等入网手续，或者为用户提供信息发布、即时通讯等服务，在与用户签订协议或者确认提供服务时，应当要求用户提供真实身份信息。用户不提供真实身份信息的，网络运营者不得为其提供相关服务。

国家实施网络可信身份战略，支持研究开发安全、方便的电子身份认证技术，推动不同电子身份认证之间的互认。

第二十五条 网络运营者应当制定网络安全事件应急预案，及时处置系统漏洞、计算机病毒、网络攻击、网络侵入等安全风险；在发生危害网络安全的事件时，立即启动应急预案，采取相应的补救措施，并按照规定向有关主管部门报告。

第二十六条 开展网络安全认证、检测、风险评估等活动，向社会发布系统漏洞、计算机病毒、网络攻击、网络侵入等网络安全信息，应当遵守国家有关规定。

第二十七条 任何个人和组织不得从事非法侵入他人网络、干扰他人网络正常功能、窃取网络数据等危害网络安全的活动；不得提供专门用于从事侵入网络、干扰网络正常功能及防护措施、窃取网络数据等危害网络安全活动的程序、工具；明知他人从事危害网络安全的活动的，不得为其提供技术支持、广告推广、支付结算等帮助。

第二节 关键信息基础设施的运行安全

第三十一条 国家对公共通信和信息服务、能源、交通、水利、金融、公共服务、电子政务等重要行业和领域，以及其他一旦遭到破坏、丧失功能或者数据泄露，**可能严重危害国家安全、国计民生、公共利益的关键信息基础设施**，在网络安全等级保护制度的基础上，实行重点保护。关键信息基础设施的具体范围和安全保护办法由国务院制定。

国家鼓励关键信息基础设施以外的网络运营者自愿参与关键信息基础设施保护体系。

第三十九条 国家网信部门应当统筹协调有关部门对关键信息基础设施的安全保护采取下列措施：

（一）对关键信息基础设施的安全风险进行抽查检测，提出改进措施，必要时可以委托网络安全服务机构对网络存在的安全风险进行检测评估；

（二）定期组织关键信息基础设施的运营者进行网络安全应急演练，提高应对网络安全事件的水平和协同配合能力；

（三）促进有关部门、关键信息基础设施的运营者以及有关研究机构、网络安全服务机构等之间的网络安全信息共享；

（四）对网络安全事件的应急处置与网络功能的恢复等，提供技术支持和协助。

第四章　网络信息安全

第四十条　网络运营者应当对其收集的用户信息严格保密，并建立健全用户信息保护制度。

第四十二条　网络运营者不得泄露、篡改、毁损其收集的个人信息；未经被收集者同意，不得向他人提供个人信息。但是，经过处理无法识别特定个人且不能复原的除外。

网络运营者应当采取技术措施和其他必要措施，确保其收集的个人信息安全，防止信息泄露、毁损、丢失。在发生或者可能发生个人信息泄露、毁损、丢失的情况时，应当立即采取补救措施，按照规定及时告知用户并向有关主管部门报告。

第四十四条　任何个人和组织不得窃取或者以其他非法方式获取个人信息，不得非法出售或者非法向他人提供个人信息。

第四十五条　依法负有网络安全监督管理职责的部门及其工作人员，必须对在履行职责中知悉的个人信息、隐私和商业秘密严格保密，不得泄露、出售或者非法向他人提供。

第四十七条　网络运营者应当加强对其用户发布的信息的管理，发现法律、行政法规禁止发布或者传输的信息的，应当立即停止传输该信息，采取消除等处置措施，防止信息扩散，保存有关记录，并向有关主管部门报告。

第四十八条　任何个人和组织发送的电子信息、提供的应用软件，不得设置恶意程序，不得含有法律、行政法规禁止发布或者传输的信息。

电子信息发送服务提供者和应用软件下载服务提供者，应当履行安全管理义务，知道其用户有前款规定行为的，应当停止提供服务，采取消除等处置措施，保存有关记录，并向有关主管部门报告。

第四十九条　网络运营者应当建立网络信息安全投诉、举报制度，公布投诉、举报方式等信息，及时受理并处理有关网络信息安全的投诉和举报。

网络运营者对网信部门和有关部门依法实施的监督检查，应当予以配合。

第五十条　国家网信部门和有关部门依法履行网络信息安全监督管理职责，发现法律、行政法规禁止发布或者传输的信息的，应当要求网络运营者停止传输，采取消除等处置措施，保存有关记录；对来源于中华人民共和国境外的上述信息，应当通知有关机构采取技术措施和其他必要措施阻断传播。

第五章　监测预警与应急处置

第五十一条　国家建立网络安全监测预警和信息通报制度。国家网信部门应当统筹协调有关部门加强网络安全信息收集、分析和通报工作，按照规定统一发布网络安全监测预警信息。

第五十二条　负责关键信息基础设施安全保护工作的部门，应当建立健全本行业、本领域的网络安全监测预警和信息通报制度，并按照规定报送网络安全监测预警信息。

　　第五十五条　发生网络安全事件，应当立即启动网络安全事件应急预案，对网络安全事件进行调查和评估，要求网络运营者采取技术措施和其他必要措施，消除安全隐患，防止危害扩大，并及时向社会发布与公众有关的警示信息。

　　第五十六条　省级以上人民政府有关部门在履行网络安全监督管理职责中，发现网络存在较大安全风险或者发生安全事件的，可以按照规定的权限和程序对该网络的运营者的法定代表人或者主要负责人进行约谈。网络运营者应当按照要求采取措施，进行整改，消除隐患。

　　第五十八条　因维护国家安全和社会公共秩序，处置重大突发社会安全事件的需要，经国务院决定或者批准，可以在特定区域对网络通信采取限制等临时措施。

第六章　法律责任

　　第六十一条　网络运营者违反本法第二十四条第一款规定，未要求用户提供真实身份信息，或者对不提供真实身份信息的用户提供相关服务的，由有关主管部门责令改正；拒不改正或者情节严重的，**处五万元以上五十万元以下罚款**，并可以由有关主管部门责令暂停相关业务、停业整顿、关闭网站、吊销相关业务许可证或者吊销营业执照，对直接负责的主管人员和其他直接责任人员处一万元以上十万元以下罚款。

　　第六十二条　违反本法第二十六条规定，开展网络安全认证、检测、风险评估等活动，或者向社会发布系统漏洞、计算机病毒、网络攻击、网络侵入等网络安全信息的，由有关主管部门责令改正，给予警告；拒不改正或者情节严重的，**处一万元以上十万元以下罚款**，并可以由有关主管部门责令暂停相关业务、停业整顿、关闭网站、吊销相关业务许可证或者吊销营业执照，对直接负责的主管人员和其他直接责任人员处五千元以上五万元以下罚款。

　　第六十三条　违反本法第二十七条规定，从事危害网络安全的活动，或者提供专门用于从事危害网络安全活动的程序、工具，或者为他人从事危害网络安全的活动提供技术支持、广告推广、支付结算等帮助，尚不构成犯罪的，由公安机关没收违法所得，处五日以下拘留，可以并处五万元以上五十万元以下罚款；情节较重的，处五日以上十五日以下拘留，可以并处十万元以上一百万元以下罚款。

　　单位有前款行为的，由公安机关没收违法所得，处十万元以上一百万元以下罚款，并对直接负责的主管人员和其他直接责任人员依照前款规定处罚。

　　违反本法第二十七条规定，受到治安管理处罚的人员，五年内不得从事网络安全管理和网络运营关键岗位的工作；受到刑事处罚的人员，终身不得从事网络安全管理和网络运营关键岗位的工作。

　　第六十四条　网络运营者、网络产品或者服务的提供者违反本法第二十二条第三款、第四十一条至第四十三条规定，侵害个人信息依法得到保护的权利的，由有关主管部门责令改正，可以根据情节单处或者并处警告、没收违法所得、处违法所得一倍以上十倍以下罚款，没有违法所得的，处一百万元以下罚款，对直接负责的主管人员和其他直接责任人员处一万元以上十万元以下罚款；情节严重的，并可以责令暂停相关业务、停业整顿、关闭网站、吊销相关业务许可证或者吊销营业执照。

　　违反本法第四十四条规定，窃取或者以其他非法方式获取、非法出售或者非法向他人提供个人信息，尚不构成犯罪的，由公安机关没收违法所得，并**处违法所得一倍以上十倍以下罚款**，没有违法所得的，处一百万元以下罚款。

第七章 附则

第七十六条 本法下列用语的含义：

（一）网络，是指由计算机或者其他信息终端及相关设备组成的按照一定的规则和程序对信息进行收集、存储、传输、交换、处理的系统。

（二）网络安全，是指通过采取必要措施，防范对网络的攻击、侵入、干扰、破坏和非法使用以及意外事故，使网络处于稳定可靠运行的状态，以及保障网络数据的完整性、保密性、可用性的能力。

（三）网络运营者，是指网络的所有者、管理者和网络服务提供者。

（四）网络数据，是指通过网络收集、存储、传输、处理和产生的各种电子数据。

（五）个人信息，是指以电子或者其他方式记录的能够单独或者与其他信息结合识别自然人个人身份的各种信息，包括但不限于自然人的姓名、出生日期、身份证件号码、个人生物识别信息、住址、电话号码等。

2.1.2.3 《中华人民共和国计算机信息系统安全保护条例》

1994 年 2 月 18 日中华人民共和国国务院令第 147 号发布了《中华人民共和国计算机信息系统安全保护条例》。

其中，重要条款如下：

第一章 总则

第二条 本条例所称的计算机信息系统，是指由计算机及其相关的和配套的设备、设施（含网络）构成的，按照一定的应用目标和规则对信息进行采集、加工、存储、传输、检索等处理的人机系统。

第三条 计算机信息系统的安全保护，应当保障计算机及其相关的和配套的设备、设施（含网络）的安全，运行环境的安全，保障信息的安全，保障计算机功能的正常发挥，以维护计算机信息系统的安全运行。

第四条 计算机信息系统的安全保护工作，重点维护国家事务、经济建设、国防建设、尖端科学技术等重要领域的计算机信息系统的安全。

第六条 公安部主管全国计算机信息系统安全保护工作。

国家安全部、国家保密局和国务院其他有关部门，在国务院规定的职责范围内做好计算机信息系统安全保护的有关工作。

第二章 安全保护制度

第九条 计算机信息系统实行安全等级保护。 安全等级的划分标准和安全等级保护的具体办法，由公安部会同有关部门制定。

第十条 计算机机房应当符合国家标准和国家有关规定。

在计算机机房附近施工，不得危害计算机信息系统的安全。

第十一条 **进行国际联网的计算机信息系统，由计算机信息系统的使用单位报省级以上人民政府公安机关备案。**

第十二条 运输、携带、邮寄计算机信息媒体进出境的，应当如实向海关申报。

第十三条 计算机信息系统的使用单位应当**建立健全安全管理制度**，负责本单位计算机信息系统的安全保护工作。

第十四条 对计算机信息系统中发生的案件，有关使用单位应当在 **24 小时**内向当地县级以上人民政府公安机关报告。

第十五条 对计算机病毒和危害社会公共安全的其他有害数据的防治研究工作，由公安部归口管理。

第十六条 **国家对计算机信息系统安全专用产品的销售实行许可证制度。**具体办法由公安部会同有关部门制定。

第三章 安全监督

第十七条 公安机关对计算机信息系统安全保护工作行使下列监督职权：

（一）监督、检查、指导计算机信息系统安全保护工作；

（二）查处危害计算机信息系统安全的违法犯罪案件；

（三）履行计算机信息系统安全保护工作的其他监督职责。

第十八条 公安机关发现影响计算机信息系统安全的隐患时，应当及时通知使用单位采取安全保护措施。

第十九条 公安部在紧急情况下，可以就涉及计算机信息系统安全的特定事项发布专项通令。

第四章 法律责任

第二十条 违反本条例的规定，有下列行为之一的，由公安机关处以警告或者停机整顿：

（一）违反计算机信息系统安全等级保护制度，危害计算机信息系统安全的；

（二）违反计算机信息系统国际联网备案制度的；

（三）不按照规定时间报告计算机信息系统中发生的案件的；

（四）接到公安机关要求改进安全状况的通知后，在限期内拒不改进的；

（五）有危害计算机信息系统安全的其他行为的。

第五章 附则

第二十八条 本条例下列用语的含义：

计算机病毒，是指编制或者在计算机程序中插入的破坏计算机功能或者毁坏数据，影响计算机使用，并能自我复制的一组计算机指令或者程序代码。

计算机信息系统安全专用产品，是指用于保护计算机信息系统安全的专用硬件和软件产品。

2.1.2.4　《中华人民共和国保守国家秘密法实施条例》

《中华人民共和国保守国家秘密法实施条例》的重要条款如下：

第十二条　机关、单位应当在国家秘密产生的同时，由承办人依据有关保密事项范围拟定密级、保密期限和知悉范围，报定密责任人审核批准，并采取相应保密措施。

第十三条　机关、单位对所产生的国家秘密，应当按照保密事项范围的规定确定具体的保密期限；保密事项范围没有规定具体保密期限的，可以根据工作需要，在保密法规定的保密期限内确定；不能确定保密期限的，应当确定解密条件。

国家秘密的保密期限，自标明的制发日起计算；不能标明制发日的，确定该国家秘密的机关、单位应当书面通知知悉范围内的机关、单位和人员，保密期限自通知之日起计算。

第十九条　机关、单位对符合保密法的规定，但保密事项范围没有规定的不明确事项，应当先行拟定密级、保密期限和知悉范围，采取相应的保密措施，并自拟定之日起 10 日内报有关部门确定。拟定为绝密级的事项和中央国家机关拟定的机密级、秘密级的事项，报国家保密行政管理部门确定；其他机关、单位拟定的机密级、秘密级的事项，报省、自治区、直辖市保密行政管理部门确定。

保密行政管理部门接到报告后，应当在 10 日内作出决定。省、自治区、直辖市保密行政管理部门还应当将所作决定及时报国家保密行政管理部门备案。

2.1.2.5　其他安全法律法规

其他安全相关的法律、法规具体如表 2-1-3 所示。

表 2-1-3　其他安全相关的法律、法规

类别	具体法律法规
互联网	《中华人民共和国计算机信息网络国际联网管理暂行规定》《中华人民共和国计算机信息网络国际联网管理暂行规定实施办法》《计算机信息系统国际联网保密管理规定》
商用密码	《商用密码管理条例》
安全专用产品与病毒防治	《计算机信息系统安全专用产品检测和销售许可证管理办法》（计算机信息系统安全专用产品进入市场，先填写《计算机信息系统安全专用产品检测结果报告》，在申请《计算机信息系统安全专用产品销售许可证》；反病毒类产品，还需公安部备案和许可）《计算机病毒防治管理办法》
电子签名	《中华人民共和国电子签名法》
电子政务	《中华人民共和国电子政务法》（专家建议稿）、《政务信息工作暂行办法》《中华人民共和国政府信息公开条例》

2.1.3　安全政策

2.1.3.1　《信息安全等级保护管理办法》

《信息安全等级保护管理办法》（公通字 200743 号文）是为规范信息安全等级保护管理，提高信息安全保障能力和水平，维护国家安全、社会稳定和公共利益，保障和促进信息化建设，根据《中

华人民共和国计算机信息系统安全保护条例》等有关法律法规而制定的办法。由四部委下发。

该办法重要条款如下：

第七条　信息系统的安全保护等级分为以下五级：

第一级，信息系统受到破坏后，会对公民、法人和其他组织的合法权益造成损害，但不损害国家安全、社会秩序和公共利益。

第二级，信息系统受到破坏后，会对公民、法人和其他组织的合法权益产生严重损害，或者对社会秩序和公共利益造成损害，但不损害国家安全。

第三级，信息系统受到破坏后，会对社会秩序和公共利益造成严重损害，或者对国家安全造成损害。

第四级，信息系统受到破坏后，会对社会秩序和公共利益造成特别严重损害，或者对国家安全造成严重损害。

第五级，信息系统受到破坏后，会对国家安全造成特别严重损害。

第八条　信息系统运营、使用单位依据本办法和相关技术标准对信息系统进行保护，国家有关信息安全监管部门对其信息安全等级保护工作进行监督管理。

第一级　信息系统运营、使用单位应当依据国家有关管理规范和技术标准进行保护。

第二级　信息系统运营、使用单位应当依据国家有关管理规范和技术标准进行保护。国家信息安全监管部门对该级信息系统信息安全等级保护工作进行指导。

第三级　信息系统运营、使用单位应当依据国家有关管理规范和技术标准进行保护。国家信息安全监管部门对该级信息系统信息安全等级保护工作进行监督、检查。

第四级　信息系统运营、使用单位应当依据国家有关管理规范、技术标准和业务专门需求进行保护。国家信息安全监管部门对该级信息系统信息安全等级保护工作进行强制监督、检查。

第五级　信息系统运营、使用单位应当依据国家管理规范、技术标准和业务特殊安全需求进行保护。国家指定专门部门对该级信息系统信息安全等级保护工作进行专门监督、检查。

第十二条　在信息系统建设过程中，运营、使用单位应当按照《计算机信息系统安全保护等级划分准则》（GB17859－1999）、《信息系统安全等级保护基本要求》等技术标准，参照《信息安全技术　信息系统通用安全技术要求》（GB/T20271－2006）、《信息安全技术　网络基础安全技术要求》（GB/T20270－2006）、《信息安全技术　操作系统安全技术要求》（GB/T20272－2006）、《信息安全技术　数据库管理系统安全技术要求》（GB/T20273－2006）、《信息安全技术　服务器技术要求》《信息安全技术　终端计算机系统安全等级技术要求》（GA/T671－2006）等技术标准同步建设符合该等级要求的信息安全设施。

第十三条　运营、使用单位应当参照《信息安全技术　信息系统安全管理要求》（GB/T20269－2006）、《信息安全技术　信息系统安全工程管理要求》（GB/T20282－2006）、《信息系统安全等级保护基本要求》等管理规范，制定并落实符合本系统安全保护等级要求的安全管理制度。

第十四条　信息系统建设完成后，运营、使用单位或者其主管部门应当选择符合本办法规定条件的测评机构，依据《信息系统安全等级保护测评要求》等技术标准，定期对信息系统安全等级状况开展等级测评。**第三级信息系统应当每年至少进行一次等级测评，第四级信息系统应当每半年至少进行一次等级测评**，第五级信息系统应当依据特殊安全需求进行等级测评。

信息系统运营、使用单位及其主管部门应当定期对信息系统安全状况、安全保护制度及措施的落实情况进行自查。**第三级信息系统应当每年至少进行一次自查，第四级信息系统应当每半年至少进行一次自查，第五级信息系统应当依据特殊安全需求进行自查。**

经测评或者自查，信息系统安全状况未达到安全保护等级要求的，运营、使用单位应当制定方案进行整改。

第十五条 已运营（运行）或新建的第二级以上信息系统，应当在**安全保护等级确定后30日内，**由其运营、使用单位到所在地设区的市级以上公安机关办理备案手续。

隶属于中央的在京单位，其跨省或者全国统一联网运行并由主管部门统一定级的信息系统，由主管部门向公安部办理备案手续。跨省或者全国统一联网运行的信息系统在各地运行、应用的分支系统，应当向当地设区的市级以上公安机关备案。

第十六条 办理信息系统安全保护等级备案手续时，应当填写《信息系统安全等级保护备案表》，第三级以上信息系统应当同时提供以下材料：

（一）系统拓扑结构及说明；

（二）系统安全组织机构和管理制度；

（三）系统安全保护设施设计实施方案或者改建实施方案；

（四）系统使用的信息安全产品清单及其认证、销售许可证明；

（五）测评后符合系统安全保护等级的技术检测评估报告；

（六）信息系统安全保护等级专家评审意见；

（七）主管部门审核批准信息系统安全保护等级的意见。

第十七条 信息系统备案后，公安机关应当对信息系统的备案情况进行审核，对符合等级保护要求的，应当在收到备案材料之日起的10个工作日内颁发信息系统安全等级保护备案证明；发现不符合本办法及有关标准的，应当在收到备案材料之日起的10个工作日内通知备案单位予以纠正；发现定级不准的，应当在收到备案材料之日起的10个工作日内通知备案单位重新审核确定。

运营、使用单位或者主管部门重新确定信息系统等级后，应当按照本办法向公安机关重新备案。

第十八条 受理备案的公安机关应当对第三级、第四级信息系统的运营、使用单位的信息安全等级保护工作情况进行检查。**对第三级信息系统每年至少检查一次，对第四级信息系统每半年至少检查一次。**对跨省或者全国统一联网运行的信息系统的检查，应当会同其主管部门进行。

对第五级信息系统，应当由国家指定的专门部门进行检查。

公安机关、国家指定的专门部门应当对下列事项进行检查：

（一）信息系统安全需求是否发生变化，原定保护等级是否准确；

（二）运营、使用单位安全管理制度、措施的落实情况；

（三）运营、使用单位及其主管部门对信息系统安全状况的检查情况；

（四）系统安全等级测评是否符合要求；

（五）信息安全产品使用是否符合要求；

（六）信息系统安全整改情况；

（七）备案材料与运营、使用单位、信息系统的符合情况；

（八）其他应当进行监督检查的事项。

第二十二条 **第三级**以上信息系统应当选择符合下列条件的等级保护测评机构进行测评：

（一）在中华人民共和国境内注册成立（港澳台地区除外）；

（二）由中国公民投资、中国法人投资或者国家投资的企事业单位（港澳台地区除外）；

（三）从事相关检测评估工作两年以上，无违法记录；

（四）工作人员仅限于中国公民；

（五）法人及主要业务、技术人员无犯罪记录；

（六）使用的技术装备、设施应当符合本办法对信息安全产品的要求；

（七）具有完备的保密管理、项目管理、质量管理、人员管理和培训教育等安全管理制度；

（八）对国家安全、社会秩序、公共利益不构成威胁。

第二十五条 涉密信息系统按照所处理信息的最高密级，由低到高分为**秘密、机密、绝密**三个等级。

涉密信息系统建设使用单位应当在信息规范定密的基础上，依据**涉密信息系统分级保护管理办法和国家保密标准 BMB17－2006《涉及国家秘密的计算机信息系统分级保护技术要求》**确定系统等级。对于包含多个安全域的涉密信息系统，各安全域可以分别确定保护等级。

保密工作部门和机构应当监督指导涉密信息系统建设使用单位准确、合理地进行系统定级。

第二十七条 涉密信息系统建设使用单位应当选择具有涉密集成资质的单位承担或者参与涉密信息系统的设计与实施。

涉密信息系统建设使用单位应当依据涉密信息系统分级保护管理规范和技术标准，按照**秘密、机密、绝密三级**的不同要求，结合系统实际进行方案设计，实施分级保护，**其保护水平总体上不低于国家信息安全等级保护第三级、第四级、第五级的水平。**

第三十四条 国家密码管理部门对信息安全等级保护的密码实行分类分级管理。根据被保护对象在国家安全、社会稳定、经济建设中的作用和重要程度，被保护对象的安全防护要求和涉密程度，被保护对象被破坏后的危害程度以及密码使用部门的性质等，确定密码的等级保护准则。

信息系统运营、使用单位采用密码进行等级保护的，应当遵照《信息安全等级保护密码管理办法》、《信息安全等级保护商用密码技术要求》等密码管理规定和相关标准。

第三十九条 各级密码管理部门可以定期或者不定期对信息系统等级保护工作中密码配备、使用和管理的情况进行检查和测评，对重要涉密信息系统的密码配备、使用和管理情况每两年至少进行一次检查和测评。在监督检查过程中，发现存在安全隐患或者违反密码管理相关规定或者未达到密码相关标准要求的，应当按照国家密码管理的相关规定进行处置。

2.1.3.2 《计算机信息系统安全保护等级划分准则》

《计算机信息系统安全保护等级划分准则》（GB17859－1999）规定了计算机系统安全保护能

力的五个等级，分别是：用户自主保护级；系统审计保护级；安全标记保护级；结构化保护级；访问验证保护级。

第一级　用户自主保护级

本级的计算机信息系统可信计算基通过隔离用户与数据，使用户具备自主安全保护的能力。它具有多种形式的控制能力，对用户实施访问控制，即为用户提供可行的手段，保护用户和用户组信息，避免其他用户对数据的非法读写与破坏。

第二级　系统审计保护级

与用户自主保护级相比，本级的计算机信息系统可信计算基实施了粒度更细的自主访问控制，它通过登录规程、审计安全性相关事件和隔离资源，使用户对自己的行为负责。

第三级　安全标记保护级

本级的计算机信息系统可信计算基具有系统审计保护级所有功能。此外，还提供有关安全策略模型、数据标记以及主体对客体强制访问控制的非形式化描述；具有准确地标记输出信息的能力；消除通过测试发现的任何错误。

这个级别的特点是，计算机信息系统可信计算基对所有主体及其所控制的客体（例如进程、文件、设备）实施强制访问控制。该级别要求为主体及客体提供敏感标记，这类标记为等级、非等级的分类组合，是实施强制访问控制的依据。

第四级　结构化保护级

本级的计算机信息系统可信计算基建立于一个明确定义的形式化安全策略模型之上，它**要求将第三级系统中的自主和强制访问控制扩展到所有主体与客体。**此外，**还要考虑隐蔽通道。**本级的计算机信息系统可信计算基必须结构化为关键保护元素和非关键保护元素。计算机信息系统可信计算基的接口也必须明确定义，使其设计与实现能经受更充分的测试和更完整的复审。加强了鉴别机制；支持系统管理员和操作员的职能；提供可信设施管理；增强了配置管理控制。系统具有相当的抗渗透能力。

第五级　访问验证保护级

本级的计算机信息系统可信计算基满足访问监控器需求。访问监控器仲裁主体对客体的全部访问。访问监控器本身是抗篡改的；必须足够小，能够分析和测试。为了满足访问监控器需求，计算机信息系统可信计算基在其构造时，排除那些对实施安全策略来说并非必要的代码；在设计和实现时，从系统工程角度将其复杂性降低到最小程度。支持安全管理员职能；扩充审计机制，当发生与安全相关的事件时发出信号；提供系统恢复机制。系统具有很高的抗渗透能力。

注：计算机信息系统可信计算基是计算机系统内保护装置的总体，包括硬件、固件、软件和负责执行安全策略的组合体。

2.1.3.3　涉密信息系统的分级保护

涉密信息系统的划分参见《信息安全等级保护管理办法》的第二十七条。

涉密信息系统分级保护分为八个阶段：系统定级、安全规划方案设计、安全工程实施、信息系统评测、信息系统审批、安全运行及维护、定期评测与检查、系统隐退终止。

2.1.4　知识产权

2.1.4.1　《中华人民共和国著作权法》

《中华人民共和国著作权法》是为了保护文学、艺术和科学作品作者的著作权及与著作权有关的权益。《中华人民共和国著作权法》中涉及到的作品的概念是文学、艺术和自然科学、社会科学、工程技术等作品，具体来说，这些作品包括以下九类：

（1）文字作品：包括小说、散文、诗词和论文等表现形式的作品。

（2）口述作品：如演说、辩论等以口头形式表现的作品。

（3）音乐、戏剧、曲艺、舞蹈、杂技艺术作品。

（4）美术、建筑作品、摄影作品。

（5）电影作品和以类似摄制电影的方法创作的作品。

（6）工程设计图、产品设计图、地图、示意图等图形作品和模型作品。

（7）地图、示意图等图形作品。

（8）计算机软件。

（9）法律、行政法规规定的其他作品。

计算机软件著作权是指软件的开发者或其他权利人依据有关著作权法律的规定，对软件作品所享有的各项专有权利。就权利的性质而言是一种民事权利，具备民事权利的基本特征。著作权是知识产权中的一种特殊情况，因为著作权的取得无须经过别人确认，这就是所谓的"自动保护"原则。软件经过登记后，软件著作权人即享有发表权、开发者身份权、使用权、使用许可权和获得报酬权。

1.　著作权人及其权利

著作权法中的著作权人包括作者或能合法取得著作权的公民、法人或组织。著作权的人身权和财产权就是所谓的版权，包括以下具体权力：

（1）发表权：决定是否公之于众的权利。

（2）署名权：表明作者身份，在作品上署名的权利。

（3）修改权：修改或者授权他人修改作品的权利。

（4）保护作品完整权：保护作品不受篡改的权利。

（5）复制权：以印刷、复印、录音、录像、翻拍等方式将作品制作一份或多份的权利。

（6）发行权：以出售或者赠与方式向公众提供作品的原件或复制件的权利。

（7）出租权：有偿许可他人临时使用电影作品或以类似摄制电影的方法创作的作品的权利。

（8）展览权：公开陈列美术作品、摄影作品的原件或复制件的权利。

（9）表演权：公开表演作品，以及用各种手段公开播送作品的表演的权利。

（10）放映权：通过放映机、幻灯机等技术设备公开再现美术、摄影、电影和以类似摄制电影的方法创作的作品等权利。

（11）广播权：以无线方式公开广播，以有线传播或转播的方式向公众传播广播的作品的权利。

（12）信息网络传播权：以有线或无线方式向公众提供作品，使公众可以在其个人选定的时间和地点获得作品的权利。

（13）摄制权：以摄制电影或者以类似摄制电影的方法将作品固定在载体上的权利。

（14）改编权：改变作品，创作出具有独创性的新作品的权利。

（15）翻译权：将作品从一种语言文字转换成另一种语言文字的权利。

（16）汇编权：将作品或作品的片段通过选择或者编排汇集成新作品的权利。

创作作品的公民是作者。由法人或其他组织主持，代表法人或其他组织意志创作，并由法人或其他组织承担责任的作品，法人或其他组织视为作者。通常在作品上署名的公民、法人或其他组织为作者。

2. 权利的保护期限

著作权利中作者的署名权、修改权、保护作品完整权的保护期不受限制。公民的作品，其发表权及其他相关权利的保护期为作者终生及其死亡后五十年，截止于作者死亡后第五十年的 12 月 31 日；若是合作作品，则截止于最后死亡的作者死亡后第五十年的 12 月 31 日。

法人或者其他组织的作品、著作权（署名权除外）由法人或者其他组织享有的职务作品，其发表权及其他相关权利的保护期为五十年，截止于作品首次发表后第五十年的 12 月 31 日，但作品自创作完成后五十年内未发表的不再保护。

电影作品和以类似摄制电影的方法创作的作品、摄影作品，其发表权及其他相关权利的保护期为五十年，截止于作品首次发表后第五十年的 12 月 31 日，但作品自创作完成后五十年内未发表的，不再保护。

3. 权利的限制

在下列情况下使用作品可以不经著作权人许可，不向其支付报酬，但应当指明作者姓名和作品名称，并且不得侵犯著作权人依照本法享有的其他权利：

（1）为个人学习、研究或者欣赏，使用他人已经发表的作品。

（2）介绍、评论某一作品或者说明某一问题，在作品中适当引用他人已经发表的作品。

（3）报道时事新闻，在报纸、期刊、电台等媒体中不可避免地再现或者引用已经发表的作品。

（4）报纸、期刊、广播电台、电视台等媒体刊登或者播放其他报纸、期刊、广播电台、电视台等媒体已经发表的关于政治、经济、宗教问题的时事性文章，但作者声明不许刊登、播放的除外。

（5）报纸、期刊、广播电台、电视台等媒体刊登或者播放在公众集会上发表的讲话，但作者声明不许刊登、播放的除外。

（6）为学校课堂教学或科学研究翻译或者少量复制已经发表的作品，供教学或科研人员使用，但不得出版发行。

（7）国家机关为执行公务在合理范围内使用已经发表的作品。

（8）图书馆、档案馆、纪念馆、博物馆、美术馆等为陈列或者保存版本的需要，复制本馆收藏的作品。

（9）免费表演已经发表的作品，该表演未向公众收取费用，也未向表演者支付报酬。

（10）对设置或陈列在室外公共场所的艺术作品进行临摹、绘画、摄影、录像。

（11）将中国公民、法人或其他组织已经发表的以汉语言文字创作的作品翻译成少数民族语言文字作品在国内出版发行。

（11）将已经发表的作品改成盲文出版。

以上规定适用于对出版者、表演者、录音录像制作者、广播电台、电视台的权利的限制。为实施九年制义务教育和国家教育规划而编写出版教科书，除作者事先声明不许使用的外，可以不经著作权人许可，在教科书中汇编已经发表的作品片段、短小的文字作品、音乐作品或单幅的美术作品、摄影作品，但应当按照规定支付报酬，指明作者姓名和作品名称，并且不得侵犯著作权人的其他权利。

4. 侵权的判断

软考考试中对著作权的考查，往往是以案例的形式考查考生是否掌握了如何判断侵权行为。因此这一节中提到的侵权行为必须要充分掌握。对计算机软件侵权行为的认定，实际是指对发生争议的某一个计算机程序与具有明确权利的正版程序的对比和鉴别。

凡是侵权人主观上具有故意或过失对著作权法和计算机软件保护条例保护的软件人身权和财产权实施侵害行为的，都构成计算机软件的侵权行为。对著作权侵权行为的判断主要基于以下几个方面：

（1）未经软件著作权人的同意而发表其软件作品。软件著作人享有对软件作品的公开发表权，未经允许，著作权人以外的任何人都无权擅自发表特定的软件作品。这种行为侵犯著作权人的发表权。

（2）将他人开发的软件当作自己的作品发表。这种行为的构成主要是行为人欺世盗名，剽窃软件开发者的劳动成果，将他人开发的软件作品假冒为自己的作品而署名发表。只要行为人实施了这种行为，不管其发表该作品是否经过软件著作人的同意都构成侵权。这种行为侵犯了身份权和署名权。

（3）未经合作者的同意将与他人合作开发的软件当作自己独立完成的作品发表。这种侵权行为发生在软件作品的合作开发者之间。作为合作开发的软件，软件作品的开发者身份为全体开发者，软件作品的发表权也应由全体开发者共同行使。如果未经其他开发者同意，将合作开发的软件当作自己的独创作品发表即构成侵权。

（4）在他人开发的软件上署名或者涂改他人开发的软件上的署名。这种行为是在他人开发的软件作品上添加自己的署名，替代软件开发者署名或者将软件作品上开发者的署名进行涂改的行为。这种行为侵犯身份权和署名权。

（5）未经软件著作权人的同意修改、翻译、注释其软件作品。这种行为侵犯了著作权人的使用权中的修改权、翻译权与注释权。对不同版本的计算机软件，新版本往往是旧版本的提高和改善。这种提高和改善应认定为对原软件作品的修改和演绎。这种行为应征求原版本著作权人的同意，否则构成侵权。如果征得软件作品著作人的同意，因修改和改善新增加的部分，创作者应享有著作权。**职务作品的计算机软件，参与开发的人员离开原单位后，如其对原单位享有著作权的软件进行修改、提高，应经过原单位许可，否则构成侵权。**软件程序员接受第一个单位委托开发完成一个软件，又接受第二个单位委托开发功能类似的软件，仅将受第一个单位委托开发的软件略作改动即算完成提交给第二个单位，这种行为也构成侵权。

（6）未经软件著作权人的同意，复制或部分复制其软件作品。这种行为侵犯了著作权人的使用权中的复制权。计算机软件的复制权是计算机软件最重要的著作财产权，也是通常计算机软件侵权行为的对象。这是由于软件载体价格相对低廉，复制软件简单易行、效率极高，而销售非法复制的软件即可获得高额利润。因此，复制是最为常见的侵权行为，是防止和打击的主要对象。当软件著作权经当事人的约定合法转让给转让者后，软件开发者未经允许不得复制该软件，否则也构成侵权。

（7）未经软件著作权人同意，向公众发行、展示其软件的复制品。这种行为侵犯了发行权与展示权。

（8）未经软件著作权人同意，向任何第三方办理软件权利许可或转让事宜。这种行为侵犯了许可权和转让权。

2.1.4.2　《计算机软件保护条例》

《计算机软件保护条例》于 2001 年 12 月 20 日以中华人民共和国国务院令第 339 号公布，根据 2013 年 1 月 30 日中华人民共和国国务院令第 632 号《国务院关于修改〈计算机软件保护条例〉的决定》第 2 次修订。

《计算机软件保护条例》，软件受保护的前提条件是**原创性、可感知性、可再现性（可复制性）**。其重要条款如下：

第三条　本条例下列用语的含义：

（一）计算机程序，是指为了得到某种结果而可以由计算机等具有信息处理能力的装置执行的代码化指令序列，或者可以被自动转换成代码化指令序列的符号化指令序列或者符号化语句序列。**同一计算机程序的源程序和目标程序为同一作品。**

（二）文档，是指用来描述程序的内容、组成、设计、功能规格、开发情况、测试结果及使用方法的文字资料和图表等，如程序设计说明书、流程图、用户手册等。

（三）软件开发者，是指实际组织开发、直接进行开发，并对开发完成的软件承担责任的法人或者其他组织；或者依靠自己具有的条件独立完成软件开发，并对软件承担责任的自然人。

（四）软件著作权人，是指依照本条例的规定，对软件享有著作权的自然人、法人或者其他组织。

第四条　受本条例保护的软件必须由开发者独立开发，并已**固定在某种有形物体上（可感知性）**。

第六条　本条例对软件著作权的保护不延及开发软件所用的思想、处理过程、操作方法或者数学概念等。

2.1.4.3　《计算机软件著作权登记办法》

《计算机软件著作权登记办法》重要条款如下：

第三条　本办法适用于软件著作权登记、软件著作权专有许可合同和转让合同登记。

第九条　申请软件著作权登记的，应当向中国版权保护中心提交以下材料：

（一）按要求填写的软件著作权登记申请表；

（二）软件的鉴别材料；

（三）相关的证明文件。

第十条　软件的鉴别材料包括程序和文档的鉴别材料。

程序和文档的鉴别材料应当由源程序和任何一种文档前、后各连续 30 页组成。整个程序和文档不到 60 页的，应当提交整个源程序和文档。除特定情况外，程序每页不少于 50 行，文档每页不少于 30 行。

2.1.4.4 《信息网络传播权保护条例》

《信息网络传播权保护条例》重要条款如下：

第九条 为扶助贫困，通过信息网络向农村地区的公众免费提供中国公民、法人或者其他组织已经发表的种植养殖、防病治病、防灾减灾等与扶助贫困有关的作品和适应基本文化需求的作品，网络服务提供者应当在提供前公告拟提供的作品及其作者、拟支付报酬的标准。自公告之日起 30 日内，著作权人不同意提供的，网络服务提供者不得提供其作品；自公告之日起满 30 日，著作权人没有异议的，网络服务提供者可以提供其作品，并按照公告的标准向著作权人支付报酬。网络服务提供者提供著作权人的作品后，著作权人不同意提供的，网络服务提供者应当立即删除著作权人的作品，并按照公告的标准向著作权人支付提供作品期间的报酬。

第十二条 属于下列情形的，可以避开技术措施，但不得向他人提供避开技术措施的技术、装置或者部件，不得侵犯权利人依法享有的其他权利：

（一）为学校课堂教学或者科学研究，通过信息网络向少数教学、科研人员提供已经发表的作品、表演、录音录像制品，而该作品、表演、录音录像制品只能通过信息网络获取；

（二）不以营利为目的，通过信息网络以盲人能够感知的独特方式向盲人提供已经发表的文字作品，而该作品只能通过信息网络获取；

（三）国家机关依照行政、司法程序执行公务；

（四）在信息网络上对计算机及其系统或者网络的安全性能进行测试。

第二十六条 本条例下列用语的含义：

信息网络传播权，是指以有线或者无线方式向公众提供作品、表演或者录音录像制品，使公众可以在其个人选定的时间和地点获得作品、表演或者录音录像制品的权利。

技术措施，是指用于防止、限制未经权利人许可浏览、欣赏作品、表演、录音录像制品的或者通过信息网络向公众提供作品、表演、录音录像制品的有效技术、装置或者部件。

权利管理电子信息，是指说明作品及其作者、表演及其表演者、录音录像制品及其制作者的信息，作品、表演、录音录像制品权利人的信息和使用条件的信息，以及表示上述信息的数字或者代码。

2.2 信息安全标准

2.2.1 信息安全标准体系

依据《中华人民共和国标准化法》，标准体系分为四层，分别是国家标准、行业标准、地方标准、企业标准。

除此之外，国家质量技术监督局颁布的《国家标准化指导性技术文件管理规定》，补充了一种"国家标准化指导性技术文件"。符合下列情况之一的项目，可制定指导性技术文件：

（1）技术尚在发展中，需要有相应的标准文件引导其发展或具有标准化价值，尚不能制定为标准的项目。

（2）采用国际标准化组织、国际电工委员会及其他国际组织（包括区域性国际组织）的技术报告的项目。

常见的标准代号如下：

（1）我国国家标准代号：强制性标准代号为 GB、推荐性标准代号为 GB/T、指导性标准代号为 GB/Z、实物标准代号 GSB。

（2）行业标准代号：由汉语拼音大写字母组成（如电力行业为 DL）。

（3）地方标准代号：由 DB 加上省级行政区划代码的前两位。

（4）企业标准代号：由 Q 加上企业代号组成。

（5）美国国家标准学会（American National Standard Institute，ANSI）是美国国家标准。

（6）国家标准化指导性技术文件：指导性技术文件的代号由大写汉语拼音字母 GB/Z 构成；指导性技术文件的编号，由指导性技术文件的代号、顺序号和年号（即发布年份的四位数字）组成。

2.2.2　标准化组织

本小节主要介绍信息安全相关的国际标准组织和我国的信息安全标准化委员会。

1. 国际标准化组织

常见的信息安全相关的国际标准化组织如表 2-2-1 所示。

表 2-2-1　常见的信息安全相关的国际标准化组织

组织名	组织介绍	相关标准、草案
SC27（信息安全通用方法及技术标准化工作的分技术委员会）	ISO 和 IEC 成的 JTC1（第一联合技术委员会）下的分技术委员会。SC27 下设三个小组： ● 第一工作组（WG1）：需求、安全服务及指南工作组。 ● 第二工作组（WG2）：安全技术与机制工作组。 ● 第三工作组（WG3）：安全评估准则工作组	● 安全技术与机制：散列函数、密码算法、数字签名机制、实体鉴别机制等 ● 安全评估准则和安全管理：安全管理指南、安全管理控制措施等
IEC（国际电工委员会）	研究和制定电工、电子、电磁领域的国际标准	信息技术设备安全（IEC 60950）
SG17	ITU（国际电信联盟）下的第 17 研究组，研究通信系统安全标准	消息处理系统（MHS）、目录系统（X.400 和 X.500 系列）和安全框架、安全模型等方面的信息安全标准，其中 X.509 标准成为电子商务认证的重要标准
IETF（Internet 工程任务组）	提出 Internet 标准草案和 RFC（请求评议）文稿	RFC 1352（SNMP 安全协议）、RFC 1421-1424（因特网电子邮件保密增强）、RFC 1825（因特网协议安全体系结构）PKI、IPSec 等

续表

组织名	组织介绍	相关标准、草案
IEEE（美国电气电工工程师协会）	国际性的电子技术与信息科学工程师协会	IEEE 802.10（可互操作局域网安全标准）；IEEE 802.11i（无线安全标准）
ECMA（欧洲计算机厂商协会）	国际的计算机与计算机应用相关标准。ECMA 有 11 个技术委员会，其中：TC36（IT 安全）是制定信息技术设备的安全标准	商业与政府的信息技术产品和系统安全性评估标准化框架；开放系统环境下逻辑安全设备框架
ANSI（美国国家标准化协会）	主要制定美国的信息技术标准，也承担 JTC1 的部分工作	制定数据加密、银行业务安全、商业交易、EDI 安全等美国标准，很多成为国际标准
NIST（美国国家标准技术研究所）	主要制定美国联邦计算机系统标准和指导文件	FIPS（联邦信息处理标准），DES 是 FIPS 的著名标准
DOD（美国国防部）	发布过信息安全和自动信息系统安全相关标准	DOD 5200.28-STD（可信计算机系统评估准则）

2. 全国信息安全标准化技术委员会

全国信息安全标准化技术委员会是在信息安全技术专业领域内，从事信息安全标准化工作的技术工作组织。委员会负责组织开展国内信息安全有关的标准化技术工作，技术委员会主要工作范围包括安全技术、安全机制、安全服务、安全管理、安全评估等领域的标准化技术工作。

全国信息安全标准化技术委员会的组织结构如表 2-2-2 所示。

表 2-2-2　全国信息安全标准化技术委员会的组织结构

工作组名称	各工作组职能
WG1（信息安全标准体系与协调工作组）	研究信息安全标准体系；跟踪信息安全标准发展动态；研究、分析国内信息安全标准的应用需求；研究并提出新工作项目及工作建议
WG2（涉密信息系统安全保密标准工作组）	研究提出涉密信息系统安全保密标准体系；制定和修订涉密信息系统安全保密标准，以保证我国涉密信息系统的安全
WG3（密码技术工作组）	密码算法、密码模块，密钥管理标准的研究与制定
WG4（鉴别与授权工作组）	国内外 PKI/PMI 标准的分析、研究和制定
WG5（信息安全评估工作组）	研究提出测评标准项目和制定计划
WG6（通信安全标准工作组）	研究提出通信安全标准体系，制定和修订通信安全标准
WG7（信息安全管理工作组）	信息安全管理标准体系的研究，信息安全管理标准的制定
大数据安全标准特别工作组	负责大数据和云计算相关的安全标准化研制工作

2.2.3　信息安全标准

信息安全管理标准可分为信息安全管理体系和技术与工程类标准。

1. 信息安全管理体系

BS7799 是由英国贸易工业部立项，由英国标准协会制定的信息安全管理体系。BS7799 分为两部分：

（1）BS7799-1《信息安全管理实施规则》：提供了一套由信息安全最佳惯例组成的实施规则，可以作为企业信息安全管理体系建设的参考。该部分被 ISO/IEC JTC1 认可，正式成为国际标准 ISO/IEC17799:2000《信息技术－信息安全管理实施细则》。

（2）BS7799-2《信息安全管理体系规范》：规定了信息安全管理体系各方面的达标指标。

2. 技术与工程标准

《可信计算机系统评估准则》（Trusted Computer System Evaluation Criteria，TCSEC），俗称"橘皮书"，是美国国防部在 1985 年发表的一份技术文件。制定该准则的目的是向制造商提供一种制造标准；同时向用户提供一种验证标准。

TCSEC 将系统分为 A、B、C、D 四类：

> D 级：最小保护级
>
> C 级：自主保护级
>
> C1 级：自主安全保护级
>
> C2 级：可控访问保护级
>
> B 级：强制保护级
>
> B1 级：标记安全保护级
>
> B2 级：结构化保护级
>
> B3 级：安全区域保护级
>
> A 级：验证保护
>
> A1 级：验证设计级
>
> A2 级：超 A1 级

TCSEC 的发起者和其他组织联合起来，将各自的准则组合成一个通用的 IT 安全准则。发起组织包括六国七方：加拿大、法国、德国、荷兰、英国、美国 NIST 及美国 NSA，他们的代表建立了 CC 编辑委员会来开发 CC。1999 年 12 月 ISO 采纳 CC，并作为国际标准 ISO/IEC 15408《信息技术安全评估准则》（简称 CC）发布。2001 年，我国参考国际标准 ISO/IEC 15408，制定了国家标准 GB/T18336《信息技术安全性评估准则》。

CC 适用于硬件、固件和软件实现的信息技术安全措施。CC 包括三个部分：

- **第一部分**：简介和一般模型；
- **第二部分**：安全功能要求；
- **第三部分**：安全保证要求。

系统安全工程能力成熟模型（Systems Security Engineering Capability Maturity Model，SSE-CMM）是由美国国家安全局发起的研究项目。SSE-CMM 确定了一个评价安全工程实施的综合框架，提供了度量与改善安全工程的方法。SSE-CMM 目标是将安全工程变为可定义的、成熟的、可度量、可评估的工程项目。我国安全评测中心评审机构信息安全服务资质的依据就是 SSE-CMM。

2

夯实基础，学习密码学

第2天学习的知识点包括密码学基本概念、分组密码、序列密码、Hash函数、公钥密码体制、数字签名、认证、密钥管理。

第3章　密码学

密码学是研究编制密码和破译密码的技术科学。密码学包含编码学（又称密码编制学）和破译学（又称密码分析学）。编码学研究编制密码保守通信秘密；破译学研究破译密码以获取信息。

本章考点知识结构图如图3-0-1所示。

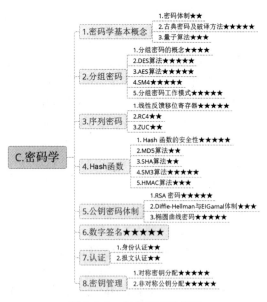

图 3-0-1　考点知识结构图

3.1　密码学基本概念

密码学的安全目标至少包含三个方面：

（1）**保密性（Confidentiality）**：信息仅被合法用户访问（浏览、阅读、打印等），不被泄露给非授权的用户、实体或过程。

提高保密性的手段有：防侦察、防辐射、数据加密、物理保密等。

（2）**完整性（Integrity）**：资源只有授权方或以授权的方式进行修改，所有资源没有授权则不能修改。保证数据完整性，就是保证数据不能被偶然或者蓄意地编辑（修改、插入、删除、排序）或者攻击（伪造、重放）。

影响完整性的因素有：故障、误码、攻击、病毒等。

（3）**可用性（Availability）**：资源只有在适当的时候被授权方访问，并按需求使用。

保证可用性的手段有：身份识别与确认、访问控制等。

Kerckhoffs 准则：一个安全保护系统的安全性不是因为它的算法对外是保密的，而是因为它选择的密钥对于对手来说是保密的。

评估密码系统安全性主要有三种方法：

（1）无条件安全：假定攻击者拥有无限的资源（时间、计算能力），仍然无法破译加密算法。无条件安全属于极限状态安全。

（2）计算安全：破解加密算法所需要的资源是现有条件不具备的，则表明强力破解证明是安全的。计算安全属于强力破解安全。

（3）可证明安全：密码系统的安全性归结为经过深入研究的数学难题（例如大整数素因子分解、计算离散对数等）。可证明安全属于理论保证安全。

3.1.1　密码体制

密码（Cipher）技术的基本思想是伪装信息。伪装就是对数据施加一种可逆的数学变换，伪装前的数据称为**明文（Plaintext）**，伪装后的数据称为**密文（Ciphertext）**，伪装的过程称为**加密（Encryption）**，去掉伪装恢复明文的过程称为**解密（Decryption）**。加密过程要在**加密密钥和加密算法**的控制下进行；解密过程要在**解密密钥和解密算法**的控制下进行。

通常一个密码系统（简称密码体制）由以下五个部分组成，密码体系模型参见图 3-1-1。

（1）明文空间 M：全体明文的集合。

（2）密文空间 C：全体密文的集合。

（3）加密算法 E：一组明文 M 到密文 C 的加密变换。

（4）解密算法 D：一组密文 C 到明文 M 的解密变换。

（5）密钥空间 K：包含加密密钥 K_e 和解密密钥 K_d 的全体密钥集合。

● 加密过程：C=E（M，K_e），使用加密算法 E 和密钥 K_e，将明文 M 加密为密文 C。

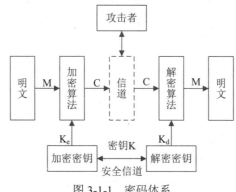

图 3-1-1 密码体系

- 解密过程：M=D（C，K_d）= D（E（M，K_e），K_d），使用解密算法 D 和密钥 K_d，将密文 C 还原为明文 M。

3.1.2 古典密码及破译方法

如果密码分析者可以仅由密文推出明文或密钥，或者可以由明文和密文推出密钥，那么称该密码系统是可破译的。

1. 攻击密码的方法与攻击密码的类型

密码分析者的攻击密码方法如表 3-1-1 所示。

表 3-1-1 密码攻击方法

攻击方法	说明
穷举攻击	对截获到的密文尝试遍历所有可能的密钥，直到获得正确的明文；或使用固定的密钥对所有可能的明文加密，直到得到与截获到的密文一致为止
统计分析攻击	利用已经获取的明文和密文已知统计规律进行破译的方法
数学分析攻击	密码分析者针对加/解密算法的数学基础和密码学特性，通过数学求解的方法来破译密码

密码分析者的攻击密码类型如表 3-1-2 所示。

表 3-1-2 攻击密码类型

攻击密码的类型	攻击者拥有的资源说明
仅知密文攻击（Ciphertext only attack）	密码分析者仅能通过截获的密文破解密码，这种方式对攻击者最为不利
已知明文攻击（Know plaintext attack）	密码分析者已知明文－密文对，来破解密码
选择明文攻击（Chosen plaintext attack）	密码分析者不仅可得到一些"明文－密文对"，还可以选择被加密的明文，并获得相应的密文 差分分析属于选择明文攻击，通过比较分析有特定区别的明文在通过加密后的变化情况来攻击密码算法
选择密文攻击（Chosen ciphertext attack）	密码分析者可以选择一些密文，并得到相应的明文。这种方式对攻击者最有利。主要攻击公开密钥密码体制，特别是攻击其数字签名

2. 古典密码

虽然古典密码比较简单而且容易破译，但研究古典密码的原理和方法对于理解、设计现代密码技术是十分有益的。常见的并且仍然有效的古典密码有置换密码和代替密码。

（1）**置换密码**：明文的字母不变，但位置被打乱了。

例如，把明文按行写入，最后按列读出密文，过程与结果如下：

密钥	1	2	3	4	5	6
明文	b	a	n	a	n	a
	o	r	a	n	g	e
密文	boarnaanngae					

（2）**代替密码**：代替密码是指先建立一个替换表（代替密码的密钥），加密时通过查表，将明文的每个字母依次替换为对应的字符，生成密文。根据代替密码使用替换表的个数，可以将代替密码分为单表代替密码、多名码代替密码、多字母代替密码、多表代替密码。

①**单表代替密码（又称为简单替代密码）**：一个明文字符对应一个密文字符。

假设明文字母表 A={a_0, a_1, ..., a_{n-1}} 和密文字母表 B={b_0, b_1, ..., b_{n-1}}，A 到 B 的一一映射 f:A→B，即 f(a_i)=b_i。明文 M=（m_0, m_1, ..., m_{n-1}），则密文 C =（f(m_0), f(m_1), ..., f(m_{n-1})）。f 函数或者密文字母表 B 称为密钥。

常见单表代替密码如下：

● **加法密码**：加法密码的映射函数为：f(a_i)=b_i=a_j, j=i+k mod n, k 是正整数且 0 <k< n。

例如，常见的加法密码是 Caesar（凯撒）密码，就是把明文字母表循环右移 3 位后得到的字母表移位后明密文关系如表 3-1-3 所示。

表 3-1-3　典型的移位密码 Caesar（凯撒）密码

原文	A	B	C	D	E	F	G	H	I	J	K	L	M
密文	D	E	F	G	H	I	J	K	L	M	N	O	P
原文	N	O	P	Q	R	S	T	U	V	W	X	Y	Z
密文	Q	R	S	T	U	V	W	X	Y	Z	A	B	C

● **乘法密码**：需要预先知道消息元素的个数，加密的过程其实是相当于对明文消息所组成的数组下标进行加密，然后用明文消息中加密后位置所对应的明文字符代替。

乘法密码的映射函数为：f(a_i)=b_i=a_j, j=i×k mod n，其中 k 和 n 是互素的。

【例题】假设 k=7，n=26，此时 k 与 n 是互素的。

明文字母表为 A={A、B、C、D、E、F、G、H、I、J、K、L、M、N、O、P、Q、R、S、T、U、V、W、X、Y、Z}，

当 i=0 时，j=0×7 mod 26 =0，则根据映射公式得 f(a_0)=b_0=a_0，因此明文 A 加密后仍然为 A；

当 i=1 时，j=1×7 mod 26 =7，因此明文 B 加密后为 H；

……

当 i=25 时，j=25×7 mod 26 =19，因此明文 Z 加密后为 T。

得到密文字母表 B={A、H、O、V、C、J、Q、X、E、L、S、Z、G、N、U、B、I、P、W、D、K、R、Y、F、M、T}。

如果 k 与 n 不互素，则一些明文字母加密后生成相同的密文字母，并且密文字母表中可能不会出现所有字母。

例如，当 k=13 时，$f(a_0)=f(a_2)=a_0$，即 A 和 C 加密后生成相同密文 A。

- **仿射密码**：加法密码和乘法密码的结合。仿射密码的映射函数为：$f(a_i)=b_i=a_j$，$j=(ak_1+k_0) \bmod n$，其中 k_1 和 n 是互素的。

②**多名码代替密码**：单个字符明文可以映射成密文的多个字符之一。例如，X 可对应 1、15 或 16，Y 可对应 9、51 或 82 等。

③**多字母代替密码**：字符块被成组加密。例如，XYX 对应 ARP，CDD 对应 GOI 等。

④**多表代替密码**：使用从明文字母到密文字母的多个映射，每个映射是像简单代替密码中的一对一映射。由于多表代替密码采用了多个密文字母表，就比单表代替密码安全强度要高许多。

Vigenère 密码是法国外交官维吉尼亚设计的，是一种常用的多表代替密码。Vigenère 密码是一种基于移位字母表的周期代替密码，密钥 k（k_1, ..., k_n）是一个字符序列，其中 k_i（i=1, ..., n）给出了对应第 i 个字母表的移动位数，即 $f_i(a)=(a+k_i) \bmod n$。

【例题】明文 INTELLIGENT 使用密钥 PLAY 加密为：

M=INTE LLIG ENT

K= PLAY PLAY PLA

C=E(M, K_e)= XYTC AWIE TYT

Vigenère 密码的 26 个移位密表合成一个"Vigenère 密码表"，通过查表可以更方便地加密和解密。具体 Vigenère 密码表如表 3-1-4 所示。

（3）代数密码。代数密码利用代数相关理论和方法进行加密。Vernam 密码是常见的代数密码，该方法使用代数运算中的模二运算（异或）。

Vernam 密码的密钥和明文具有相同的长度，密钥只能使用一次，因此又叫"一次一密"。通信双方事先各有一个可以撕页的本子，其中每页记录一个密钥，每使用一个密钥加密一条信息后，该页也就作废，使用者撕掉该页。接收者在解密信息后也销毁密钥本对应的一页密钥。

它采用随机的二进制数据组成密钥。加密时，对密钥和明文进行异或操作，得到密文；解密时用同样的密钥和密文进行异或操作，得到明文。

设明文 M=（m_0, m_1, ..., m_{n-1}），密文 C=（c_0, c_1, ..., c_{n-1}），密钥 K=（k_0, k_1, ..., k_{n-1}），则加密：$C_i=m_i \oplus k_i$；解密：$m_i=C_i \oplus K_i$。

香农通过数学方法证明了，一次性密钥如果及时销毁所使用的密钥页，即使对方拿到了密码本的其余部分，也无法进行解密。

表 3-1-3　Vigenère 密码表

密文	明文																									
	A	B	C	D	E	F	G	H	I	J	K	L	M	N	O	P	Q	R	S	T	U	V	W	X	Y	Z
A	A	B	C	D	E	F	G	H	I	J	K	L	M	N	O	P	Q	R	S	T	U	V	W	X	Y	Z
B	B	C	D	E	F	G	H	I	J	K	L	M	N	O	P	Q	R	S	T	U	V	W	X	Y	Z	A
C	C	D	E	F	G	H	I	J	K	L	M	N	O	P	Q	R	S	T	U	V	W	X	Y	Z	A	B
D	D	E	F	G	H	I	J	K	L	M	N	O	P	Q	R	S	T	U	V	W	X	Y	Z	A	B	C
E	E	F	G	H	I	J	K	L	M	N	O	P	Q	R	S	T	U	V	W	X	Y	Z	A	B	C	D
F	F	G	H	I	J	K	L	M	N	O	P	Q	R	S	T	U	V	W	X	Y	Z	A	B	C	D	E
G	G	H	I	J	K	L	M	N	O	P	Q	R	S	T	U	V	W	X	Y	Z	A	B	C	D	E	F
H	H	I	J	K	L	M	N	O	P	Q	R	S	T	U	V	W	X	Y	Z	A	B	C	D	E	F	G
I	I	J	K	L	M	N	O	P	Q	R	S	T	U	V	W	X	Y	Z	A	B	C	D	E	F	G	H
J	J	K	L	M	N	O	P	Q	R	S	T	U	V	W	X	Y	Z	A	B	C	D	E	F	G	H	I
K	K	L	M	N	O	P	Q	R	S	T	U	V	W	X	Y	Z	A	B	C	D	E	F	G	H	I	J
L	L	M	N	O	P	Q	R	S	T	U	V	W	X	Y	Z	A	B	C	D	E	F	G	H	I	J	K
M	M	N	O	P	Q	R	S	T	U	V	W	X	Y	Z	A	B	C	D	E	F	G	H	I	J	K	L
N	N	O	P	Q	R	S	T	U	V	W	X	Y	Z	A	B	C	D	E	F	G	H	I	J	K	L	M
O	O	P	Q	R	S	T	U	V	W	X	Y	Z	A	B	C	D	E	F	G	H	I	J	K	L	M	N
P	P	Q	R	S	T	U	V	W	X	Y	Z	A	B	C	D	E	F	G	H	I	J	K	L	M	N	O
Q	Q	R	S	T	U	V	W	X	Y	Z	A	B	C	D	E	F	G	H	I	J	K	L	M	N	O	P
R	R	S	T	U	V	W	X	Y	Z	A	B	C	D	E	F	G	H	I	J	K	L	M	N	O	P	Q
S	S	T	U	V	W	X	Y	Z	A	B	C	D	E	F	G	H	I	J	K	L	M	N	O	P	Q	R
T	T	U	V	W	X	Y	Z	A	B	C	D	E	F	G	H	I	J	K	L	M	N	O	P	Q	R	S
U	U	V	W	X	Y	Z	A	B	C	D	E	F	G	H	I	J	K	L	M	N	O	P	Q	R	S	T
V	V	W	X	Y	Z	A	B	C	D	E	F	G	H	I	J	K	L	M	N	O	P	Q	R	S	T	U
W	W	X	Y	Z	A	B	C	D	E	F	G	H	I	J	K	L	M	N	O	P	Q	R	S	T	U	V
X	X	Y	Z	A	B	C	D	E	F	G	H	I	J	K	L	M	N	O	P	Q	R	S	T	U	V	W
Y	Y	Z	A	B	C	D	E	F	G	H	I	J	K	L	M	N	O	P	Q	R	S	T	U	V	W	X
Z	Z	A	B	C	D	E	F	G	H	I	J	K	L	M	N	O	P	Q	R	S	T	U	V	W	X	Y

（左侧纵列标注为"密钥"）

3. 古典密码的破解方法

（1）穷举分析。穷举分析中密码分析者依次试遍所有可能的密钥对所获密文进行破解，直至得到正确的明文；或者用一个确定的密钥对所有可能的明文进行加密，直至得到所得的密文。

（2）统计分析。统计分析攻击是指密码分析者通过分析密文和明文的统计规律来破译密码。自然语言有很多固定特性，英文和汉字的统计规律如表 3-1-5 所示。

表 3-1-5　英文和汉字的统计规律

英文字母的统计规律	
e	出现概率 12%
t、a、o、i、n、s、h、r	出现概率 6%～9%
d、l	出现概率 4%

续表

c、u、m、w、f、g、y、p、b	出现概率 1.5%～2.8%
v、k、j、x、q、z	出现概率<1%
th he in er an re ed on es st en at to nt ha nd ou ea ng as or ti is et it ar te se hi of	出现频率最高的 30 个双字母（按频率从大到小）
the ing and her ere ent tha nth was eth for dth hat she ion int his sth ers ver	出现频率最高的 20 个三字母（按频率从大到小）
汉语的统计规律	
de（的） shi（是） yi（一） bu（不） you（有）zhi（之） le（了） ji（机） zhe（这） wo（我） men（们） li（里） ta（他） dao（到）	出现频率在 1%以上的 14 个音节
从三亿汉字的母体材料中，抽样二千五百万字进行双音节词词频统计，结果是："我们"出现三万次以上、"可以"和"他们"出现二万次以上	

通过统计分析，可以猜测某些高频密文所代表明文的含义。

3.1.3 量子算法

自 20 世纪中叶开始，量子力学先驱者们试图通过研究简单的量子门操作和数个量子位的纠缠过程，弄清经典与量子世界的界限。美国阿贡国家实验室证明一台计算机原则上可以纯粹的量子力学方式运行。

量子（quantum）的叠加性和相干性原理具有计算能力。经典比特是由宏观体系的物理量表征的。两个经典比特只有 4 个二进制数（00、01、10、11）中的一个。而量子比特则有微观体系表征，如原子、核自旋或光子等，存在多个叠加态。两位量子位寄存器可同时存储 00、01、10、11 这四个数，因为每个量子比特可同时表示两个值。

实用的量子算法有 Shor 算法和 Grover 算法。两种算法均可以对 RSA、ElGamal、ECC 密码及 DH 密钥协商协议进行有效攻击。不过由于量子计算机技术尚未成熟，因此量子算法暂时对现有的密码体系不构成威胁。

3.2 分组密码

3.2.1 分组密码的概念

分组密码（block cipher）又称为**秘密钥密码**或**对称密码**。使用分组密码对明文加密时，首先对明文分组，每组长度相同，然后对每组明文分别加密得到等长的密文。

在分组密码中，明文被分割多个块，加密后的密文也是多个块。分组密码大概结构如图 3-2-1 所示。其中，明文序列 M=（m_0, m_1, ..., m_{n-1}），密文序列 C=（c_0, c_1, ..., c_{n-1}），加密密钥为 K=（k_0,

$k_1, ..., k_{n-1}$），明文、密文、密钥的关系是 $c_i=E（m_i, k_i）$。

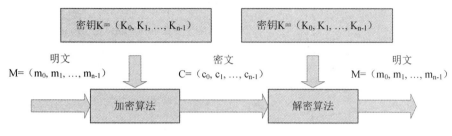

图 3-2-1　分组密码结构

3.2.2　DES 算法

IBM 公司成立了研究新密码体制的小组，由 Tuchman 博士领导，Horst.Feistel 进行设计完成了 Lucifer 密码。美国国家标准局 NBS（美国标准技术研究所 NIST 的前身）采用了改进的 Lucifer 算法。1980 年美国国家标准协会 ANSI 正式采用该算法作为数据加密标准（Data Encryption Standard，DES）。

DES 分组长度为 64 比特，使用 56 比特密钥对 64 比特的明文串进行 16 轮加密，得到 64 比特的密文串。其中，使用密钥为 64 比特，实际使用 56 比特，另 8 比特用作奇偶校验。

DES 使用了**对合运算**，即 $f=f^{-1}$，加密和解密共用同一算法，则总工作量减半。

1. DES 算法总框架

DES 算法总框架如图 3-2-2 所示，详细的算法说明如图 3-2-3 所示。

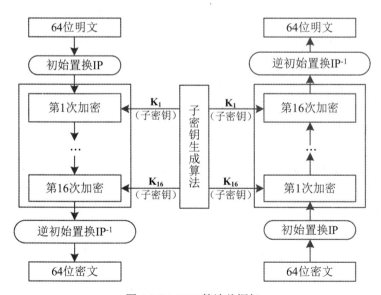

图 3-2-2　DES 算法总框架

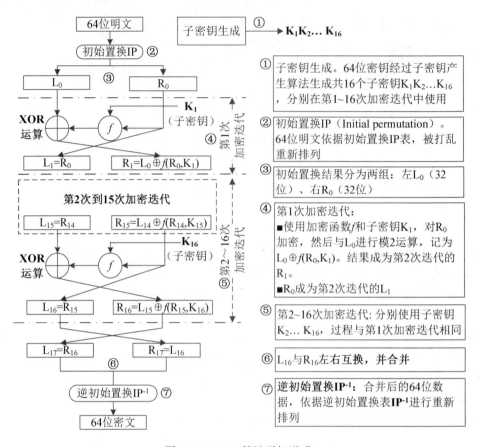

图 3-2-3　DES 算法详细说明

DES 加密过程公式描述为：

$$\begin{cases} L_i = R_{i-1} \\ R_i = L_{i-1} \oplus f(R_{i-1}, K_i) \\ i = 1, 2, ..., 16 \end{cases}$$

2. 初始置换 IP 与逆初始置换 IP^{-1}

（1）初始置换 IP 作用如下：

● 将 64 位明文打乱重新排列，具体排列方式如图 3-2-4（a）所示。初始置换 IP 表达的含义就是，将原来 64 位明文数据的第 58 位换到第 1 位，原来的 50 位换到第 2 位，……，依此类推。

● 初始置换结果分为两组：左 L_0（32 位）、右 R_0（32 位）。

注意：初始置换 IP 与逆初始置换 IP^{-1} 是规律的，所以不能提高保密性。

（2）逆初始置换 IP^{-1} 作用如下：

● 把 64 位中间密文打乱重排，具体排列方式如图 3-2-4（b）所示。初始置换 IP 与逆初始置换 IP^{-1} 是互逆的。例如：在 IP 中把输入的第 2 位置换到第 8 位，而在 IP^{-1} 中把输入的第 8 位置换到第 2 位。

● 形成最终的 64 位密文。

初始置换IP									逆初始置换IP^{-1}							
58	50	42	34	26	18	10	2		40	8	48	16	56	24	64	32
60	52	44	36	28	20	12	4		39	7	47	15	55	23	63	31
62	54	46	38	30	22	14	6		38	6	46	14	54	22	62	30
64	56	48	40	32	24	16	8		37	5	45	13	53	21	61	29
57	49	41	33	25	17	9	1		36	4	44	12	52	20	60	28
59	51	43	35	27	19	11	3		35	3	43	11	51	19	59	27
61	53	45	37	29	21	13	5		34	2	42	10	50	18	58	26
63	55	47	39	31	23	15	7		33	1	41	9	49	17	57	25
（a）									（b）							

图 3-2-4　初始置换 IP 与逆初始置换 IP^{-1}

3．子密钥产生

64 位密钥经过置换选择 **1**、循环左移、置换选择 **2**，产生 16 个长 48 位的子密钥 $K_1, K_2, ..., K_{16}$。子密钥产生流程如图 3-2-5 所示。

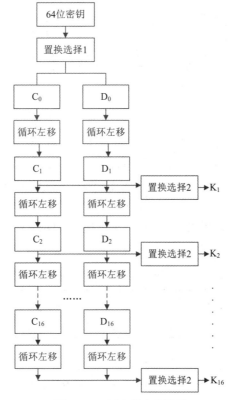

图 3-2-5　子密钥产生流程

第一步：置换选择 1。

置换选择 1 作用如下：

● 去掉密钥中位置为 8 的整数倍的奇偶校验位，共 8 个。

例如，种子密钥"01000010 01101111 01100010 01000001 01101100 01101001 01100011 01100101"。去掉奇偶校验位后，成为"0100001 0110111 0110001 0100000 0110110 0110100 0110001 0110010"

● 打乱密钥重排，依据图 3-2-6 的置换表，生成 C_0 为左 28 位，D_0 为右 28 位。

设定种子密钥"01000010 01101111 01100010 01000001 01101100 01101001 01100011 01100101"。该种子密钥的置换选择 1 的实际过程如图 3-2-7 所示。

	C_0					
57	49	41	33	25	17	9
1	58	50	42	34	26	18
10	2	59	51	43	35	27
19	11	3	60	52	44	36

	D_0					
63	55	47	39	31	23	15
7	62	54	46	38	30	22
14	6	61	53	45	37	29
21	13	5	28	20	12	4

图 3-2-6 置换选择 1

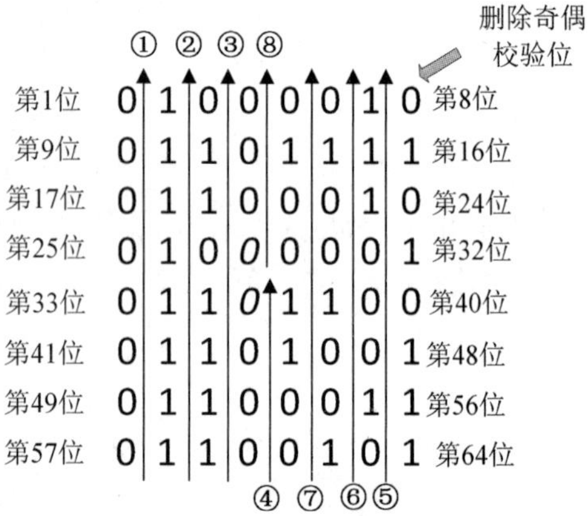

图 3-2-7 种子密钥置换选择 1 的过程图示

从过程图示中可以知道，直线①～④经过的二进制串成为了 C_0；直线⑤～⑧经过的二进制串成为了 D_0；8 的整数倍位被删除。经过置换选择 1 之后，最终结果为：

$$C_0 = 0000000\ 0111111\ 1111110\ 1100000$$

$$D_0 = 0100011\ 1100100\ 1000110\ 0100000$$

第二步：循环左移

循环移位就是将二进制串首尾相连，再进行按位移动。DES 每一轮迭代对应子密钥循环左移的位数，如表 3-2-1 所示。

表 3-2-1 循环左移与迭代次数的对应关系

迭代次数	1	2	3	4	5	6	7	8	9	10	11	12	13	14	15	16
循环左移位数	1	1	2	2	2	2	2	2	1	2	2	2	2	2	2	1

例如：C_0 与 D_0 经过第 1 次迭代移位后成为：

$$C_1 = 0000000\ 1111111\ 1111101\ 1000000$$

$$D_1 = 1000111\ 1001001\ 0001100\ 1000000$$

以此作为置换选择 2 的输入，也成为生成 C_2 与 D_2 的输入。

第三步：置换选择 2。

置换选择 2 是一个压缩置换（具体置换方式如图 3-2-8 所示），将 56 位的输入压缩为 48 位，作为第 i 轮的子密钥 K_i。

置换选择2					
14	17	11	24	1	5
3	28	15	6	21	10
23	19	12	4	26	8
16	7	27	20	13	2
41	52	31	37	47	55
30	40	51	45	33	48
44	49	39	56	34	53
46	42	50	36	29	32

图 3-2-8　置换选择 2

4. 加密函数 f

加密函数 $f(R_{i-1}, K_i)$ 是 DES 中的核心算法，该函数包含选择运算 E、异或运算、代替函数组 S（S 盒变换）、置换运算 P，其流程如图 3-2-9 所示。

（1）选择运算 E 与异或运算。选择运算 E 就是把 R_{i-1} 的 32 位扩展到 48 位，并与 48 位子密钥 K_i 进行异或运算。具体扩展方式参见图 3-2-10。

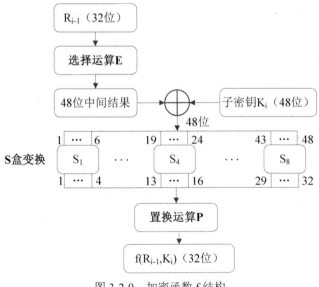

图 3-2-9　加密函数 f 结构

选择运算E					
32	1	2	3	4	5
4	5	6	7	8	9
8	9	10	11	12	13
12	13	14	15	16	17
16	17	18	19	20	21
20	21	22	23	24	25
24	25	26	27	28	29
28	29	30	31	32	1

扩展位　　固定位　　扩展位

图 3-2-10　选择运算 E

（2）S 盒变换。S 盒变换是一种压缩替换，通过 S 盒将 48 位输入变为 32 位输出。共有 8 个 S 盒，并行作用。每个 S 盒有 6 个输入、4 个输出，是非线性压缩变换。

设输入为 $b_1b_2b_3b_4b_5b_6$，则以 b_1b_6 组成的二进制数为行号，$b_2b_3b_4b_5$ 组成的二进制数为列号。行列交点处对应的值转换为二进制作为输出。对应的值需要查询 S 盒替换表，具体如图 3-2-11 所示。

		0	1	2	3	4	5	6	7	8	9	10	11	12	13	14	15
S_1	0	14	4	13	1	2	15	11	8	3	10	6	12	5	9	0	7
	1	0	15	7	4	14	2	13	1	10	6	12	11	9	5	3	8
	2	4	1	14	8	13	6	2	11	15	12	9	7	3	10	5	0
	3	15	12	8	2	4	9	1	7	5	11	3	14	10	0	6	13
S_2	0	15	1	8	14	6	11	3	4	9	7	2	13	12	0	5	10
	1	3	13	4	7	15	2	8	14	12	0	1	10	6	9	11	5
	2	0	14	7	11	10	4	13	1	5	8	12	6	9	3	2	15
	3	13	8	10	1	3	15	4	2	11	6	7	12	0	5	14	9
S_3	0	10	0	9	14	6	3	15	5	1	13	12	7	11	4	2	8
	1	13	7	0	9	3	4	6	10	2	8	5	14	12	11	15	1
	2	13	6	4	9	8	15	3	0	11	1	2	12	5	10	14	7
	3	1	10	13	0	6	9	8	7	4	15	14	3	11	5	2	12
S_4	0	7	13	14	3	0	6	9	10	1	2	8	5	11	12	4	15
	1	13	8	11	5	6	15	0	3	4	7	2	12	1	10	14	9
	2	10	6	9	0	12	11	7	13	15	1	3	14	5	2	8	4
	3	3	15	0	6	10	1	13	8	9	4	5	11	12	7	2	14
S_5	0	2	12	4	1	7	10	11	6	8	5	3	15	13	0	14	9
	1	14	11	2	12	4	7	13	1	5	0	15	10	3	9	8	6
	2	4	2	1	11	10	13	7	8	15	9	12	5	6	3	0	14
	3	11	8	12	7	1	14	2	13	6	15	0	9	10	4	5	3
S_6	0	12	1	10	15	9	2	6	8	0	13	3	4	14	7	5	11
	1	10	15	4	2	7	12	9	5	6	1	13	14	0	11	3	8
	2	9	14	15	5	2	8	12	3	7	0	4	10	1	13	11	6
	3	4	3	2	12	9	5	15	10	11	14	1	7	6	0	8	13
S_7	0	4	11	2	14	15	0	8	13	3	12	9	7	5	10	6	1
	1	13	0	11	7	4	9	1	10	14	3	5	12	2	15	8	6
	2	1	4	11	13	12	3	7	14	10	15	6	8	0	5	9	2
	3	6	11	13	8	1	4	10	7	9	5	0	15	14	2	3	12
S_8	0	13	2	8	4	6	15	11	1	10	9	3	14	5	0	12	7
	1	1	15	13	8	10	3	7	4	12	5	6	11	0	14	9	2
	2	7	11	4	1	9	12	14	2	0	6	10	13	15	3	5	8
	3	2	1	14	7	4	10	8	13	15	12	9	0	3	5	6	11

图 3-2-11 S 盒替换表

例如：当 S_1 盒输入为"111000"时，则第 1 位与第 6 位组成二进制串"10"（十进制 2），中间四位组成二进制"1100"（十进制 12）。查询 S_1 盒的 2 行 12 列，得到数字 3，得到输出二进制数是 0011。这里要特别注意，起始的行号和列号都是从 0 开始的。

更多的 S 盒设计细节，美国国家保密局（NSA）至今尚未完全公布。

（3）置换运算 P。

置换运算 P 是将 S 盒输出的 32 位数据又来一次置换。置换运算 P 表如图 3-2-12 所示。

5. DES 解密

DES 解密是以密文为输入，逆序执行加密过程。只有子密钥使用次序不同。

置换运算P			
16	7	20	21
29	12	28	17
1	15	23	26
5	18	31	10
2	8	24	14
32	27	3	9
19	13	30	6
22	11	4	25

图 3-2-12　置换运算 P

6. DES 安全性

DES 安全性包含以下两点：

（1）如果 DES 密钥太短经不起穷尽攻击。

（2）DES 存在弱密钥和半弱密钥。

● 弱密钥：如果存在一个密钥，由其产生的子密钥是相同的，则称其为弱密钥。生成弱密钥的原因是，子密钥生成时，C 和 D 中的数据进行循环移位后，得到结果仍然是重复数据。

DES 中存在 4 个弱密钥，如下：

弱密钥 1： $K_1 = \cdots\cdots = K_{16} =$（000000000000）$_{16}$

弱密钥 2： $K_1 = \cdots\cdots = K_{16} =$（FFFFFFFFFFFF）$_{16}$

弱密钥 3： $K_1 = \cdots\cdots = K_{16} =$（000000FFFFFF）$_{16}$

弱密钥 4： $K_1 = \cdots\cdots = K_{16} =$（FFFFFF000000）$_{16}$

弱密钥特性：明文加密两次能得到明文、加密和解密的结果一致。

● 半弱密钥：由 k 产生的子密钥 $k_1, k_2, …, k_{16}$ 中，有些子密钥相同但不完全相同，则 k 是半弱密钥。

7. 3DES

3DES 是 DES 的扩展，是执行了三次的 DES。3DES 安全强度较高，可以抵抗穷举攻击，但是用软件实现起来速度比较慢。

3DES 有两种加密方式：

（1）第一、第三次加密使用同一密钥，这种方式的密钥长度 128 位（112 位有效）；

（2）三次加密使用不同密钥，这种方式的密钥长度 192 位（168 位有效）。

目前中国人民银行的智能卡技术规范支持 3DES。

3.2.3　AES 算法

由于 DES 安全强度不够，NIST 征集新的数据加密标准 AES（Advanced Encryption Standard），基本要求就是：比 3DES 快，至少与 3DES 一样安全。经过多年讨论，Rijndael 算法被选为 AES。

2003 年美国政府宣布 AES 可以用于加密机密文件。

AES 和 DES 一样都是应用了轮的思想，将明文经过多轮迭代处理得到密文。二者不同之处是，AES 明文分组长度和密钥长度可以灵活组合。**AES 明文分组长度可以是 128 位、192 位、256 位；密钥长度也可以是 128 位、192 位、256 位。**

1．AES 数学基础

这部分知识计算量较大，较复杂，因此信安考试中考查的可能性不大。

- 域 F 是有两个二元运算的集合，这两个二元运算分别称为加法和乘法，且对于 F 中的任意元素 a、b、c，满足以下公理：

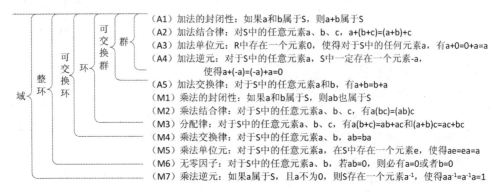

- 有限域：有限域的元素个数必须是一个素数的幂 p^n，n 为正整数。元素个数为 p^n 的有限域一般记为 $GF(p^n)$。
- 乘法逆元：对于有限域 $GF(p^n)$，任意的存在 $w \in GF(p^n)$，$w \neq 0$，$z \in GF(p^n)$，使得 $w \times z = 1 \bmod p$，则 z 为 w 在该有限域上的乘法逆元。

AES 中的运算包含面向字节（8 位）或 4 字节的字（双字，32 位）运算。

（1）面向字节的运算。

一个字节可看作有限域 $GF(2^8)$ 中的一个元素，对应于一个系数在 $GF(2)$ 中的次数小于 8 的多项式。即将字节 $b_7 b_6 b_5 b_4 b_3 b_2 b_1 b_0$ 看成二元域 $GF(2)$ 上的次数小于 8 的多项式：

$$f(x) = b_7 x^7 + b_6 x^6 + b_5 x^5 + b_4 x^4 + b_3 x^3 + b_2 x^2 + b_1 x + b_0$$

例如 01010000，构成多项式为

$$0x^7 + 1x^6 + 0x^5 + 1x^4 + 0x^3 + 0x^2 + 0x + 0 = x^6 + x^4$$

面向字节的乘法运算，本质上是对应于 $f(x) \bmod m(x)$ 运算，其中：

$$m(x) = x^8 + x^4 + x^3 + x + 1$$

- **加法：多项式系数按位模加。**

【例 1】57⊕83=?

$$(x^6 + x^4 + x^2 + x + 1) \oplus (x^7 + x + 1) = x^7 + x^6 + x^4 + x^2$$

结果为 11010100，可以用 D4 来描述。

- **乘法：两个多项式相乘，然后模 m(x)。**

【例2】 计算 57·83=?

$$(x^6 + x^4 + x^2 + x + 1) \cdot (x^7 + x + 1) \ \text{mod} \ m(x)$$

$$= x^{13} + x^{11} + x^9 + x^8 + x^6 + x^5 + x^4 + x^3 + 1 \ \text{mod} \ (x^8 + x^4 + x^3 + x + 1)$$

$$= x^7 + x^6 + 1$$

注1：

$$(x^6 + x^4 + x^2 + x + 1) \cdot (x^7 + x + 1)$$

$$= x^{13} + x^{11} + x^9 + x^8 + x^7$$

$$+ x^7 + x^5 + x^3 + x^2 + x$$

$$+ x^6 + x^4 + x^2 + x + 1 \qquad \text{——该步骤可以理解为普通的多项式乘法}$$

$$= x^{13} + x^{11} + x^9 + x^8 + 2x^7 + x^6 + x^5 + x^4 + x^3 + 2x + 1$$

——该步骤，消去系数为偶数的项目，系数为奇数项则系数设置为1。二进制计算，系数不能为非 0 和 1 的其他数。

$$= x^{13} + x^{11} + x^9 + x^8 + x^6 + x^5 + x^4 + x^3 + 1$$

注2：例中 mod 的求余数的计算过程，是多项式除法结合异或运算的过程。

结果为 11000001，可以用 C1 来描述。

● 乘法逆元

如果有 a(x)b(x) ≡ 1 mod m(x)，则 a(x) 的乘法逆元为 b(x)。例如：(67×16)mod 119=1，所以 67 mod 119 的逆元是 16。

注：逆元的具体求法，可以参见 RSA 小节中的辗转相除法。

● 乘法的计算机实现（X 乘法，xtime()）

xtime()运算可以方便在计算机上实现乘法运算。 xtime()运算是最高项指数不大于 7 的多项式 b(x)乘以多项式 x 的乘法运算。

即：$b(x) = b_7 x^7 + b_6 x^6 + b_5 x^5 + b_4 x^4 + b_3 x^3 + b_2 x^2 + b_1 x + b_0$

$xb(x) = b_7 x^8 + b_6 x^7 + b_5 x^6 + b_4 x^5 + b_3 x^4 + b_2 x^3 + b_1 x^2 + b_0 x$

然后相乘的结果模 m(x)，得到结果。

得到 xtime()结果的公式如下：

$$\begin{cases} b_6x^7+b_5x^6+b_4x^5+b_3x^4+b_2x^3+b_1x^2+b_0x & b_7=0 \\ b_6x^7+b_5x^6+b_4x^5+b_3x^4+b_2x^3+b_1x^2+b_0x+(x^4+x^3+x+1) & b_7=1 \end{cases}$$

或者

$$\begin{matrix} b_6b_5b_4b_3b_2b_1b_00 & b_7=0 \\ b_6b_5b_4b_3b_2b_1b_00 \oplus 00011011 & b_7=1 \end{matrix}$$

注意：①xtime()可以认为是字节内左移一位，再与"1B"（00011011）按比特位异或实现；②高次乘法可以通过重复 xtime() 实现；③通过将中间结果相加，任意乘法都可以利用 xtime()来实现。

【例3】计算 57·13=？

方法一：使用 xtime() 来计算

57·2=01010111·00000010= **xtime（01010111）**=10101110；（b_7=0，则左移一位）

57·4=01010111·00000100= xtime（10101110）=01000111；（b_7=1，则左移一位，异或1B）

57·8=01010111·00001000= xtime（01000111）=10001110；（b_7=0，则左移一位）

57·10=01010111·00010000= **xtime（10001110）**=00000111；（b_7=1，则左移一位，异或1B）

由于 13（00010011）可以看作 10（00010000）$\oplus$2（00000010）$\oplus$1（00000001），所以，

57·13=01010111·00010011=01010111$\oplus$ xtime(01010111)$\oplus$xtime(10001110)

$\qquad$=01010111$\oplus$ 10101110$\oplus$00000111=11111110=FE

方法二：使用多项式乘法来计算

第1步，转换为二进制串表示，57·13=0101 0111·00010011

第2步，转换为多项式乘法（系数为偶数等同系数为0，系数为奇数等同系数为1）。

$(x^6+x^4+x^2+x+1) \cdot (x^4+x+1)$

$=x^{10}+x^8+x^6+x^5+x^4+x^7+x^5+x^3+x^2+x+x^6+x^4+x^2+x+1$

$=x^{10}+x^8+x^7+x^3+1$

第3步：多项式除法，求余数

余项对应的数值为11111110，即为 FE。

（2）面向 4 字节的运算（双字，共 32bit）。

面向 4 字节的运算中，一个 4 字节的字表示为 GF(2^8)上的次数低于 4 次的多项式。

例如 55 D3 1A 1F $\Leftrightarrow$ $55x^3+D3x^2+1Ax+1F$

面向 4 字节的运算，实质是对应于 f(x) mod m(x)中的运算，其中：

$$m(x)=x^4+1$$

- 加法：两多项式按位模加。
- 乘法：设 a 和 c 是两个字，$a(x)$ 和 $c(x)$ 是其对应的多项式，则 a 和 c 的乘积为

$$b(x) = a(x)c(x) \mod x^4 + 1$$

设 $a(x) = a_3x^3 + a_2x^2 + a_1x + a_0$；$b(x) = b_3x^3 + b_2x^2 + b_1x + b_0$；$c(x) = c_3x^3 + c_2x^2 + c_1x + c_0$。

则 $b(x) = a(x)c(x) \mod x^4 + 1$ 有

$$b_0 = a_0c_0 + a_3c_1 + a_2c_2 + a_1c_3$$
$$b_1 = a_1c_0 + a_0c_1 + a_3c_2 + a_2c_3$$
$$b_2 = a_2c_0 + a_1c_1 + a_0c_2 + a_3c_3$$
$$b_3 = a_3c_0 + a_2c_1 + a_1c_2 + a_0c_3$$

乘法对应的矩阵形式为：

$$\begin{bmatrix} b_0 \\ b_1 \\ b_2 \\ b_3 \end{bmatrix} = \begin{bmatrix} c_0 & c_3 & c_2 & c_1 \\ c_1 & c_0 & c_3 & c_2 \\ c_2 & c_1 & c_0 & c_3 \\ c_3 & c_2 & c_1 & c_0 \end{bmatrix} \begin{bmatrix} a_0 \\ a_1 \\ a_2 \\ a_3 \end{bmatrix}$$

在 AES 中多项式 $c(x)$ 是固定的，具体为 $c(x)=03x^3+01x^2+01x+02$。乘法过程对应的矩阵形式为：

$$\begin{bmatrix} b_0 \\ b_1 \\ b_2 \\ b_3 \end{bmatrix} = \begin{bmatrix} 02 & 03 & 01 & 01 \\ 01 & 02 & 03 & 01 \\ 01 & 01 & 02 & 03 \\ 03 & 01 & 01 & 02 \end{bmatrix} \begin{bmatrix} a_0 \\ a_1 \\ a_2 \\ a_3 \end{bmatrix}$$

注意：该乘法也可以使用 xtime() 来实现，本书不详述实现过程。

2. AES 算法框架

在 AES 中，明文和密钥都用"状态（State）"表示。

（1）明文 State。明文 State 可以用二维矩阵表示，该数组为 4 行，N_b 列，设为 $4 \times N_b$。数组每个元素为 1 个字节，即为 2 个十六进制数。

N_b=数据块长度/32。当数据块长 128 时，N_b=4；当数据块长 192 时，N_b=6；当数据块长 256 时，N_b=8。

（2）密钥 State。密钥 State 也可以用二维矩阵表示，该数组为 4 行，N_k 列，设为 $4 \times N_k$。数组每个元素为 1 个字节，即为 2 个十六进制数。

N_k=数据块长度/32。当数据块长 128 时，N_k=4；当数据块长 192 时，N_k=6；当数据块长 256 时，N_k=8。

块长为 128 的明文和密钥的 State 结构，具体如图 3-2-13 所示。

（3）加密轮数 N_r。N_r 值取决于明文块和密钥块长度，即 N_b 和 N_k 的值。具体对应关系如表 3-2-2 所示。

	0	1	2	3
0	00	AF	F2	E3
1	10	5B	9C	4D
2	01	BC	DD	5C
3	3E	7C	66	FF

图 3-2-13　明文和密钥的 State 结构

表 3-2-2　AES 加密轮数

N_r	$N_b=4$	$N_b=6$	$N_b=8$
$N_k=4$	10	12	14
$N_k=6$	12	12	14
$N_k=8$	14	14	14

我们假定明文和密文的块长均为 128bit，来分析 AES 的算法。AES 的算法框架如图 3-2-14 所示。

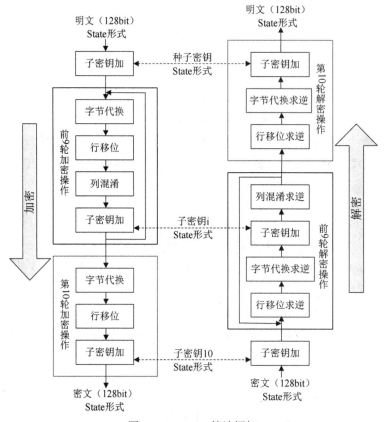

图 3-2-14　AES 算法框架

- 加密：首先执行"子密钥加"算法；然后进行前 9 轮加密操作，每轮包含"字节代换""行移位""列混淆""子密钥加"；第 10 轮加密操作少了一步"列混淆"。
- 解密：执行的是逆过程，**算法不完全一致**。

3. 密钥生成

AES 算法中，首先利用种子密钥推导出子密钥 K_1，再由子密钥 K_1 推导出子密钥 K_2，……，最后由子密钥 K_9 推导出子密钥 K_{10}。具体推导过程如图 3-2-15 所示。

具体的子密钥计算公式如下：

$$w_i = \begin{cases} w_{i-4} \oplus w_{i-1} & i\text{不能被4整除} \\ w_{i-4} \oplus \text{ByteSub}[\text{Rotbyte}(w_{i-1})] \oplus \text{Rcon}[i/4] & i\text{能被4整除} \end{cases}$$

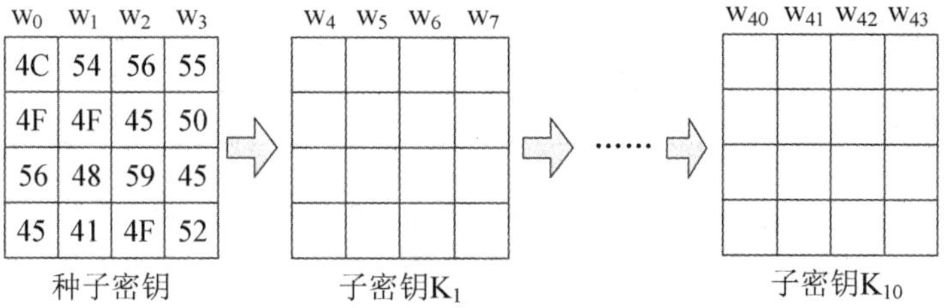

w_0	w_1	w_2	w_3
4C	54	56	55
4F	4F	45	50
56	48	59	45
45	41	4F	52

种子密钥　　　　　子密钥K_1　　　　　子密钥K_{10}

图 3-2-15　种子密钥与子密钥的对应关系

● Rotbyte(w_{i-1})：将输入按字节循环左移一个字节即得输出。

例如，Rotbyte(55 50 45 52)=(50 45 52 55)。

● ByteSub[Rotbyte(w_{i-1})]：S 盒变换，即查 S 盒表。具体的 S 盒如图 3-2-16 所示。

y／x	0	1	2	3	4	5	6	7	8	9	a	b	c	d	e	f
0	63	7c	77	7b	f2	6b	6f	c5	30	01	67	2b	fe	d7	ab	76
1	ca	82	c9	7d	fa	59	47	f0	ad	d4	a2	af	9c	a4	72	c0
2	b7	fd	93	26	36	3f	f7	cc	34	a5	e5	f1	71	d8	31	15
3	04	c7	23	c3	18	96	05	9a	07	12	80	e2	eb	27	b2	75
4	09	83	2c	1a	1b	6e	5a	a0	52	3b	d6	b3	29	e3	2f	84
5	53	d1	00	ed	20	fc	b1	5b	6a	cb	be	39	4a	4c	58	cf
6	d0	ef	aa	fb	43	4d	33	85	45	f9	02	7f	50	3c	9f	a8
7	51	a3	40	8f	92	9d	38	f5	bc	b6	da	21	10	ff	f3	d2
8	cd	0c	13	ec	5f	97	44	17	c4	a7	7e	3d	64	5d	19	73
9	60	81	4f	dc	22	2a	90	88	46	ee	b8	14	de	5e	0b	db
a	e0	32	3a	0a	49	06	24	5c	c2	d3	ac	62	91	95	e4	79
b	e7	c8	37	6d	8d	d5	4e	a9	6c	56	f4	ea	65	7a	ae	08
c	ba	78	25	2e	1c	a6	b4	c6	e8	dd	74	1f	4b	bd	8b	8a
d	70	3e	b5	66	48	03	f6	0e	61	35	57	b9	86	c1	1d	9e
e	e1	f8	98	11	69	d9	8e	94	9b	1e	87	e9	ce	55	28	df
f	8c	a1	89	0d	bf	e6	42	68	41	99	2d	0f	b0	54	bb	16

图 3-2-16　S 盒

例如，"51"则是查询 S 盒的第 5 行第 1 列，得到"d1"；"ef"则是查询 S 盒的第 e 行第 f 列，得到"df"。

因此，ByteSub[Rotbyte(55 50 45 52)]=ByteSub[Rotbyte(50 45 52 55)]=（53 6e 00 fc）。

● Rcon[i/4]：查询 Rcon 表中的第 i/4 列内容。Rcon 表如表 3-2-3 所示。

表 3-2-3　Rcon 表

i	1	2	3	4	5	6	7	8	9	10
	01	02	04	08	10	20	40	80	1B	36
Rcon	00	00	00	00	00	00	00	00	00	00
	00	00	00	00	00	00	00	00	00	00
	00	00	00	00	00	00	00	00	00	00

例如，Rcon[1]得到的是 Rcon 表第 1 列所有内容，即 "01 00 00 00"。

4.　加密过程

第一步：最初的子密钥加。

明文分组与种子密钥按位进行异或运算，如图 3-2-17 举例所示。

第二步：前 9 轮加密操作。

（1）字节代换。

字节代换就是 ByteSub 操作，也是一个查询 S 盒表的过程。该过程输入 State 中的每个字节，通过查询 S 盒，替换成新的 State。如 "51" 则是查询 S 盒的第 5 行第 1 列，得到 "d1"。具体的替换示例如图 3-2-18 所示。

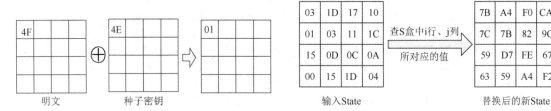

图 3-2-17　最开始的轮密钥加异或过程示例　　　图 3-2-18　字节代换示例

S 盒设计原理是将一个字节非线性地变换为另一个字节。可以由以下两步得到：

● **求乘法逆**：求出每一个元素在 GF(2^8)中的乘法逆，00 被映射为它自身。求乘法逆可以使用扩展欧几里德算法，这里不详述具体的算法。

● **仿射变换**：具体变换过程如下所示：

$$\begin{bmatrix} y_0 \\ y_1 \\ y_2 \\ y_3 \\ y_4 \\ y_5 \\ y_6 \\ y_7 \end{bmatrix} = \begin{bmatrix} 1 & 0 & 0 & 0 & 1 & 1 & 1 & 1 \\ 1 & 1 & 0 & 0 & 0 & 1 & 1 & 1 \\ 1 & 1 & 1 & 0 & 0 & 0 & 1 & 1 \\ 1 & 1 & 1 & 1 & 0 & 0 & 0 & 1 \\ 1 & 1 & 1 & 1 & 1 & 0 & 0 & 0 \\ 0 & 1 & 1 & 1 & 1 & 1 & 0 & 0 \\ 0 & 0 & 1 & 1 & 1 & 1 & 1 & 0 \\ 0 & 0 & 0 & 1 & 1 & 1 & 1 & 1 \end{bmatrix} \begin{bmatrix} x_0 \\ x_1 \\ x_2 \\ x_3 \\ x_4 \\ x_5 \\ x_6 \\ x_7 \end{bmatrix} \oplus \begin{bmatrix} 1 \\ 1 \\ 0 \\ 0 \\ 0 \\ 1 \\ 1 \\ 0 \end{bmatrix}$$

第 2 天

（2）行移位变换。

对 State 矩阵的每一行，规定"**第一行循环左移 0 字节，第二行循环左移 1 字节，第三行循环左移 2 字节，第四行循环左移 3 字节。**"具体图例如图 3-2-19 所示。

7B	A4	F0	CA	第一行循环左移0字节 →	7B	A4	F0	CA
7C	7B	82	9C	第二行循环左移1字节 →	7B	82	9C	7C
59	D7	FE	67	第三行循环左移2字节 →	FE	67	59	D7
63	59	A4	F2	第四行循环左移3字节 →	F2	63	59	A4

图 3-2-19　行移位变换示例

注 1：当明文长度为 128bit、192bit（N_b=4、6）时，移动规则不变；

注 2：当明文长度为 256bit（N_b=8）时，移动规则变为"第一行循环左移 0 字节，第二行循环左移 1 字节，第三行循环左移 3 字节，第四行循环左移 4 字节。"

（3）列混淆变换。

列混合变换是把状态的每一列都乘以固定的多项式 c(x)，即 s′(x) = c(x)s(x) mod (x⁴+1)。

由于 c(x)固定，可将乘法写成更容易接受的矩阵相乘的形式。

$$\begin{bmatrix} S'_{00} & S'_{01} & S'_{02} & S'_{03} \\ S'_{10} & S'_{11} & S'_{12} & S'_{13} \\ S'_{20} & S'_{21} & S'_{22} & S'_{23} \\ S'_{30} & S'_{31} & S'_{32} & S'_{33} \end{bmatrix} = \begin{bmatrix} 02 & 03 & 01 & 01 \\ 01 & 02 & 03 & 01 \\ 01 & 01 & 02 & 03 \\ 03 & 01 & 01 & 02 \end{bmatrix} \begin{bmatrix} S_{00} & S_{01} & S_{02} & S_{03} \\ S_{10} & S_{11} & S_{12} & S_{13} \\ S_{20} & S_{21} & S_{22} & S_{23} \\ S_{30} & S_{31} & S_{32} & S_{33} \end{bmatrix}$$

【例 4】给出下列矩阵相乘的解答过程，并求解。

$$\begin{bmatrix} 02 & 03 & 01 & 01 \\ 01 & 02 & 03 & 01 \\ 01 & 01 & 02 & 03 \\ 03 & 01 & 01 & 02 \end{bmatrix} \begin{bmatrix} d4 \\ bf \\ 5d \\ 30 \end{bmatrix} = ?$$

解：

①结果的第 1 行第 1 列求解过程。

02 · d4⊕03 · bf⊕01 · 5d⊕01 · 30=02 · (d4⊕bf) ⊕bf⊕5d⊕30=02 · 6B⊕bf⊕5d⊕30
=xtime(01101011) ⊕bf⊕5d⊕30=D6⊕bf⊕5d⊕30=04

②结果的第 2 行第 1 列求解过程。

01 · d4⊕02 · bf⊕03 · 5d⊕01 · 30=d4⊕02 · bf⊕ (02+01) · 5d⊕30=d4⊕02 · (bf⊕5d) ⊕5d⊕30=
d4⊕02 · (bf⊕5d) ⊕5d⊕30= d4⊕02 · E2⊕5d⊕30= d4⊕xtime(11100010) ⊕5d⊕30=
d4⊕df⊕5d⊕30=66

③结果的第 3 行第 1 列求解过程。

01·d4⊕01·bf⊕02·5d⊕03·30=d4⊕bf⊕02·(5d⊕30)⊕30= d4⊕bf⊕02·6d⊕30 = d4⊕bf⊕xtime(01101101)⊕30= d4⊕bf⊕da⊕30=81

④结果的第 4 行第 1 列求解过程。

03·d4⊕01·bf⊕01·5d⊕02·30=(01⊕02)·d4⊕bf⊕5d⊕02·30=(d4⊕30)·02⊕d4⊕ bf⊕5d=xtime(11100100)⊕d4⊕bf⊕5d=d3⊕d4⊕bf⊕5d=e5

所以，求解的结果为：

$$\begin{bmatrix} 02 & 03 & 01 & 01 \\ 01 & 02 & 03 & 01 \\ 01 & 01 & 02 & 03 \\ 03 & 01 & 01 & 02 \end{bmatrix}\begin{bmatrix} d4 \\ bf \\ 5d \\ 30 \end{bmatrix}=\begin{bmatrix} 04 \\ 66 \\ 81 \\ e5 \end{bmatrix}$$

（4）子密钥加。

该步骤与第一步相同。中间 State 与该轮子密钥 i 进行异或运算。

第三步：第 10 轮加密操作。

该步骤与前 9 轮加密操作唯一不同的是缺少列混合替换。其他步骤相同。

5. 解密过程

AES 不是对合运算，即 $(AES)^{-1} \neq AES$，所以 AES 解密算法与加密算法不同。AES 解密算法是加密算法的逆过程，加密和解密算法原理基本一致。其中不同的是，解密过程中有几步是求逆过程。

（1）行移位求逆。

该算法将 State 矩阵的每一行右移，具体规则为"第一行循环右移 0 字节，第二行循环右移 1 字节，第三行循环右移 2 字节，第四行循环右移 3 字节。"

（2）字节代换求逆。

通过查询**逆 S 盒**实现。

（3）列混淆求逆。

列混淆求逆就是 state 的每列乘以 c(x) 的逆多项式 d(x)，即 $s'(x) = d(x)s(x) \mod (x^4+1)$。

$$c(x) = 03x^3 + 01x^2 + 01x + 02$$
$$d(x) = 0bx^3 + 0dx^2 + 09x + 0e$$

由于 d(x) 固定，可将乘法写成更容易接受的矩阵相乘的形式。

$$\begin{bmatrix} S'_{00} & S'_{01} & S'_{02} & S'_{03} \\ S'_{10} & S'_{11} & S'_{12} & S'_{13} \\ S'_{20} & S'_{21} & S'_{22} & S'_{23} \\ S'_{30} & S'_{31} & S'_{32} & S'_{33} \end{bmatrix}=\begin{bmatrix} 0e & 0b & 0d & 09 \\ 09 & 0e & 0b & 0d \\ 0d & 09 & 0e & 0b \\ 0b & 0d & 09 & 0e \end{bmatrix}\begin{bmatrix} S_{00} & S_{01} & S_{02} & S_{03} \\ S_{10} & S_{11} & S_{12} & S_{13} \\ S_{20} & S_{21} & S_{22} & S_{23} \\ S_{30} & S_{31} & S_{32} & S_{33} \end{bmatrix}$$

3.2.4　SM4

分组密码的安全性主要来自 S 盒，但是大部分加密算法的 S 盒的设计原理没有公开，因此存在各种隐患。出于安全性和确定性的考虑，2006 年我国国家密码管理局公布了**无线局域网产品**使用的 SM4 密码算法，可以抵御**差分攻击、线性攻击**等。这是我国第一次官方公布的商用密码算法。

SM4 加密算法特点如下：

- SM4 分组长度和密钥长度都是 128 位。SM4 的数据处理单位：字节（8 位）、字（32 位）。
- SM4 属于对合运算 $(SM4)^{-1} - SM4$，所以解密算法与加密算法相同，只有轮密钥的使用顺序相反。

SM4 加密算法基本运算：

（1）模 2 加：运算符号"$\oplus$"，32 位的异或运算；

（2）循环移位：运算符号"$<<<i$"，循环左移 i 位。

1. SM4 算法总框架

SM4 算法总框架如图 3-2-20 所示，详细的算法说明如图 3-2-21 所示。

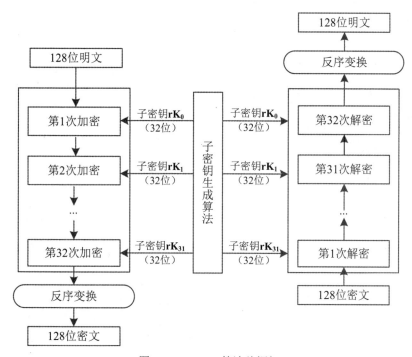

图 3-2-20 SM4 算法总框架

（1）T()函数。

T()属于非线性变换，目的就是混淆。T()就是对 $x_{i+1} \oplus x_{i+2} \oplus x_{i+3} \oplus rk_i$ 的值进行 4 个 S 盒变换，再对 32 位结果进行循环移位和异或操作，得到新的 32 位值。具体流程如图 3-2-22 所示。

- **S 盒变换。**

SM4 的 S 盒表如表 3-2-4 所示。

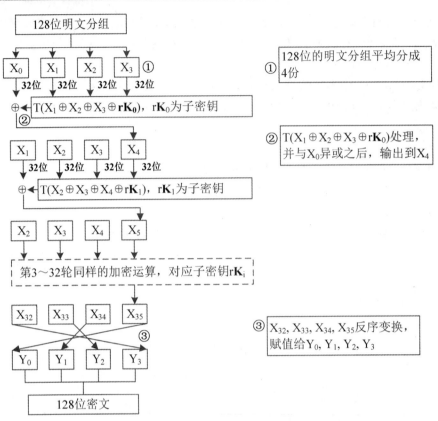

图 3-2-21　SM4 算法详细说明

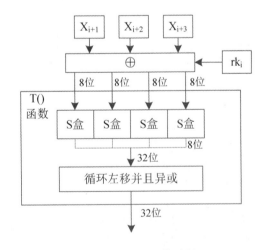

图 3-2-22　T()函数过程

表 3-2-4　SM4 的 S 盒表

	0	1	2	3	4	5	6	7	8	9	a	b	c	d	e	f
0	d6	90	e9	fe	cc	e1	3d	b7	16	b6	14	c2	28	fb	2c	05
1	2b	67	9a	76	2a	be	04	c3	aa	44	13	26	49	86	06	99
2	9c	42	50	f4	91	ef	98	7a	33	54	0b	43	ed	cf	ac	62
3	e4	b3	1c	a9	c9	08	e8	95	80	df	94	fa	75	8f	3f	a6
4	47	07	a7	fc	f3	73	17	ba	83	59	3c	19	e6	85	4f	a8
5	68	6b	81	b2	71	64	da	8b	f8	eb	0f	4b	70	56	9d	35
6	1e	24	0e	5e	63	58	d1	a2	25	22	7c	3b	01	21	78	87
7	d4	00	46	57	9f	d3	27	52	4c	36	02	e7	a0	c4	c8	9e
8	ea	bf	8a	d2	40	c7	38	b5	a3	f7	f2	ce	f9	61	15	a1
9	e0	ae	5d	a4	9b	34	1a	55	ad	93	32	30	f5	8c	b1	e3
a	1d	f6	e2	2e	82	66	ca	60	c0	29	23	ab	0d	53	4e	6f
b	d5	db	37	45	de	fd	8e	2f	03	ff	6a	72	6d	6c	5b	51
c	8d	1b	af	92	bb	dd	bc	7f	11	d9	5c	41	1f	10	5a	d8
d	0a	c1	31	88	a5	cd	7b	bd	2d	74	d0	12	b8	e5	b4	b0
e	89	69	97	4a	0c	96	77	7e	65	b9	f1	09	c5	6e	c6	84
f	18	f0	7d	ec	3a	dc	4d	20	79	ee	5f	3e	d7	cb	39	48

SM4 查 S 表和 DES 查表相似，如果输入"bf"，则查询 S 盒表的 b 行 f 列的交叉，得到输出 51，既 sbox(bf)=51。

● 循环移位、异或操作。

对输出结果进行循环移位，然后再异或。公式如下：

$$C=L(B)=B\oplus（B<<<2）\oplus（B<<<10）\oplus（B<<<18）\oplus（B<<<24）$$

（2）子密钥生成。

子密钥的生成过程与加密过程相似，具体流程如图 3-2-23 所示。

● 系统参数。

FK_0=a3b1bac6；FK_1=56aa3350；FK_2=677d9197；FK_3=b27022dc

● 固定参数。

一共有 **32** 个固定参数 CK_i，i=0，1，2…31。设 CK_{ij} 为 CK_i 的第 j 字节（j=0,1,2,3），固定参数产生规则如下：

$$CK_{ij}=(4i+j)\times 7(\bmod\ 256)$$

图 3-2-23 子密钥生成过程

固定参数具体值如下：

00070e15	1c232a31	383f464d	545b6269
70777e85	8c939aa1	a8afb6bd	c4cbd2d9
e0e7eef5	fc030a11	181f262d	343b4249
50575e65	6c737a81	888f969d	a4abb2b9
c0c7ced5	dce3eaf1	f8ff060d	141b2229
30373e45	4c535a61	686f767d	848b9299
a0a7aeb5	bcc3cad1	d8dfe6ed	f4fb0209
10171e25	2c333a41	484f565d	646b7279

● **T'()变换**

T'()变换与加密算法中的 T()变换基本相同，其中的循环移位和异或操作不相同，具体的循环移位和异或操作为：

$$L'(B)= B \oplus (B<<<13) \oplus (B<<<23)$$

3.2.5　分组密码工作模式

由于程序、数据库记录、操作系统等都具有固定的格式或者结构，同时各种语言的语句和指令有时会在应用中重复出现，因此计算机数据存在明显的数据模式。在明文相同、密钥相同的前提下，密文会相同，明文中的数据模式会在密文中表现出来。如果不能掩盖数据模式，采用再好的加密算法也是徒劳的。

分组密码不能隐蔽数据模式，即相同的明文组对应着相同的密文组；分组加密不能抵抗组的重放、嵌入和删除等攻击。即使有了安全的分组密码算法，也需要采用适当的工作模式来隐蔽明文的统计特性、数据的格式等。

分组密码工作模式是指以某个分组密码算法为基础，解决对任意长度的明文的加密问题的方法。

1980 年 NIST 公布了 DES 的 4 种工作模式：电码本模式（Electronic Code Book，ECB）、密码分组链接模式（Ciper Block Chaining，CBC）、输出反馈模式（Output Feedback，OFB）、密码反馈模式（Ciper Feedback，CFB）。

2001 年 NIST 公布了 AES 的 5 种工作模式：ECB、CBC、OFB、CFB、计数模式（Counter Mode Encryption，CTR）。

使用工作模式加密时，明文或者密文可能会引起密文及后续密文发生错误。使用工作模式解密时，明文或者密文也可能引起密文、后续密文发生错误。

● **错误传播有界**：出现明文或者密文错误只产生有限几个数据错误；

● **错误传播无界**：出现明文或者密文错误会引发后续数据全部错误。

1. ECB

电码本模式（ECB）是最简单的运行模式，各分组使用同一加密密钥。当确定密钥时，明文的各分组对应唯一的密文。

设明文 $M=(m_1, m_2, \ldots, m_n)$，相应的密文 $C=(C_1, C_2, \ldots, C_n)$，密钥为 k，E()为加密算法，则有 $C_i=E(m_i, k)$，i=1,2,…,n。

ECB 非常适合处理短数据加密，发送少量数据。同一明文分组在消息中重复出现时，对应的密文分组也相同。ECB 要求处理数据是分组长度的整数倍，最后一个数据块要填充 0 或者随机数。

ECB 适合并行计算，但容易暴露明文的数据模式。

2. CBC

密码分组链接模式（CBC）可以分为密文链接方式和明密文链接方式。

（1）CBC 的密文链接方式。

密文链接方式中输入是当前明文组与前一密文组的异或，其中 E^{-1} 为解密算法。

CBC 密文链接方式的加密、解密框架如图 3-2-24 所示。

CBC 的密文链接方式下：加密会引发错误传播无界，解密错误传播有界。CBC 不利于并行计算。

（2）CBC 的明密文链接方式。

明密文链接方式中输入是前一组密文和前一组明文异或之后，再与当前明文组异或。

CBC 明密文链接方式的加密、解密框架如图 3-2-25 所示。

CBC 的明密文链接方式下：加密和解密均会引发错误传播无界。

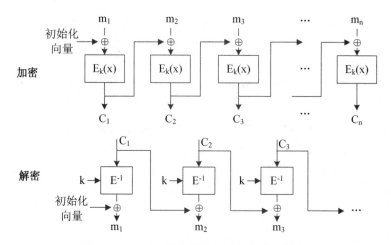

图 3-2-24　CBC 密文链接方式的加密、解密

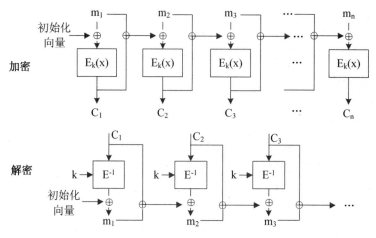

图 3-2-25　CBC 明密文链接方式的加密、解密

3. OFB

输出反馈模式（OFB）流程如图 3-2-26 所示。其中 R 为移位寄存器；K 为密钥；C 为密文；IV 为 R 的初始状态，又称为种子；E 为分组加密算法。

（1）种子 IV 的值赋值为移位寄存器 R 的**初值**。

（2）利用分组算法 E（例如 DES、AES、SM4）加密移位寄存器 R 中的内容为密文，并"**选取最右边的 S 位**"作为输出，与明文 m_i 异或得到 C_i，其中 i=1,2,…,n。

（3）移位寄存器 R 先左移 S 位，并将"**选取最右边的 S 位**"赋值到寄存器 R 的右 S 位。

（4）继续（2）、（3）步，直到把分组密码变为序列密码。

（5）OFB 模式加密和解密，R 和 E 使用同样方式工作。

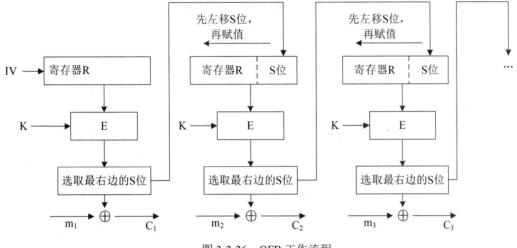

图 3-2-26　OFB 工作流程

OFB 模式中，如果加密时某一明文 m_i 出错，不影响其他明文。同样解密时，某一密文 C_i 出错，不影响其他密文。所以没有错误传播。

OFB 不利于并行计算。

注意：有资料写选取最左边的 S 位，之后先右移 S 位，再赋值。

4．CFB

密码反馈模式（CFB）和 OFB 模式相似，具体流程如图 3-2-27 所示。不同的是填充移位寄存器 R 的不是加密算法 E 输出的最右 S 位，而是 E 输出与明文异或之后的密文 C_i（i=1,2,...,n）的 S 位。

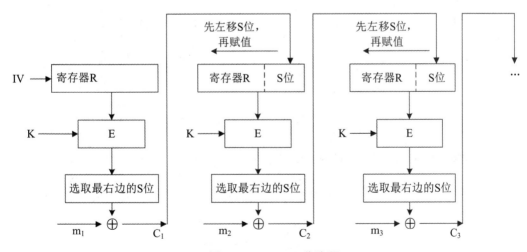

图 3-2-27　CFB 工作流程

解密时 R 和 E 按与加密相同的方式工作，产生相同的密钥流，与密文异或便可以完成解密。

CFB 模式中，如果加密时某一明文 m_i 出错，则会影响后面的所有明文。同样在解密时，某一密文 C_i 出错，则会影响后面的所有密文。所以 CFB 模式具有传播无界的特性。

CFB 不利于并行计算。

5. CTR

计数器模式（CTR）与 OFB、CFB 一样，把分组密码化为序列密码。在本质上利用分组密码产生密钥序列，按序列密码的方式加密。

设一组给定的计数器序列 Counter=（$Counter_1$, $Counter_2$, …, $Counter_{n-1}$, $Counter_n$），明文 M=（M_1, M_2, …, M_n），相应的密文 C=（C_1, C_2, …, C_n），其中 i=1,2,…,n，E 为加密算法。M_n 的长度为 u，小于或等于分组长度。CTR 加密过程的数学表达如下：

$$\begin{cases} O_i = E(Counter_i, K), \ i=1,2,...,n \\ C_i = M_i \oplus O_i, \ i=1,2,...,n-1 \\ C_n = M_n \oplus (O_n\text{的高u位}) \end{cases}$$

CTR 解密过程的数学表达如下：

$$\begin{cases} O_i = E(Counter_i, K), \ i=1,2,...,n \\ M_i = C_i \oplus O_i, \ i=1,2,...,n-1 \\ M_n = C_n \oplus (O_n\text{的高u位}) \end{cases}$$

CTR 具体加密解密的流程如图 3-2-28 所示。

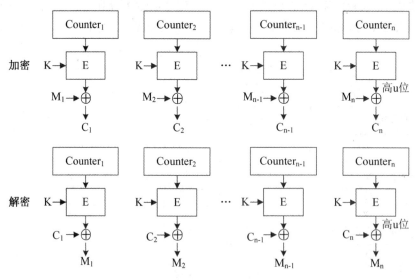

图 3-2-28　CTR 模式工作流程

CTR 不具有错误传播的特性，适合并行计算，适合任意长度的数据。CTR 模式属于对合运算。

3.3　序列密码

理论上来说，"一次一密"的方式是不可以破解的，但这种方式的密钥量巨大，所以真正实现随机是不可行的。因此人们采用序列密码模仿"一次一密"方式，获得了安全性较高的密码。

- **周期：**序列就存在一定的循环周期，如果周期足够长，就会有比较好的保密性。一般而言，很少采用周期小于 10^{10} 的序列；周期为 10^{50} 的序列也很常见。
- **伪随机数生成器（PRNG）：**真正的随机数是随机产生的，其结果是不可预测的。而计算机中的随机函数是按照一定算法模拟产生的，其结果是确定的，所以是伪随机数。

序列密码又称流密码，原理是明文流与密钥流按顺序逐比特进行异或运算，从而产生密文流。序列密码属于对合运算。具体原理如图 3-3-1 所示。

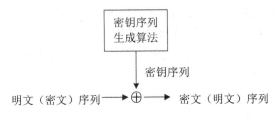

图 3-3-1　序列密码原理

序列密码的加密和解密运算只是简单的模二加运算，所以序列密码的强度依靠密钥序列的随机性和不可预测性。**序列密码中的关键是要保持通信双方的精确同步。**

序列密码的加密和解密运算也是对合运算。

3.3.1　线性反馈移位寄存器

序列密码方式可以仿效"一次一密"密码，而产生密钥序列的最重要部件是反馈移位寄存器。

一个 n 级反馈移位寄存器由 n 个二元存储器和一个反馈函数 $F(S_0, S_1, ..., S_{n-2}, S_{n-1})$ 组成，移位寄存器工作模式如图 3-3-2 所示。移位寄存器进行左移，然后反馈函数 $F(S_0, S_1, ..., S_{n-2}, S_{n-1})$ 的结果赋值给 S_{n-1}。

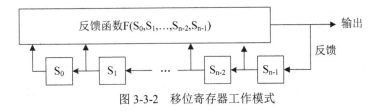

图 3-3-2　移位寄存器工作模式

线性反馈函数 $F(S_0, S_1, ..., S_{n-2}, S_{n-1})$，可以表示为：

$$F(S_0, S_1, ..., S_{n-2}, S_{n-1})=g_0S_0+g_1S_1+...+g_{n-1}S_{n-1}$$

其中：$g_0, g_1, ..., g_{n-2}, g_{n-1}$ 为反馈系数。在二进制运算下，线性反馈移位寄存器（Linear Feedback Shift Register，LFSR）的工作模式如图 3-3-3 所示。

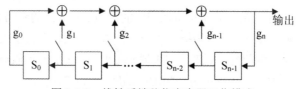

图 3-3-3　线性反馈移位寄存器工作模式

线性反馈移位寄存器反馈系数的含义如下：

- $g_0, g_1, ..., g_{n-2}, g_{n-1}$ 也可以看成一个开关，**当 $g_i=1$ 表示 S_i 参与反馈；当 $g_i=0$ 表示 S_i 不参与反馈**。

- 当 $g_n=0$，则输出不反馈到 S_{n-1}；$g_0=0$，则表示 S_0 不参与反馈。而图 3-3-3 给出的工作模式中 $g_n=g_0=1$，如果为 0 则不称为线性反馈移位寄存器。

线性反馈函数 $F(S_0, S_1, ..., S_{n-2}, S_{n-1})$ 对应的多项式，又称为线性反馈移位寄存器的**连接多项式**，可以表示为：

$$g(x) = g_n x^n + g_{n-1} x^{n-1} + \cdots + g_1 x^1 + g_0$$

线性反馈移位寄存器的特点如下：

（1）线性反馈移位寄存器的反馈函数是线性函数；非线性反馈移位寄存器的反馈函数是非线性函数。

（2）n 级的线性反馈移位寄存器最多可以有 2^n 个不同状态。

（3）n 级的线性反馈移位寄存器状态周期 $\leq 2^n-1$。

（4）n 级的线性反馈移位寄存器输出序列周期 $\leq 2^n-1$。使用合适的连接多项式可以使得周期 $=2^n-1$，此时的输出序列称为 **m 序列**。

m 序列中，连续 i 个 0 和 1，分别称为 i（$1\leq i\leq n-2$）的 0 游程和 i 的 1 游程。m 序列具有以下随机性：

（1）同一周期内，0 出现 $2^{n-1}-1$ 次；1 出现 2^{n-1} 次。

（2）同一周期内，游程总数 $=2^{n-1}$，其中 i（$1\leq i\leq n-2$）的 0 游程和 i 的 1 游程各 2^{n-2} 个。当 n>2 时，游程分布如下：

- 长为 i 的 0、1 游程有 $2^{n-1}/2^{i+1}$ 个（$1\leq i\leq n-2$）；
- 长为 n-1 的 0 游程，长为 n 的 1 游程有 1 个。

设 g(x) 为 GF(2) 上的多项式，使 $g(x)|x^p-1$ 的最小正整数 p 称为 g(x) 的周期。如果 g(x) 的次数为 n，且其周期为 2^n-1，则称 g(x) 为本原多项式。只有 g(x) 为本原多项式时，其线性移位寄存器的输出序列为 m 序列。

【例 1】图 3-3-4 为一个 4 级的线性反馈移位寄存器，本原多项式为 $g(x)=x^4+x+1$，初始状态为 0001，则它是周期为 $2^4-1=15$ 的 m 序列。

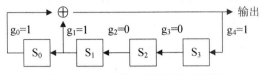

图 3-3-4　4 级线性反馈移位寄存器

第 1 步：本原多项式决定了 gi 的值

$g(x)=x^4+x+1$ 决定了 4 级线性反馈移位寄存器，$g_4=1$，$g_1=1$，$g_0=1$

第 2 步：求输出，具体过程如下：

状态	输出	状态	输出
0001			
	由于，S0=0，S1=0，则输出为 0		

输出为：_0

第 3 步：状态左移一位，空出一位填输出值

（1）0001 左移一位，结果变为 001[?]

（2）001[?]空出的一位，填入输出值 0，状态变为 0010

状态	输出	状态	输出
0001			
0010	由于，S0=0，S1=0，则输出为 0		

输出为：_0

第 4 步，求输出，具体过程如下

状态	输出	状态	输出
0001			
0010	由于，S0=0，S1=0，则输出为 0		
	由于，S0=0，S1=0，则输出为 0		

输出为：_00

第 5 步：状态左移，空出位置填输出值

（1）0010 左移一位，结果变为 010[?]

（2）空出的一位，填入输出值 0，状态变为 0100

状态	输出	状态	输出
0001			
0010	由于，S0=0，S1=0，则输出为 0		
0100	由于，S0=0，S1=0，则输出为 0		

输出为：_00

……

重复上述第 2~3 步。直到出现的状态与初始状态 0001 相同为止。

状态	输出	状态	输出
0001	1	0101	
0010		1011	
0100		0111	
1001		1111	
0011		1110	
0110		1100	
1101		1000	由于，S0=1，S1=0，则输出为 1
1010		0001	1
		…	…

1 个周期内的输出为：00110101111000

此时，就会发现 0001 上一个状态的输出为 1，还可以知道 1 个周期内的输出为：100110101111000

汇总：该线性反馈移位寄存器的状态变化和输出如表 3-3-1 所示。

表 3-3-1　状态变化和输出

状态	输出	状态	输出
0001	1（上一周期结尾状态 1000 产生的输出）	0101	1
0010	0（上一状态 0001 产生的输出）	1011	1
0100	0（上一状态 0010 产生的输出）	0111	1
1001	1	1111	1
0011	1	1110	0
0110	0	1100	0
1101	1	1000	0
1010	0	0001	1
		…	…

1 个周期内的输出为：100110101111000

3.3.2　RC4

RC4 是 Ron Rivest 为 RSA 设计的序列密码，RC4 算法简单、速度快、容易用软硬件实现，因此应用广泛。比如 WEP、WPA、SSL/TLS 应用了 RC4；Windows、Lotus notes、Apple AOCE 等软件系统也应用了 RC4。

1．RC4 算法

RC4 具体算法如下：

第一步：密钥调度算法（The Key-Scheduling Algorithm，KSA）。

```
/*KSA 算法就是初始化，选择 40～256 位的可变长密钥，产生初始的密钥流序列*/
for i=0 to 255
S[i]=i;
/*初始化一个 256 个字节的 S 数组，记为 S 表*/
for i=0 to 255
R[i]=K[i mod keylenth]
/*将密钥 K 赋值给一个临时的、256 个字节的 R 表；如果密钥长度 keylenth 小于 R 表长，则依次循环填充，直到 R 全部赋值完毕*/
/*通常 5≤keylength≤32，即密钥长度为 40～256 位*/
for i=0 to 255
{
j=( j+S[i]+R[i] ) mod 256
swap( S[i],S[j] );                    /*交换 S[i] 和 S[j]*/
}
/*S 表初始化，目的是对 S 表进行随机化处理。*/
```

第二步：伪随机子密码生成算法（The Pseudo-Random Generation Algorithm，PRGA）。

```
/* PRGA 算法就是根据初始密钥，生成密钥序列*/
i,j=0
while (1){
i=( i+1 ) mod 256
j=( j+S[i] ) mod 256
swap( S[i],S[j] )
t=( s[i]+s[j] ) mod 256;
k=S[t]
}
/*k 为密钥字符，RC4 算法不停地产生密钥字符序列；加密时，k 与明文异或得到密文；解密时，k 与密文异或得到明文*/
```

2．RC4 安全性

S 表有 256 个字节，可能的排列情况有 256! $\approx 2^{1600}$ 种，所以穷举法破解 RC4 是几乎不可能的。出于种种原因，美国政府限制出口超过 40 位密钥的 RC4 算法。

3.3.3　ZUC

祖冲之算法（ZUC 算法）是由我国自主设计的加密和完整性算法，已经被国际组织 3GPP 推荐为无线通信 LTE 的第三套加密标准的核心算法。ZUC 是一个同步流产生算法。该算法由比特重组、非线性函数 F、线性反馈移位寄存器(LFSR)组成。该算法输出序列的随机性好，周期足够大；可以抵抗已知的序列密码分析方法；可抵抗弱密分析。

3.4 Hash 函数

Hash 函数用于构建数据的"指纹"，而"指纹"用于标识数据。Hash 函数主要用于数据完整性、数字签名、消息认证等。

Hash 函数（hash function），又称为哈希函数、散列函数，是将任意长度的消息输出为定长消息（又称为报文摘要）的函数。形式为：

$$x = h(m)$$

Hash 函数的特性如下：

（1）单向性（one way）：已知 x，求 x=h(m)的 m 在计算上不可行的。

（2）弱抗碰撞性（weakly collision free）：对于任意给定的消息 m，如果找到另一不同消息 m′，使得 h(m) =h(m′)在计算上不可行的。

（3）强抗碰撞性（strongly collision free）：寻找两个不同消息 m 和 m′，使得 h(m) =h(m′)在计算上不可行的。

3.4.1 Hash 函数的安全性

对 Hash 函数的攻击就是寻找一对碰撞消息的过程。对散列函数的攻击方法主要有两种：

（1）穷举攻击：典型方式有"生日攻击"，即产生若干明文消息，并计算出消息摘要，然后进行比对，找到碰撞。

（2）利用散列函数的代数结构：攻击其函数的弱性质。通常有中间相遇攻击、修正分组攻击和差分分析攻击等。

1. 生日悖论

生日问题：设定每年 365 天，每个人的生日都是等概率的，同一屋子有 K 人。如果 K 人中两个人或两人以上的生日相同的概率大于 1/2，则问 K 最小为多少？

计算公式为：

$$1 - \left(1 - \frac{1}{365}\right)\left(1 - \frac{2}{365}\right)\cdots\left(1 - \frac{K-1}{365}\right) > 0.5$$

计算得到 K 最小值为 23。当 K 值为 40 时候，相同生日概率为 0.891，这些结果比直观猜测小很多，所以称为生日悖论。

2. 生日攻击法

生日攻击法是利用生日悖论原理对 Hash 函数进行的攻击。

假定 Hash 函数值有 n 个比特，其中 m 是真消息，M 是伪造的假消息。m 和 M 消息有 r 和 R 个变形消息。变形消息和消息有着相同的内容，只是形式不同。例如增加空格就可以生成变形消息。

由于长度为 n 的散列值有 2^n 个，那么给定的 m 变形 m_i 和 M 的变形 M_j 不发生碰撞的概率为 $1-\dfrac{1}{2^n}$；所有 M 变形与 m_i 不发生碰撞的概率为 $\left(1-\dfrac{1}{2^n}\right)^R$。所有 M 变形与所有 m 变形不发生碰撞的概率为 $\left(1-\dfrac{1}{2^n}\right)^{Rr}$。所有 M 变形与所有 m 变形发生碰撞的概率为 $1-\left(1-\dfrac{1}{2^n}\right)^{Rr} \approx 1-e^{-\frac{Rr}{2^n}}$。

当 $r=R=2^{n/2}$ 时，碰撞概率 $=1-e^{-1} \approx 0.63$。这种情况下，生日攻击者利用伪造的假消息获得真消息相同 Hash 值的花费仅为 $2^{n/2}$。所以 n 取值越大，Hash 函数越安全。

一般而言，对于 Hash 值长度为 64 比特的 Hash 函数，生日攻击的时间复杂度约为 2^{32}，所以是不安全的。

3.4.2 MD5 与 SHA-1 算法

1. MD5 算法

MD5 算法由 MD2、MD3、MD4 发展而来，其消息分组长度为 512 比特，生成 128 比特的摘要。2004 年，王小云教授找到了 MD5 碰撞，并有专家据此伪造了标准的 X.509 证书，实现了真实的攻击。

2. SHA-1 算法

SHA-1 算法的输入是长度小于 2^{64} 比特的任意消息，输出 160 比特的摘要。同样是王小云教授找到了 SHA-1 算法的碰撞，所以 SHA-1 退出也只是时间问题。

美国国家安全局与国家标准局通力合作，提出数字签名标准（Digital Signature Standard，DSS）及其算法标准（Digital Signature Algorithm，DSA）。DSS 数字签名标准的核心是数字签名算法 DSA，该签名算法中杂凑函数采用 SHA1。

SHA-1 算法步骤如下：

（1）填充报文。

（2）初始化缓冲：初始化 5 个 32 比特的寄存器，具体值如下：

寄存器	值（左边为有效高位、右边为有效低位）
A	67 45 23 01
B	EF CD AB 89
C	98 BA DC FE
D	10 32 54 76
E	C3 D2 E1 F0

（3）循环生成摘要，每次循环处理 512 位的分组。摘要算法核心是具有 4 轮操作的压缩函数。每轮操作对 A、B、C、D、E 中的 3 个做一次非线性函数运算，然后做移位和加运算。

（4）输出结果。

3.4.3 SM3 算法

SM3 是国家密码管理局颁布的安全密码杂凑算法，SM3 采用增强型的 Merkle-Damgard 结构。SM3 算法是把长度为 $l(l<2^{64})$ 比特的消息 m，经过填充和迭代压缩，生成长度为 256 比特的消息摘要。2018 年 10 月，第 4 版的 ISO/IEC10118-3：2018《信息安全技术杂凑函数第 3 部分：专用杂凑函数》发布，该标准包含了 SM3 杂凑密码算法，SM3 正式成为国际标准。SM3 算法可以用于数字签名和验证、消息认证码的生成与验证以及随机数的生成，可满足多种密码应用的安全需求。

SM3 涉及的函数和常数如图 3-4-1 所示。

1．初始值，用于确定压缩函数寄存器的初态

IV =7380166f 4914b2b9 172442d7 da8a0600 a96f30bc 163138aa e38dee4d b0fb0e4e

2．常量

$$T_j = \begin{cases} 79cc4519 & 0 \leq j \leq 15 \\ 7a879d8a & 16 \leq j \leq 63 \end{cases}$$

3．布尔函数

$$FF_j(A,B,C) = \begin{cases} A \oplus B \oplus C & 0 \leq j \leq 15 \\ (A \wedge B) \vee (A \wedge C) \vee (B \wedge C) & 16 \leq j \leq 63 \end{cases}$$

$$GG_j(E,F,G) = \begin{cases} E \oplus F \oplus G & 0 \leq j \leq 15 \\ (E \wedge F) \vee (\neg E \wedge G) & 16 \leq j \leq 63 \end{cases}$$

ABCDEFGH：8 个字寄存器

4．置换函数

压缩函数中的置换函数：$P_0(X) = X \oplus (X <<< 9) \oplus (X <<< 17)$

消息扩展中的置换函数：$P_1(X) = X \oplus (X <<< 15) \oplus (X <<< 23)$

图 3-4-1　SM3 涉及的函数和常数

SM3 算法的具体过程如图 3-4-2 所示。

1．填充

假设消息 m 的长度为 l 比特。首先在消息末尾添加比特"1"，再添加 k 个"0"，k 是满足 $l+1+k \equiv 448 \bmod 512$ 的最小的非负整数。然后再添加一个 64 位比特串，该比特串是长度 l 的二进制表示。填充后的消息 m′ 的比特长度为 512 的倍数。

例如：对消息 01000001 01100010 01100011，其长度 l=24，经填充得到比特串：

423比特　　64比特

01000001 01100010 01100011 1　00...00　000...011000

l=24的二进制表示

2．迭代压缩

2.1　迭代过程

将填充后的消息 m′ 按 **512 比特进行分组**：$m' = B^{(0)}B^{(1)}\cdots B^{(n-1)}$，其中 n=(l+k+65)/512。

图 3-4-2　SM3 算法

对 m′ 按下列方式迭代：

FOR i=0 TO n-1

$V^{(i+1)} = CF(V^{(i)}, B^{(i)})$

ENDFOR

其中 CF 是压缩函数，$V^{(0)}$ 为 256 比特初始值 IV，$B^{(i)}$ 为填充后的消息分组，迭代压缩的结果为 $V^{(n)}$。

2.2 消息扩展

将消息分组 $B^{(i)}$ 按以下方法扩展生成 132 个字 W_0, W_1, ..., W_{67}, W'_0, W'_1, ..., W'_{63}，用于压缩函数 CF：

a）将消息分组 $B^{(i)}$ 划分为 16 个字 W0, W1, ..., W15。

b）FOR j=16 TO 67

$$W_j \leftarrow P_1\left(W_{j-16} \oplus W_{j-9} \oplus W_{j-8} <<< 15\right) \oplus \left(W_{j-13} <<< 7\right) \oplus W_{j-6}$$

ENDFOR

c）FOR j=0 TO 63

$$W'_j = W_j \oplus W_{j+4}$$

ENDFOR

2.3 压缩函数

令 A、B、C、D、E、F、G、H 为字寄存器，SS1、SS2、TT1、TT2 为中间变量，压缩函数 $V^{(i+1)} = CF(V^{(i)}, B^{(i)})$，$0 \leq i \leq n-1$。计算过程描述如下：

$ABCDEFGH \leftarrow V^{(i)}$

FOR j=0 TO 63

$SS1 \leftarrow \left((A<<<12) + E + (Tj <<<j)\right) <<< 7$

$SS2 \leftarrow SS1 \oplus (A <<< 12)$

$TT1 \leftarrow FF_j(A,B,C) + D + SS2 + W'_j$

$TT2 \leftarrow GG_j(E,F,G) + H + SS1 + W'_j$

$D \leftarrow C$

$C \leftarrow B <<< 9$

$B \leftarrow A$

$A \leftarrow TT1$

$H \leftarrow G$

$G \leftarrow F <<< 19$

$F \leftarrow E$

$E \leftarrow P_0(TT2)$

ENDFOR

$V^{(i+1)} \leftarrow ABCDEFGH \oplus V^{(i)}$

3. 输出 256 比特的消息摘要

$ABCDEFGH \leftarrow V^{(n)}$

输出 256 比特的杂凑值 y = ABCDEFGH

图 3-4-2 SM3 算法（续图）

3.4.4 HMAC

HMAC 可以用来加密、数字签名、报文验证等。

1. 消息认证码

消息认证码（Message Authentication Code，MAC）是基于消息和秘密钥的公开函数，输出为定长数据：

$$MAC=C（M,K）$$

假定通信双发共享秘密钥 K，发送方 A 向接收方 B 发送报文 M 并附上 MAC，记为：

$$A{\rightarrow}B：M\|MAC$$

当 B 收到后，使用同样的密钥 K 和 M 计算出 MAC′。如果 MAC= MAC′，则说明：

● 接收的报文 M 没有被修改。

● 接收的报文 M 是 A 所发送的。

MAC 和加密类似，需要明文、密钥、算法。但 MAC 算法不要求可逆性，而加密算法则要求可逆。

2. HMAC 算法

Hash 函数不使用密钥，不能直接用于 MAC。因为，直接发送的消息 M 和 Hash 结果 h(M)一旦被截获，就能直接被攻击者伪造，变成 M′和 h(M′)发送出去。

Hash 消息认证码（Hash-based Message Authentication Code，HMAC），是一种基于密钥和散列函数进行消息认证的方法。它要求通信双方共享密钥、约定算法、约定报文 Hash 运算（如 MD5、SHA、SM3 等）。

HMAC 的总体结构如图 3-4-3 所示。

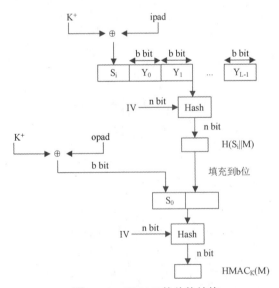

图 3-4-3 HMAC 的总体结构

- K 为密钥，K^+ 则是在 K 左边填充若干 0 后，长度为 b 的数据块。（如果 K 是 160 比特，b=512，则需在左边加 352 个 0）。
- ipad：b/8 个 00110110 组成的字符串。
- $Y_0 Y_1 \dots Y_{L-1}$：发送的消息 M，M 被划分为 L 个分组，分组长度为 b 比特。其中，Y_i 为其中的第 i 个分组（0≤i≤L–1）。$Y_0 Y_1 \dots Y_{L-1}$ 附在分组 S_i 之后，记为 $S_i \| M$。
- IV：Hash 函数输入的初始值。
- Hash：选定的 Hash 算法（如 MD5、SHA-1、SM3），输出的 Hash 值长度为 **n 比特**。
- opad：b/8 个 01011100 组成的字符串。

HMAC 的整个运算过程可以描述如下：

$$HMAC_k = H[(K^+ \oplus opad) \| H[K^+ \oplus ipad]]$$

3.5　公钥密码体制

一个系统中，n 个用户之间要进行保密通信，为了确保安全性，两两用户之间的密钥不能一样。这种方式下，需要系统提供 $C_n^2 = \dfrac{n \times (n-1)}{2}$ 把共享密钥。这样密钥的数量就大幅增加了，随之而来的产生、存储、分配、管理密钥的成本也大幅增加。而使用公钥密码体制可以大大减少密钥的数量，降低密钥的管理难度。

在公钥密码体制中，加密和解密采用两把不同的钥匙，分别为公钥和私钥。公钥可以公开，而私钥需要严格保密。这种密码系统需要使用单向陷门函数来构造。

单向函数 y=f(x) 满足下面两个条件：

（1）已知 x，要计算 y 很容易；

（2）已知 y，要计算出 x 很难。

常见的单向函数有 SM3、SHA-1、MD5。单向函数的加密效率高，但加密后不能还原。

单向陷门函数 y=f(x) 满足下面三个条件：

（1）函数 f 具有陷门。比如，陆逊受困于诸葛亮的八阵图，他只有在诸葛亮老丈人带着走了生门后才捡回一命。这里的生门就是陷门。

（2）已知 x，要计算 y 很容易；

（3）已知 y，如果不知道陷门，要计算出 x 很难；如果知道陷门，则计算出 x 很容易。

目前暂时还不能证明单向函数一定存在，所以应用中只要求实用即可。目前单向性足够的函数有：

（1）因子分解问题：计算素数乘积容易（p×q→n），而计算因子分解困难（n→p×q）。

（2）离散对数问题：计算素数幂乘容易（x^y→z），而计算对数困难（$\log_x z$→y）。

加密密钥和解密密钥不相同的算法，称为非对称加密算法，这种方式又称为公钥密码体制，解决了对称密钥算法的密钥分配与发送的问题。在非对称加密算法中，私钥用于解密和签名，公钥用于加密和认证。

公钥密码体制的特点如下：

- 明文 M 通过加密算法 E 和加密秘钥 K_e 变成密文 C 的方法，用公式表示如下：

$$C=E(M, K_e)$$

- 密文 C 通过解密算法 D 和解密密钥 K_d 还原为明文 M 的方法，用公式表示如下：

$$M=D(C, K_d)$$

- 计算上不能由 K_e 求出 K_d。
- 加密算法 E 和解密算法 D 都是高效的。

3.5.1　RSA 密码

1. 欧几里德算法

欧几里德基本算法，用于求解最大公约数；扩展欧几里德算法，主要用于求解不定方程、模线性方程、模的逆元等。具体算法如表 3-5-1 所示。

表 3-5-1　欧几里德基本算法

（1）欧几里德基本算法，用于求解最大公约数
算法原理： 设 a=qb+r，其中 a,b,q,r 都是整数，则 gcd(a,b)= gcd(b,r)=gcd(b,a%b)

具体算法：
<pre>int gcd(int a, int b)
{
    while(b != 0)
    {
        int temp= b;
        b = a % b;
        a = temp;
    }
    return a;
}</pre>

（2）扩展欧几里德算法，主要用于求解不定方程、模线性方程、模的逆元等。
算法原理： 对于不完全为 0 的非负整数 a,b,gcd(a,b)表示 a,b 的最大公约数，必然存在整数对 x,y，使得 gcd(a,b)= ax+by

2. 用辗转相除法求逆元

求 A 关于模 N 的逆元 B，即求整数 B，使得 $A \times B \bmod N = 1$（要求 A 和 N 互素）。

（1）对余数进行辗转相除。

对余数进行辗转相除的方法如下：

$$N = A \times a_0 + r_0$$

$$A = r_0 \times a_1 + r_1$$
$$r_0 = r_1 \times a_2 + r_2$$
$$r_1 = r_2 \times a_3 + r_3$$
...
$$r_{n-2} = r_{n-1} \times a_n + r_n$$
$$r_{n-1} = r_{n-2} \times a_{n+1} + 0$$

（2）对商数 a_i（i=0,...,n）逆向排列（不含余数为 0 的商数 a_{i+1}），并按下列方法生成 b_i（i=-1,...,n）。

$$b_{-1} = 1$$
$$b_0 = a_n$$
$$b_i = a_{n-i} \times b_{i-1} + b_{i-2}$$

a_i 的逆向排列与 b_i 的生成过程如图 3-5-1 所示。

最后：

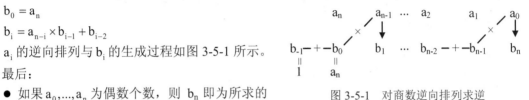

● 如果 $a_0,...,a_n$ 为偶数个数，则 b_n 即为所求的

　逆元 B；

● 如果 $a_0,...,a_n$ 为奇数个数，则 $N-b_n$ 即为所求的逆元 B。

图 3-5-1　对商数逆向排列求逆

【例 1】求 61 关于模 105 的逆。

（1）对余数进行辗转相除。

$$105 = 61 \times 1 + 44$$
$$61 = 44 \times 1 + 17$$
$$44 = 17 \times 2 + 10$$
$$17 = 10 \times 1 + 7$$
$$10 = 7 \times 1 + 3$$
$$7 = 3 \times 2 + 1$$
$$3 = 3 \times 1 + 0$$

（2）对商数逆向排列（不含余数为 0 的商数）

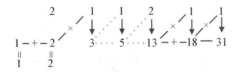

这里第一层数字为辗转相除的商数，2、1、1、2、1、1（不含余数为 0 的商数 1）。

第二层数字求法如下：

1）第 1 个数字为固定的"1"，第 2 个数字为第一层第一个商数"2"。

2）第 3 个数字为 1+2×1=3；第 4 个数字为 2+3×1=5；第 5 个数字为 3+5×2=13；第 6 个数字为 5+13×1=18；第 7 个数字为 13+18×1=31。

由于 $a_0,...,a_n$ 为偶数个数，因此 31 即为 61 关于模 105 的逆元。

3. RSA

RSA（Rivest Shamir Adleman）是典型的非对称加密算法，该算法基于大素数分解。核心是模幂运算。

对于 RSA 密码：

$$D(E(M))=(M^e)^d=(M^d)^e=E(D(M)) \bmod n$$

因此利用 RSA 密码可以同时实现数字签名和数据加密。

RSA 加解密与数字签名过程如表 3-5-2 所示。

表 3-5-2　RSA 密钥生成过程、加解密与数字签名过程

选出两个大质数 p 和 q，使得 p≠q
计算 p×q=n
计算 φ(n) =(p−1)×(q−1)
选择 e，使得 1<e<(p−1)×(q−1)，并且 e 和(p−1)×(q−1)互为质数
计算解密密钥，使得 ed=1 mod (p−1)×(q−1)
公钥=e，n
私钥=d，n
公开 n 参数，n 又称为模
消除原始质数 p 和 q

加密：

$C=M^e \bmod n$

解密：

$M=C^d \bmod n$

设 M 为明文，M 的签名过程为

签名：$M^d \bmod n$
验证签名：$(M^d)^e \bmod n$

注意：质数就是真正因子，只有 1 和本身两个因数，属于正整数。有些教程把 p、q 也纳入私钥中，这种说法不常见。

RSA 加密、解密过程如图 3-5-2 所示。

明文 X　　　　Y=X^e mod n　　　　密文 Y　　　　X=Y^d mod n　　　　明文 X

图 3-5-2　RSA 加密和解密过程

【例2】按照 RSA 算法，若选两个奇数 p=5，q=3，公钥 e=7，则私钥 d 为（　　）。

A．6　　　　　　　　B．7　　　　　　　　C．8　　　　　　　　D．9

【解析】按 RSA 算法求公钥和密钥：

（1）选两质数 p=5，q=3；

（2）计算 n=p×q=5×3=15；

（3）计算(p−1)×(q−1)=8；

（4）公钥 e=7，则依据 ed=1mod(p−1)×(q−1)，即 7d=1mod8。

结合四个选项，得到 d=7，即 49 mod 8=1。

【例3】令 p=47，q=71，求用 RSA 算法加密的公钥 e 和私钥 d。

【解析】计算过程如下：

（1）n=p×q=47×71=3337；

（2）φ(n)=(p−1)×(q−1)=46×70=3220；

（3）随机选取 e=79（与 3220 互质）；

（4）私钥 d 应满足：79×d = 1 mod 3220；

● 对余数进行辗转相除：

$$3220=79\times40+60$$
$$79=60\times1+19$$
$$60=19\times3+3$$
$$19=3\times6+1$$
$$3=1\times3+0$$

● 对商数逆向排列（不含余数为 0 的商数）：

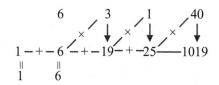

由于 $a_0,...,a_n$ 的个数为 4 是偶数，则 1019 即为所求。

此时，得到公钥（e,n）=（79,3337），私钥（d,n）=（1019,3337）。

【例4】假定 p=61，q=53，e=17，求 d

【解析】计算过程如下：

（1）n= p×q=61×53=3233

（2）φ(n)=(p−1)×(q−1)=60×52=3120

● 对余数进行辗转相除：

3120=17*183+9

17= 9*1+8

9= 8*1+1

8= 1*8+0

● 对商数逆向排列（不含余数为 0 的商数）：

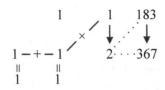

由于 $a_0,...,a_n$ 为奇数个数，因此 d=3120-367=2753

RSA 的安全性取决于 n 的分解难度，经验可知 n 越大分解越难。2007 年为止，人们还只能分解 313 位的合数。目前，人们认为在 RSA 密码中，n 取 1024 位之上是比较安全的。

3.5.2 Diffie–Hellman 与 ElGamal 体制

1. Diffie-Hellman 密钥交换体制

Diffie-Hellman 密钥交换体制，目的是完成通信双方的**对称秘钥**交互。Diffie-Hellman 的神奇之处是在不安全环境下（有人侦听）也不会造成秘钥泄露。

Diffie-Hellman 密钥交换体制流程如下：

第一步：公开（p、g）。

第二步：通信双方 Alice 和 Bob 交换秘钥。

（1）Alice 选择随机密钥 x（2≤x<p–1），发送给 Bob：$A=g^x$（mod p）；

（2）Bob 选择随机密钥 y（2≤y<p–1），发送给 Alice：$B=g^y$（mod p）。

第三步：双方得到公共密钥 K。

（1）Alice 结合随机密钥 x 和已收到 Bob 的信息，通过计算 $K=B^x$（mod p），得到公共密钥 K；

（2）同样 Bob 通过计算 $K=A^y$（mod p），也得到公共密钥 K。

至此，Alice 和 Bob 进行了安全的对称密钥交互。

2. ELGamal 体制

ELGamal 改进了 Diffie-Hellman 密钥交换体制，是基于**离散对数问题**之上的**公开秘钥密码体制**。离散对数问题是指：对于比较大的整数 y、g、p，求出一个整数 x 满足 $y=g^x$ mod p 是非常困难的。

ELGamal 算法如下：

（1）**生成密钥**：p 是一个大素数，g 为 p 的本原元，x 是小于 p 的随机数，计算 $y=g^x$ mod p，公开秘钥 y，x 是秘密钥，p 和 g 称为 ELGamal 算法的模。

（2）**加密**：设定原文信息 M，首先选择一随机数 k，k<p 且 gcd（k,p–1）=1，计算 $a=g^x$ mod p 和 $b=y^k$ M mod p。其中，（a,b）组成密文对，可以知道 **ELGamal 机制下密文的大小是明文大小的 2 倍**。其中，gcd() 为求最大公约数。

（3）**解密**：$M=b(a^x)^{-1}$ mod p。

解密的证明过程：

$$b(a^x)^{-1} \bmod p = y^k M(g^{kx})^{-1} \bmod p = y^k M(y^k)^{-1} \bmod p = M \bmod p$$

注：

- φ(p)：欧拉函数是小于或等于 p 的数中与 p 互质数的数目。例如 φ(8)=4，其中 1，3，5，7 均和 8 互质。φ(7)=6，其中 1，2，3，4，5，6 均和 7 互质。
- 阶：a 和模 p 互质，使 $a^d \equiv 1$（mod p）成立的最小正整数 d 称为 a 对模 p 的阶。例如模 19 下 7 的阶为 3（$7^1 \equiv 7 \bmod 17$，$7^2 \equiv 11 \bmod 19$，$7^3 \equiv 1 \bmod 19$…）。
- 本原元：如果存在 $a^d \equiv 1$（mod p），且阶 d=φ(p)，那么 a 就是 p 的本原元。例如，p=7，φ(7)=6 当 a=3 时，$a^6 \equiv 1 \bmod 7$，此时 3 就是模 7 的本原元。

一个域的本原元**不唯一**。

3.5.3　椭圆曲线密码

法国学者费马在阅读丢番图（Diophatus）的《算术》时写道："将一个立方数分成两个立方数之和，或一个四次幂分成两个四次幂之和，或者一般地将一个高于二次的幂分成两个同次幂之和，这是不可能的。关于此，我确信已发现了一种美妙的证法，可惜这里空白的地方太小，写不下。"即当 n>2 时，$x^n + y^n = z^n$ 没有正整数解。

1985 年费赖提出如果费马大定理有整数解，则必定存在一条对应的椭圆曲线。人们开始认真研究椭圆曲线。同年，Koblitz 和 Miller 独立提出将椭圆曲线应用于密码学之中，提出了椭圆曲线密码（Elliptic Curve Cryptosysytem，ECC）的概念。

椭圆曲线有很多种表示形式，常用的形式如下：

$$y^2 = x^3 + ax + b, \quad 4a^3 + 27b^2 \neq 0$$

实数域上椭圆曲线有两种形式，具体如图 3-5-3 所示。

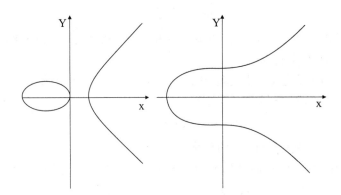

图 3-5-3　实数域上的两种椭圆曲线形式

1. 椭圆曲线上点的加法

设 P_1、P_2 为椭圆曲线上的节点，则设定 $P_1 + P_2 = P_3$ 是"过 P_1、P_2 两点直线与椭圆曲线交点的负点。"加法的几何意义如图 3-5-4 所示。

- 直线与椭圆曲线最多只有 3 个交点。

- 过 P_1、P_2 直线，与椭圆曲线的第 3 交点为 Q_1，Q_1 与 x 轴的对称点，即为 P_3。
- 如果 P 和 Q 互为对称点，则 P+Q=∞、P=−Q。

2. 椭圆曲线上点的倍乘运算

设 P_1 为椭圆曲线上的节点，则设定 $P_1 + P_1 = 2P_1$ 是"过 P_1 的切线，与椭圆曲线交点的负点。" kP=P+P+,…,+P（k 个 P 相加）。

2 倍乘运算实际上是一个特殊的加法运算，其几何意义如图 3-5-5 所示。

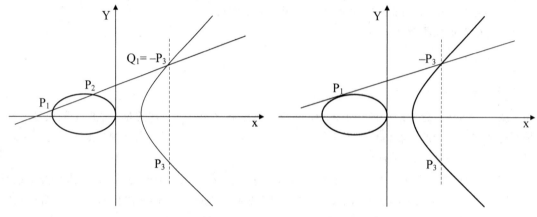

图 3-5-4　椭圆曲线的加法表示　　　图 3-5-5　椭圆曲线的倍乘表示

注意：从图形上来看，椭圆曲线和椭圆并没有太多相似性。但为什么叫椭圆曲线呢？起源于人们利用微积分计算椭圆周长，通过积分变换，最终要求以下类型的积分：

$$\int_{\alpha}^{\beta} \frac{dx}{\sqrt{x^3 + ax + b}}$$

可以发现，分母函数平方后恰好是椭圆曲线方程，所以这就是椭圆曲线名称的来历。

3. 椭圆曲线加法的数学表示

上面讲到的椭圆曲线是定义在实数集上的，实数集合并不适合密码技术，因此需要将实数集合上的椭圆曲线离散化，此时加一个模运算即可。

$$y^2 = x^3 + ax + b \quad (\bmod\ p)$$

其中 x 和 y 取值范围为[0,p−1]之间的整数。

点 P_1（x_1, y_1）、P_2（x_2, y_2）为椭圆曲线 $y^2 = x^3 + ax + b$ 上的两个点，则设 $P_1 + P_2 = P_3 =$（x_3, y_3）。其中

$$\begin{cases} x_3 = \lambda^2 - x_1 - x_2 \quad (\bmod\ p) \\ y_3 = \lambda(x_1 - x_3) - y_1 \quad (\bmod\ p) \\ \lambda = \begin{cases} \dfrac{y_2 - y_1}{x_2 - x_1}, & P_1 \neq P_2 \\ \dfrac{3x_1^2 + a}{2y_1}, & P_1 = P_2 \end{cases} \end{cases}$$

如果 $\lambda = \infty$，则 $P_3 = \infty$。

对于任意点，规定 $P + \infty = P$。

【例 1】设定 p=5，椭圆曲线 $y^2 = x^3 + 4x + 4$，x 和 y 取值范围为[0，4]上的所有整数。求方程成立的解：

由于 p 较小，所以可不使用椭圆曲线公式求解，而使用穷举的方法。本题求解过程如下：

x=0 $\Rightarrow y^2$ mod 5=4 $\Rightarrow$ y=2、3

x=1 $\Rightarrow y^2$ mod 5=4 $\Rightarrow$ y=2、3

x=2 $\Rightarrow y^2$ mod 5=0 $\Rightarrow$ y=0

x=3 $\Rightarrow y^2$ mod 5=3 $\Rightarrow$ 无解

x=4 $\Rightarrow y^2$ mod 5=4 $\Rightarrow$ y=2、3

再加上一个无穷点（∞,∞）

符合方程的所有点，又称为**解点**，此处为{（0,2），（0,3），（1,2），（1,3），（2,0），（4,2），（4,3），（∞,∞）}

【例 2】设定椭圆曲线 $y^2=x^3+4x+4$（mod 5），计算（1,2）+（4,3）

依据题意可知：点 P_1（x_1,y_1）=（1,2）、P_2（x_2,y_2）=（4,3），$P_1 \neq P_2$

$$=> \lambda = \frac{y_2 - y_1}{x_2 - x_1} \bmod 5 = \frac{1}{3} \bmod 5 = 2, \quad P_1 \neq P_2$$

$$=> x_3 = \lambda^2 - x_1 - x_2 (\bmod\ p) = -1 \bmod 5 = 4$$

$$=> y_3 = \lambda(x_1 - x_3) - y_1 (\bmod\ p) = 2$$

$$=> （1,2）+（4,3）=（4,2）$$

模余运算的性质和定理：

（1）求 1/m mod n=？

解法：寻找一个整数 p，使得整数（p×m-1）是 n 的倍数，即（p×m-1）mod n=0。

（2）整数 a 和 b，对于给定的一个整数 n，如果 a/n 和 b/n 的余数相同，则称 a 和 b 关于模 n 同余，记为 a≡b（mod n）。

（3）定理：整数 a、b 关于模 n 是同余的充分必要条件是 n 整除 b-a，记为 n|b-a。如 4-（-1）|5，所以有 4≡（-1）mod 5。

（4）同余具有自反性：a≡a（mod n）。

（5）同余具有对称性：若 a≡b（mod n），则 b≡a（mod n）。

（6）同余具有传递性：若 a≡b（mod n），b≡c（mod n），则 a≡c（mod n）。

（7）如果 a≡b（mod n），c≡d（mod n）成立，则 a+c≡b+d（mod n），ac≡bd（mod n）成立。

4. 椭圆曲线加密

利用椭圆曲线构成的方程 Q=dG，根据加法法则，由 d 和 G 容易求出 Q，但是由 G 和 Q 倒推出 d 则是困难的，这就是椭圆曲线上的离散对数问题。加解密过程如表 3-5-3 所示。

表 3-5-3　椭圆曲线加解密过程

（1）用户 A 选定一条椭圆曲线 Ep（a,b），并取曲线上一点 G 作为基点。

（2）用户 A 选择私钥 d，并生成公钥 Q = dG。

（3）用户 A 将椭圆曲线和点 G、Q 告知用户 B。

加密：

（4）用户 B 产生一个随机整数 r（r<n），并将待发送的明文设定为 M。

（5）用户 B 计算点 C1=rG、C2=M(r Q)。

（6）用户 B 将密文信息（C1、C2）传给用户 A。

解密：

（7）用户 A 接到信息后，计算 C2(dC1)$^{-1}$，结果得到明文 M。

证明：

$$C2(dC1)^{-1}= M(r\ Q)(d \cdot rG)^{-1}= M(r\ Q)(r \cdot dG)^{-1}= M(r\ Q)(rQ)^{-1}=M$$

椭圆曲线计算比 RSA 复杂得多，所以椭圆曲线密钥比 RSA 短。一般认为 160 位长的椭圆曲线密码相当于 1024 位 RSA 密码的安全性。我国第二代居民身份证使用的是**256 位的椭圆曲线密码**。

SM2 算法是国家密码管理局发布的椭圆曲线公钥密码算法，用于在我国商用密码体系中替换 RSA 算法。

2018 年 11 月，ISO/IEC14888-3:2018《信息安全技术带附录的数字签名第 3 部分：基于离散对数的机制》正式纳入了 SM2/SM9 数字签名算法。其中，SM9（标识密码算法）是基于双线性对的标识密码算法。SM9 不需要申请数字证书，利用用户身份标识生成公、私密钥对，可用于数据加密、数字签名、密钥交换以及身份认证等。

3.6　数字签名

数字签名（Digital Signature） 的作用就是确保 A 发送给 B 的信息就是 A 本人发送的，并且没有篡改。数字签名和验证的过程如图 3-6-1 所示。

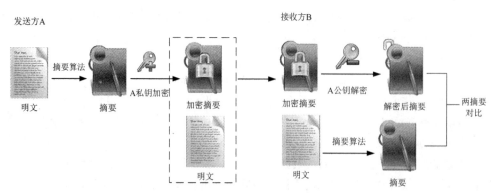

图 3-6-1　数字签名和验证的过程

数字签名体制包括**施加签名和验证签名**两个方面。基本的数字签名过程如下：

（1）A 使用"摘要"算法（如 SHA-1、MD5 等）对发送信息进行摘要。

（2）使用 A 的私钥对消息摘要进行加密运算，将加密摘要和原文一并发给 B。

验证签名的基本过程如下：

（1）B 接收到加密摘要和原文后，使用和 A 同样的"摘要"算法对原文再次摘要，生成新摘要。

（2）使用 A 公钥对加密摘要解密，还原成原摘要。

（3）两个摘要对比，一致则说明由 A 发出且没有经过任何篡改。

由此可见，数字签名功能有信息身份认证、信息完整性检查、信息发送不可否认性，但不提供原文信息加密，不能保证对方能收到消息，也不对接收方身份进行验证。数字签名最常用的实现方法建立在公钥密码体制和安全单向散列函数的基础之上。

3.7　认证

认证（Authentication），用于证实某事是否真实或有效的过程。认证的原理是：通过核对人或事的特征参数（如智能卡、指纹、密钥、口令等），来验证目标的真实性和有效性。

认证和加密的对比如表 3-7-1 所示。

表 3-7-1　认证和加密的对比

	认证	加密
防止攻击的种类	阻止主动攻击（冒充、篡改、重播等）	阻止被动攻击（截取、窃听等）
侧重点	身份验证、消息完整性验证	数据保密

认证和数字签名技术都用于确保数据真实性，但两者还是有明显的不同，具体对比如表 3-7-2 所示。

表 3-7-2　认证和数字签名技术的对比

	认证	数字签名
验证数据	双方共享秘密数据验证	公开验证签名的数据
是否防接受方抵赖	不一定	具备
是否防接受方伪造	不一定	具备
具有公证能力	不一定	具备

3.7.1　身份认证

很多应用系统第一步就是用户的身份认证，用于识别用户是否合法。身份认证主要有口令认证和生物特征识别两种主要方式。常见的身份认证协议有 S/Key 口令协议、Kerberos、X.509 等。

1. 口令认证

双方约定秘密数据来验证用户。口令认证目前是最广泛的认证方式之一。简单系统中，口令以明文的方式存储，这种方式下口令表容易盗取；口令在传输时也容易被截获；同时，用户和系统的地位不平等，只有系统强制性地验证用户的身份，而用户无法验证系统的身份。表 3-7-3 给出了几种改进的口令验证机制。

表 3-7-3 改进的口令验证机制

认证方式	特点
单向函数加密口令	口令在系统中以密文的形式存储，无法从密文倒推到明文。口令加密的算法是单向的，即只能加密，不能解密。 用户访问系统时提供口令，系统对该口令用单向函数加密，并与存储的密文相比较。若一致，则用户身份有效；否则无效
数字签名验证口令	系统存有用户公钥，利用数字签名方式验证口令
口令双向验证	系统可以验证用户，用户也可以验证系统
一次性口令	口令只使用一次，可以防止重放攻击

好的口令特点是，使用多种字符、具有足够长度、尽量随机、定期更换。

（1）数字签名验证口令过程前提：用户 i 提交其公钥给系统，用于验证口令。系统为每个用户建立时间标志 T_i（比如访问次数计数器）。

1）用户访问系统时先用私钥签名，然后提交给系统 $ID_i \| D((ID_i, N_i), K_{di})$。其中，$K_{di}$ 是用户保密的签名私钥，N_i 表示本次访问是第 N_i 次，ID_i 是明文形式的标识符。

2）系统根据明文 ID_i，找到已存放在系统中的用户公钥 K_{ei}。

3）系统计算提交的签名，$E(D((ID_i, N_i), K_{di}), K_{ei}) = <ID_i', N_i'>$

4）身份有效性判断：仅当 $ID_i = ID_i'$，$N_i' = T_i + 1$ 时，用户身份才能得到系统确认。

这种方式中，由于系统为每个用户设置了时间标志 T_i，且仅当 $N_i' = T_i + 1$ 时才接受访问，所以可以抗重播攻击。

（2）口令双向验证口令过程。

A 和 B 进行相互验证的前提条件：

1）A 与 B 相互约定并保存对方的口令 PA 和 PB。

2）选择单向函数 f。

A 和 B 进行相互验证的双向认证过程：

1）A→B：RA。验证开始，A 选择随机数 RA 并发送给 B。

2）B→A：f(PB ‖ RA)‖ RB。B 收到随机数 RA 之后，产生随机数 RB，使用单向函数 f 对 PB 和 RA 单向加密，并连同 RB 一起发送给 A。

此时 A 验证 B 身份：A 使用单向函数 f 对 A 自己保存的 PB 和 RA 进行加密，并与接收到的 f(PB ‖ RA)‖ RB 进行比较。如果经比较后一致，则 A 认为 B 是真实的；否则，认为是假冒的。

3）A→B：f(PA‖ RB)。A 使用单向函数 f 对其 PA 和 RB 加密并发送给 B。

此时 B 验证 A 身份：B 使用单向函数 f 对 B 自己保存的 PA 和 RB 进行加密，并与接收到的 f(PA‖RB) 进行比较。如果经比较后一致，则 B 认为 A 是真实的；否则，认为是假冒的。

该方式的特点：由于 f 是单向函数，攻击者截获 f(PA‖RA) 和 RA 不能得到 PA；截获 f(PB‖RB) 和 RB 不能得到 PB。这种方式下双方任何一方假冒都不能骗到对方口令。

加入时间量，可以抵御重放攻击。

（3）S/KeyS/Key 口令是一种一次性口令生成方案，基于 MD4 和 MD5。可以访问者身份和设备进行认证。S/Key 运行模式属于客户端/服务器端模式。

2．生物特征识别

经验表明身体特征（指纹、掌型、视网膜、虹膜、人体气味、脸型、手的血管和 DNA 等）和行为特征（签名、语音、行走姿态等）可以对人进行唯一标识，可以用于身份识别。生物特征识别的认证需要具有的特性有：随身性、安全性、唯一性、普遍性、稳定性、可采集性、可接受性、方便性。

指纹识别技术可以分为验证和辨识两种。

- 验证：现场采集的指纹与系统记录指纹进行匹配来确认身份。验证的前提条件是，指纹必须在指纹库中已经注册。验证其实是回答了这样一个问题："他是他自称的这个人吗？"
- 辨识：辨识则是把现场采集到的指纹（也可能是残缺的）同指纹数据库中的指纹逐一对比，从中找出与现场指纹相匹配的指纹。辩识其实是回答了这样一个问题："他是谁？"

3.7.2　报文认证

报文认证是保证通信双方能够验证每个报文的发送方、接收方、内容和时间性的真实性和完整性。报文认证确保：

（1）报文是意定发送方发出。
（2）报文是意定接收方接收。
（3）报文内容没有出现错误或者没有被篡改。
（4）报文是按指定的次序接收的。

3.8　密钥管理

密钥管理包括密钥的产生、存储、分配、组织、使用、停用、更换、销毁等一系列技术问题。密钥管理遵循的原则有：全程安全原则、最小权利原则、责任分离原则、密钥分级原则、密钥设定与更换原则等。

密钥分级的策略，将密钥分为三级：

- 初级密钥：用于加/解密数据、文件的密钥。初级密钥的使用方式一般是"一次一密"。初级密钥必须受高级密钥保护。
- 二级密钥：用于保护初级密钥。二级密钥生存周期较长。
- 主密钥（又称高级密钥）：用于保护二级密钥和初级密钥。主密钥生存周期很长。

密钥分配有如下几种方法：

（1）密钥可以由 A 选定，然后通过物理方法安全地传递给 B。

（2）密钥可以由可信任的第三方 C 选定，然后通过物理的方法安全地传递给 A 和 B。

上述方法需人工传递密钥，对于现在网络技术和通信技术而言，已不适用。

（3）如果 A 和 B 都有一个到可信任的第三方 C 的加密连接，那么 C 就可以通过加密连接将密钥安全地传递给 A 和 B。通常 C 就是密钥分配中心（Key Distribution Center，KDC），每一个用户必须和密钥分配中心有一个共享密钥，又称为主密钥。

（4）如果 A 和 B 都在可信任的第三方发布自己的公开密钥，那么它们都可以用彼此的公开密钥加密进行通信。通常 C 就是证书授权中心（Certification Authority，CA）。

3.8.1 对称密钥分配

Kerberos 这一名词来源于希腊神话"三个头的狗——地狱之门守护者"。Kerberos 协议主要用于计算机网络的身份鉴别（Authentication），鉴别验证对方是合法的，而不是冒充的。同时，Kerberos 协议也是密钥分配中心的核心。Kerberos 进行密钥分配时使用 AES、DES 等对称密钥加密。

使用 Kerberos 时，用户只需输入一次身份验证信息就可以凭借此验证获得的票据（ticket-granting ticket）访问多个服务，即单点登录（Single Sign On，SSO）。由于在每个 Client 和 Service 之间建立了共享密钥，使得该协议具有相当的安全性。

（1）Kerberos 组成。

Kerberos 使用两个服务器：鉴别服务器（Authentication Server，AS）和票据授予服务器（Ticket-Granting Server，TGS）。

1）验证服务器。AS 就是一个密钥分配中心（KDC）。同时负责用户的 AS 注册、分配账号和密码，负责确认用户并发布用户和 TGS 之间的会话密钥。

2）票据授予服务器。TGS 是发行服务器方的票据，提供用户和服务器之间的会话密钥。Kerberos 把用户验证和票据发行分开了。虽然 AS 只用对用户本身的 ID 验证一次，但为了获得不同的真实服务器票据，用户需要多次联系 TGS。

（2）Kerberos 流程。Kerberos 流程原理如图 3-8-1 所示。

第 1 步：用户 A 用明文向 AS 表明身份。AS 就是 KDC。验证通过后，用户 A 才能和 TGS 联系。

第 2 步：AS 向 A 发送用 A 的对称密钥 K_A 加密的报文，该报文包含 A 和 TGS 通信的会话密钥 K_s 及 AS 发送给 TGS 的票据（该票据使用 TGS 的对称密钥 K_{TG} 加密）。报文到达 A 时，输入正确口令并通过合适的算法生成密钥 K_A，从而得到数据。

注意：票据包含发送人身份和会话密钥。

第 3 步：转发 AS 获得的票据、要访问的服务器 B 的名称，以及用会话密钥 K_s 加密的时间戳（防止重发攻击）发送给 TGS。

第 4 步：TGS 返回两个票据，第一个票据包含服务器 B 的名称和会话密钥 K_{AB}，使用 K_s 加密；第二个票据包含 A 和会话密钥 K_{AB}，使用 K_B 加密。

第 5 步：A 将 TGS 收到的第二个票据（包含 A 名称和会话密钥 K_{AB}，使用 K_B 加密），使用 K_{AB} 加密的时间戳（防止重发攻击）发送给 B。

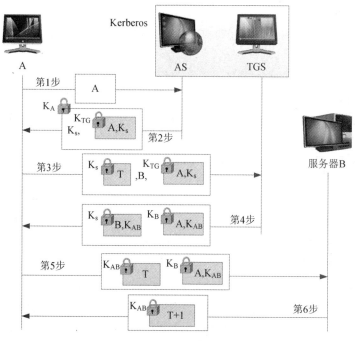

图 3-8-1　Kerberos 的工作原理

第 6 步：服务器 B 把时间戳加 1 证实收到票据，时间戳使用密钥 K_{AB} 加密。

最后，A 和 B 就使用 TGS 发出的密钥 K_{AB} 加密。

3.8.2　非对称公钥分配

公钥密码中密钥的秘密性可以不用保护，但是真实性和完整性需要保护。所以公钥密码也需要考虑严格密钥分配机制。

1. PKI

公钥基础设施（Public Key Infrastructure，PKI）是一种遵循既定标准的密钥管理平台，它能为所有网络应用提供加密和数字签名等密码服务及必需的密钥和证书管理体系。简单来说，**PKI 是一组规则、过程、人员、设施、软件和硬件的集合**，可以用来进行公钥证书的发放、分发和管理。

典型的 PKI 系统由 5 个基本部分组成：**证书申请者、RA 注册中心、CA 认证中心、证书库和证书信任方**。

2. 数字证书

场景：A 声明自己是某银行办事员向客户索要账户和密码，客户验证了 A 的签名，确认索要密码的信息是 A 发过来的，那么客户就愿意告诉 A 用户名和密码么？

显然不会。因为客户仅仅证明信息确实是 A 发过来的没有经过篡改的信息，但不能确认 A 就是银行职员、做的事情是否合法。这时需要有一个权威中间部门 M（如政府、银监会等），该部门向 A 颁发了一份证书，确认其银行职员身份。这份证书里有这个权威机构 M 的数字签名，以保证这份证书确实是 M 所发。

数字证书采用公钥体制进行加密和解密。每个用户有一个私钥来解密和签名；同时每个用户还有一个公钥来加密和验证。

【例题】说明了数字证书、CA 签名、证书公钥的作用。

某网站向证书授权中心（Certification Authority，CA）申请了数字证书，用户通过 CA 的签名来验证网站的真伪。在用户与网站进行安全通信时，用户可以通过证书中的公钥进行加密和验证，该网站通过网站的私钥进行解密和签名。

（1）X.509 格式。目前数字证书的格式大都是 X.509 格式，X.509 是由国际电信联盟（ITU-T）制定的数字证书标准。

在 X.509 标准中，包含在数字证书中的数据域有证书、版本号、序列号（唯一标识每一个 CA 下发的证书）、算法标识、颁发者、有效期、有效起始日期、有效终止日期、使用者、使用者公钥信息、公钥算法、公钥、颁发者唯一标识、使用者唯一标识、扩展、证书签名算法、证书签名（发证机构，即 CA 对用户证书的签名）。

（2）证书发放。证书申请得到 RA 的许可后，便由 CA 中心发放，并存档入库。

由于网络存在多个 CA 中心，因此提出了证书链服务。证书链服务是一个 CA 扩展其信任范围的机制，实现不同认证中心发放的证书的信息交换。如果用户 UA 从 A 地的发证机构取得了证书，用户 UB 从 B 地的发证机构取得了证书，那么 UA 通过证书链交换了证书信息，则可以与 UB 进行安全通信。

（3）证书吊销。当用户个人身份信息发生变化或私钥丢失、泄露、疑似泄露时，证书用户应及时地向 CA 提出证书的撤销请求，CA 也应及时地把此证书放入公开发布的证书撤销列表（Certification Revocation List，CRL）。

证书撤销的流程如下：

1）用户或其上级单位向注册中心（Registration Authority，RA）提出撤销请求。

2）RA 审查撤销请求。

3）审查通过后，RA 将撤销请求发送给 CA 或 CRL 签发机构。

4）CA 或 CRL 签发机构修改证书状态并签发新的 CRL。

当该数字证书被放入 CRL 后，数字证书则被认为失效，而失效并不意味着无法被使用。如果窃取到甲的私钥的乙，用甲的私钥签名了一份文件发送给丙，并附上甲的证书，而丙忽视了对 CRL 的查看，丙就依然会用甲的证书成功验证这份非法的签名，并会认为甲对这份文件签过名而接收该文件。

（4）证书验证。验证证书可以从以下三个方面着手：

1）验证证书的有效期。

2）验证证书是否被吊销：具体有 CRL 和 OCSP 两种方法。其中，在线证书状态协议（Online Certificate Status Protocol，OCSP）可以看成定期检查 CRL 的补充。OCSP 克服了 CRL 的主要缺陷：客户需要经常下载列表，确保列表最新。当用户访问服务器时，OCSP 发送一个对于证书状态信息的请求。服务器回复一个"有效""过期"或"未知"的响应。

3）验证证书是否是上级 CA 签发的。

3

学习网络和网络安全

第3天学习的知识点包括计算机网络基础、网络安全。

第4章　计算机网络基础

本章考点知识结构图如图4-0-1所示。

图4-0-1　考点知识结构图

4.1　网络体系结构

设计一个好的网络体系结构是一个复杂的工程,好的网络体系结构使得相互通信的计算终端能够高度协同工作。ARPANET 在早期就提出了分层方法,把复杂问题分割成若干个小问题来解决。1974 年,IBM 第一次提出了**系统网络体系结构**（System Network Architecture，SNA）概念，SNA 第一个应用了分层的方法。常见的网络体系结构有 OSI 和 TCP/IP 参考模型。

4.1.1　OSI

随着网络飞速发展，用户迫切要求能在不同体系结构的网络间交换信息，不同网络能互连起来。**国际标准化组织**（International Standard Organized，ISO）从 1977 年开始研究这个问题，并于 1979 年提出了一个互联的标准框架，即著名的**开放系统互连参考模型**（Open System Interconnection/Reference Model, OSI/RM），简称 OSI 模型。1983 年形成了 OSI/RM 的正式文件，即 **ISO 7498 标准**，即常见的七层协议的体系结构。**网络体系结构也可以定义为计算机网络各层及协议的集合**，这样 OSI 本身就算不上一个网络体系结构，因为没有定义每一层所用到的服务和协议。体系结构是抽象的概念，实现是具体的概念，实际运行的是硬件和软件。

开放系统互连参考模型分七层，从低到高分别是物理层、数据链路层、网络层、传输层、会话层、表示层和应用层。

1. 物理层（Physical Layer）

物理层位于 OSI/RM 参考模型的最底层，为数据链路层实体提供建立、传输、释放所必需的物理连接，并且提供**透明的比特流传输**。物理层的连接可以是全双工或半双工方式，传输方式可以是异步或同步方式。物理层的数据单位是**比特**，即一个二进制位。物理层构建在物理传输介质和硬件设备相连接之上，向上服务于紧邻的数据链路层。

物理层通过各类协议定义了网络的机械特性、电气特性、功能特性和规程特性。

- **机械特性**：规定接口的外形、大小、引脚数和排列、固定位置。
- **电气特性**：规定接口电缆上各条线路出现的电压范围。
- **功能特性**：指明某条线上出现某一电平的电压表示何种意义。
- **规程特性**：指明各种可能事件出现的顺序。

2. 数据链路层（Data Link Layer）

数据链路层将原始的传输线路转变成一条逻辑的传输线路,实现实体间二进制信息块的正确传输，为网络层提供可靠的数据信息。数据链路层的数据单位是**帧**，具有流量控制功能。**链路**是相邻两节点间的物理线路。数据链路与链路是两个不同的概念。**数据链路**可以理解为数据的通道，是物理链路加上必要的通信协议而组成的逻辑链路。

数据链路层应具有的功能如下：

- 链路连接的建立、拆除和分离：数据传输所依赖的介质是长期的，但传输数据的实体间的连接是有生存期的。在连接生存期内，收发两端可以进行不等的一次或多次数据通信，每次通信都要经过建立通信联络、数据通信和拆除通信联络这三个过程。

- 帧定界和帧同步：数据链路层的数据传输单元是帧，由于数据链路层的协议不同，帧的长短和界面也不同，所以必须对帧进行定界和同步。
- 顺序控制：对帧的收发顺序进行控制。
- 差错检测、恢复：差错检测多用方阵码校验和循环码校验来检测信道上数据的误码，而帧丢失等用序号检测。各种错误的恢复则常靠反馈重发技术来完成。
- 链路标识、流量/拥塞控制。

局域网中的数据链路层可以分为**逻辑链路控制**（Logical Link Control，LLC）和**介质访问控制**（Media Access Control，MAC）两个子层。其中 LLC 只在使用 IEEE 802.3 格式的时候才会用到，而如今很少使用 IEEE 802.3 格式，取而代之的是以太帧格式，而使用以太帧格式则不会有 LLC 存在。

3. 网络层（Network Layer）

网络层控制子网的通信，其主要功能是提供**路由选择**，即选择到达目的主机的最优路径并沿着该路径传输数据包。网络层还应具备的功能有：路由选择和中继；激活和终止网络连接；链路复用；差错检测和恢复；流量/拥塞控制等。

4. 传输层（Transport Layer）

传输层利用实现可靠的**端到端的数据传输**能实现数据**分段、传输和组装**，还提供差错控制和流量/拥塞控制等功能。

5. 会话层（Session Layer）

会话层允许不同机器上的用户之间建立会话。会话就是指各种服务，包括对话控制（记录该由谁来传递数据）、令牌管理（防止多方同时执行同一关键操作）、同步功能（在传输过程中设置检查点，以便在系统崩溃后还能在检查点上继续运行）。

建立和释放会话连接还应做以下工作：

- 将会话地址映射为传输层地址。
- 进行数据传输。
- 释放连接。

6. 表示层（Presentation Layer）

表示层提供一种通用的数据描述格式，便于不同系统间的机器进行信息转换和相互操作，如会话层完成 EBCDIC 编码（大型机上使用）和 ASCII 码（PC 机器上使用）之间的转换。表示层的主要功能有：数据语法转换、语法表示、数据加密和解密、数据压缩和解压。

7. 应用层（Application Layer）

应用层位于 OSI/RM 参考模型的最高层，直接针对用户的需要。应用层向应用程序提供服务，这些服务按其向应用程序提供的特性分成组，并称为服务元素。应用层服务元素又分为公共应用服务元素（Common Application Service Element，CASE）和特定应用服务元素（Specific Application Service Element，SASE）。

下面再介绍几个重要概念：

（1）封装。OSI/RM 参考模型的许多层都使用特定方式描述信道中来回传送的数据。数据在从高层向低层传送的过程中，每层都对接收到的原始数据添加信息，通常是附加一个报头和报尾，这个过程称为封装。

（2）网络协议。网络协议（简称**协议**）为网络中的数据交换建立的一系列规则、标准或约定。协议是控制两个（或多个）对等实体进行通信的集合。

网络协议由**语法、语义和时序关系**三个要素组成。

● **语法**：数据与控制信息的结构或形式。

● **语义**：根据需要发出哪种控制信息，依据情况完成哪种动作以及做出哪种响应。

● **时序关系**：又称为同步，即事件实现顺序的详细说明。

（3）PDU。协议数据单元（Protocol Data Unit，PDU）是指对等层次之间传送的数据单位。如在数据从会话层传送到传输层的过程中，传输层把数据 PDU 封装在一个传输层数据段中。如图 4-1-1 所示描述了 OSI 参考模型数据封装流程及各层对应的 PDU。

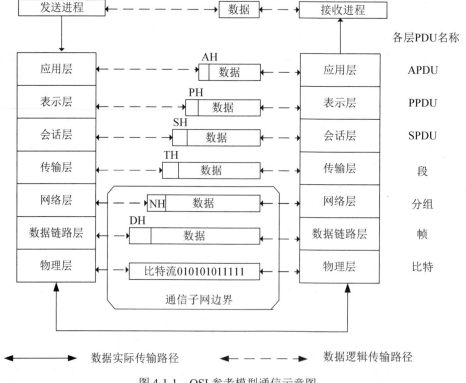

图 4-1-1　OSI 参考模型通信示意图

（4）实体。任何可以接收或发送信息的硬件/软件进程通常是一个特定的软件模块。

（5）服务。在协议的控制下，两个对等实体间的通信使得本层能为上一层提供服务。要实现本层协议，还需要使用下一层所提供的服务。

协议和服务的区别是：本层服务实体只能看见服务而无法看见下面的协议。协议是"水平的"，是针对两个对等实体的通信规则；服务是"垂直的"，是由下层向上层通过层间接口提供的。只有能被高一层实体"看见"的功能才能称为服务。

（6）服务原语。上层使用下层所提供的服务必须通过与下层交换一些命令，这些命令就称为服务原语。

（7）服务数据单元。OSI 把层与层之间交换的数据的单位称为服务数据单元（Service Data Unit，SDU）。相邻两层的关系如图 4-1-2 所示。

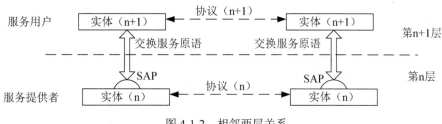

图 4-1-2　相邻两层关系

4.1.2　TCP/IP 参考模型

OSI 参考模型虽然完备，但是太过复杂，不实用。而之后的 TCP/IP 参考模型经过一系列的修改和完善得到了广泛的应用。TCP/IP 参考模型包含应用层、传输层、网际层和网络接口层。TCP/IP 参考模型与 OSI 参考模型有较多相似之处，各层也有一定的对应关系，具体对应关系如图 4-1-3 所示。

OSI	TCP/IP
应用层	应用层
表示层	
会话层	
传输层	传输层
网络层	网际层
数据链路层	网络接口层
物理层	

图 4-1-3　TCP/IP 参考模型与 OSI 参考模型的对应关系

（1）应用层。TCP/IP 参考模型的应用层包含了所有高层协议。该层与 OSI 的会话层、表示层和应用层相对应。

（2）传输层。TCP/IP 参考模型的传输层与 OSI 的传输层相对应。该层允许源主机与目标主机上的对等体之间进行对话。该层定义了两个端到端的传输协议：TCP 协议和 UDP 协议。

（3）网际层。TCP/IP 参考模型的网际层对应 OSI 的网络层。该层负责为经过逻辑互联网络路径的数据进行路由选择。

（4）网络接口层。TCP/IP 参考模型的最底层是网络接口层，该层在 TCP/IP 参考模型中并没有明确规定。

TCP/IP 参考模型是一个协议簇，各层对应的协议已经得到广泛应用，具体各层协议对应 TCP/IP 参考模型的哪一层往往是考试的重点。TCP/IP 参考模型主要协议的层次关系如图 4-1-4 所示。

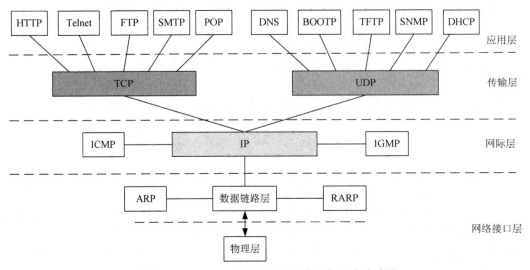

图 4-1-4　TCP/IP 参考模型主要协议的层次关系图

TCP/IP 参考模型与 OSI 参考模型有很多相同之处，都是以协议栈为基础的，对应各层功能也大体相似。当然也有一些区别，如 OSI 模型最大的优势是强化了服务、接口和协议的概念，这种做法能明确什么是规范、什么是实现，侧重理论框架的完备。TCP/IP 模型是事实上的工业标准，而改进后的 TCP/IP 模型却没有做到，因此其并不适用于新一代网络架构设计。TCP/IP 模型没有区分物理层和数据链路层这两个功能完全不同的层。OSI 模型比较适合理论研究和新网络技术研究，而 TCP/IP 模型真正做到了流行和应用。

4.2　物理层

物理层是协议模型的最底层，包含相当多的理论知识和应用性技术，包含了较多考点。

4.2.1　数据通信理论知识

通信就是将信息从源地传送到目的地。**通信研究**就是解决从一个信息的源头到信息的目的地整个过程的技术问题。**信息**是通过通信系统传递的内容，其形式可以是声音、动画、图像、文字等。

通信信道上传输的电信号编码、电磁信号编码、光信息编码，叫做**信号**。信号可以分为模拟信号和数字信号两种。**模拟信号**是在一段连续的时间间隔内，其代表信息的特征量可以在任意瞬间呈现为任意数值的信号；**数字信号**是信息用若干个明确定义的离散值表示的时间离散信号。可以简单地认为，模拟信号值是连续的，而数字信号值是离散的。

传送信号的通路称为**信道**，信道也可以是模拟或数字方式，传输模拟信号的信道叫做**模拟信道**；传输数字信号的信道叫做**数字信道**。

信息传输过程可以进行抽象，通常称为数据通信系统模型，具体如图 4-2-1 所示。

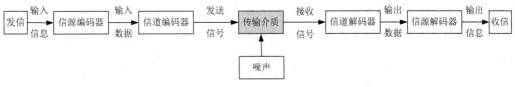

图 4-2-1　数据通信系统模型

4.2.2　传输介质

常见的有线传输介质有同轴电缆、屏蔽双绞线、非屏蔽双绞线、光纤、无线、蓝牙等。

1. 同轴电缆

同轴电缆由内到外分为四层：中心铜线、塑料绝缘体、网状导电层和电线外皮。电流传导与中心铜线和网状导电层形成回路。同轴电缆因中心铜线和网状导电层为同轴关系而得名。

同轴电缆从用途上分，可分为**基带同轴电缆**和**宽带同轴电缆**（即网络同轴电缆和视频同轴电缆）。同轴电缆分 50Ω 基带电缆和 75Ω 宽带电缆两类。基带电缆又分**细同轴电缆**和**粗同轴电缆**，基带电缆仅仅用于数字传输，数据率可达 10Mb/s。

2. 屏蔽双绞线

根据屏蔽方式的不同，屏蔽双绞线可分为两类，即 STP（Shielded Twisted-Pair）和 FTP（Foil Twisted-Pair）。STP 是指每条线都有各自屏蔽层的屏蔽双绞线，而 FTP 则是采用整体屏蔽的屏蔽双绞线。

注意：屏蔽只在整个电缆有屏蔽装置，并且两端正确接地的情况下才起作用。所以要求整个系统全部是屏蔽器件，包括电缆、插座、水晶头和配线架等，同时建筑物需要有良好的地线系统。

屏蔽双绞线电缆的外层由铝箔包裹以减小辐射，但这并不能完全消除辐射。屏蔽双绞线的价格相对较高，安装时要比非屏蔽双绞线电缆困难。类似于同轴电缆，它必须配有支持屏蔽功能的特殊连结器和相应的安装技术。但屏蔽双绞线有较高的传输速率，100m 内可以达到 155Mb/s，比相应的非屏蔽双绞线高。

3. 非屏蔽双绞线

非屏蔽双绞线由 8 根不同颜色的线分成 4 对绞合在一起，成对扭绞的作用是尽可能减少电磁辐射与外部电磁干扰的影响。将双绞线按电气特性可分为三类线、四类线、五类线、超五类线、六类线。网络中最常用的是五类、超五类和六类线。

（1）双绞线的线序标有标准 568A 和标准 568B。

标准 568A 线序为绿白、绿、橙白、蓝、蓝白、橙、棕白、棕；**标准 568B** 线序为橙白、橙、绿白、蓝、蓝白、绿、棕白、棕。

在实际应用中，大多数都使用 568B 的标准，通常认为该标准对电磁干扰的屏蔽更好。

（2）交叉线与直连线。

交叉线是指一端是 568A 标准，另一端是 568B 标准的双绞线；**直连线**是指两端都是 568A 或 568B 标准的双绞线。

4. 光纤

光纤是光导纤维的简称，光纤传输介质由可以传送光波的**玻璃纤维或透明塑料**制成，**外包一层比玻璃折射率低的材料**。进入光纤的光波在两种材料的介面上形成**全反射**，从而不断地向前传播。光纤可以分为单模光纤和多模光纤。

光波在光纤中的传播模式与**芯线和包层的相对折射率、芯线的直径**以及**工作波长**有关。如果芯线的直径小到光波波长大小，则光纤就成为波导，光在其中无反射地沿直线传播，这种光纤叫**单模光纤**。

光波在光导纤维中以多种模式传播，不同的传播模式有不同波长的光波和不同的传播和反射路径，这样的光纤叫**多模光纤**。

5. 无线传输技术

无线技术使用的传输介质是无线电波。重要知识点如下。

（1）无线局域网标准。

IEEE 802.11：无线局域网标准，定义了无线的媒体访问控制（MAC）子层和物理层规范。IEEE 802.11 系列标准主要有 5 个子标准：IEEE 802.11a、IEEE 802.11b、IEEE 802.11g、IEEE 802.11n、IEEE 802.11ac。具体如表 4-2-1 所示。

第 3 天

表 4-2-1　IEEE 802.11 协议族

标准名称	标准描述
IEEE 802.11b	带宽为 11Mb/s，工作频率为 2.4GHz
IEEE 802.11a	工作频率为 5GHz，带宽为 54Mb/s
IEEE 802.11g	兼容 IEEE 802.11a/b，同 IEEE 802.11b 一样，也工作在 2.4GHz 频段
IEEE 802.11n	传输速率由目前 IEEE 802.11a 及 IEEE 802.11g 提供的 54Mb/s，提高到 300Mb/s 甚至高达 600Mb/s
IEEE 802.11ac	IEEE 802.11ac 通过 5GHz 频带进行通信。能够提供最多 1Gb/s 带宽进行多站式无线局域网通信，或是最少 500Mb/s 的单一连接传输带宽

在无线局域网中，主要设备有 AP（Access Point）。AP 的作用是无线接入，AP 可以简便地安

装在天花板或墙壁上，在开放空间最大覆盖范围可达 3000m。一台装有无线网卡的客户端与网络桥接器 AP 间在传递数据前必须建立关系，且状态为授权并关联时，信息交换才成为可能。

Wi-Fi 是一种可以将个人电脑、手持设备（如 PDA、手机）等终端以无线方式互相连接的技术。常用于无线局域网络的客户端接入。使用 IEEE 802.11 系列协议的局域网就称为 Wi-Fi。

（2）无线个人局域网标准。

IEEE 802.15：无线个人局域网（Personal Area Network，PAN），适用于短程无线通信的标准。实现技术有蓝牙、ZigBee 等。

（3）宽带无线接入标准。

IEEE 802.16：宽带无线接入（Broadband Wireless Access）标准。

（4）蓝牙。

蓝牙（Bluetooth）：一种无线技术标准，可实现设备之间的短距离数据交换（2.4～2.485GHz 的 ISM 波段）。

（5）3G 技术。

第三代移动通信技术（3G）是将个人语音通信业务和各种分组交换数据综合在一个统一网络中的技术，其最主要的技术基础是码分多址（Code-Division Multiple Access，CDMA）。世界三大 3G 标准有 TD-SCDMA、WCDMA、CDMA 2000。

（6）4G 技术。

4G 技术是第四代移动通信技术。该技术包括 TD-LTE、FDD-LTE、UMB、LTE、WiMAX 等标准。

（7）5G 技术。

5G 网络作为第五代移动通信网络，其峰值理论传输速度可达每秒数十 Gb，比 4G 网络的传输速度快数百倍，整部超高画质电影可在 1 秒内下载完成。2017 年 12 月 21 日，在国际电信标准组织 3GPP RAN 第 78 次全体会议上，5G NR 首发版本正式发布，这是全球第一个可商用部署的 5G 标准。

4.2.3　常见网络设备

常见的网络设备有交换机、路由器、防火墙、VPN 等。

（1）交换机。

交换机（Switch）是一种信号转发的设备，可以为交换机自身的任意两端口间提供独立的电信号通路，又称为多端口网桥。

（2）路由器。

路由器（Router）是连接网络中各类局域网和广域网的设备，它会根据信道的情况自动选择和设定路由，以最佳路径按前后顺序发送信号的设备。**路由器工作在 OSI 模型的网络层**。路由就是指通过相互连接的网络把信息从源地点移动到目标地点的活动。

路由器的主要功能是进行路由处理和包转发。

（3）防火墙。

防火墙（Fire Wall）是网络关联的重要设备，用于控制网络之间的通信。外部网络用户的访问必须先经过安全策略过滤，而内部网络用户对外部网络的访问则无须过滤。现在的防火墙还具有隔离网络、提供代理服务、流量控制等功能。

（4）VPN。

虚拟专用网络（Virtual Private Network，VPN）是在公用网络上建立专用网络的技术。由于整个 VPN 网络中的任意两个节点之间的连接并没有传统专网所需的端到端的物理链路，而是架构在公用网络服务商所提供的网络平台，所以称之为虚拟网。

4.3　数据链路层

数据链路层协议的主要知识点有：点对点协议、常见广播方式的数据链路层（局域网的数据链路层结构、CSMA/CD、IEEE 802 系列协议、**IEEE 802.3 规定的传输介质特性**）。

4.3.1　点对点协议

1．PPP

点到点协议（the Point-to-Point Protocol，PPP）提供了一种在点到点链路上封装网络层协议信息的标准方法。

2．PPPOE

PPPOE 是 Point-to-point Protocol over Ethernet 的简称，可以使以太网的主机通过一个简单的桥接设备连到一个远端的接入集中器上。通过 PPPOE 协议，远端接入设备能够实现对每个接入用户的控制和计费。

4.3.2　局域网的数据链路层结构

IEEE 802 标准把数据链路层分为两个子层：逻辑链路控制（Logical Link Control，LLC），该层与硬件无关，实现流量控制等功能；媒体接入控制层（Media Access Control，MAC），该层与硬件相关，提供硬件和 LLC 层的接口。局域网数据链路层结构如图 4-3-1 所示。LLC 层目前不常使用了。

1．MAC

MAC 子层的主要功能包括数据帧的封装/卸装，帧的寻址和识别，帧的接收与发送，链路的管理，帧的差错控制等。MAC 层主要访问方式有 CSMA/CD、令牌环和令牌总线三种。

以太网发送数据需要遵循一定的格式，以太网中的 MAC 帧格式如图 4-3-2 所示。

帧由 8 个字段组成，每一字段有一定含义和用途。每个字段长度不等，下面分别加以简述。

- 前导字段：形为 1010…1010，长度 7 个字节。
- 帧起始符字段：固定格式为 10101011，长度为 1 个字节；通常前导字段和帧起始符字段不计算在以太网的有效信息字段之内。它们的作用就是作为帧的同步信号使用，由网卡自动生产并加到帧上的。

● 目的地址、源地址字段：可以是 6 个字节。最高位为 0，代表普通地址；最高位为 1，代表组地址；全 1 的目标地址是广播地址。

● 类型字段：标识上一层使用什么协议，以便把收到的 MAC 帧数据上交给上一层协议，也可以表示长度。

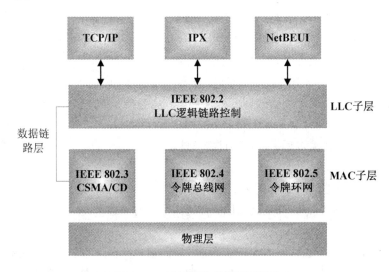

图 4-3-1　局域网数据链路层结构

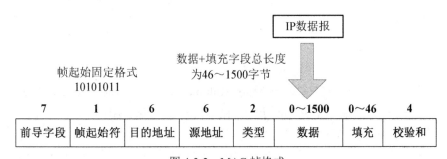

图 4-3-2　MAC 帧格式

类型字段是 DIX 以太网帧的说法，而 IEEE 802.3 帧中该字段被称为长度字段。由于该字段有两个字节，可以表示 0～65535，因此该字段可以赋予多个含义，0～1500 可以表示长度值，1536～65535（0x0600～0xFFFF）被用于描述类型值。考试中，该字段常标识为长度字段。

● 数据字段：上一层的协议数据，长度为 0～1500 字节；

● 填充字段：确保最小帧长为 64 个字节，长度为 0～46 字节；

● 校验和字段：32 位的循环冗余码，检验算法见本书的 CRC 部分。

注意：以太网最小帧长为 64 字节，这个帧长是指从**目的地址到校验和**的长度。在一些抓包工具中得到的以太网帧，往往不会显示 CRC 部分的字段。

很多资料中往往提到"泛洪"一词，容易和广播混淆。广播和泛洪是不同的。广播帧形式为"FF.FF.FF.FF.FF.FF"，广播是向子网所有端口（含自身端口）发送广播帧；泛洪是向所有端口（除开自身端口）发送普通数据帧。

2. MAC 地址

MAC 地址，也叫硬件地址，又叫链路地址。**MAC 地址由 48 比特组成。**MAC 地址结构如图 4-3-3 所示。

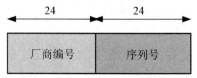

图 4-3-3　MAC 地址结构

MAC 地址前 24 位是厂商编号，由 IEEE 分配给生产以太网网卡的厂家；后 24 位是序列号，由厂家自行分配，用于表示设备地址。网卡的物理地址通常是由网卡生产厂家烧入网卡的 EPROM（一种闪存芯片，通常可以通过程序擦写），它存储的是真正表示主机的地址，用于发送、接收的终端传输数据。也就是说，在网络底层的物理传输过程中，是通过物理地址来识别主机的，它一般也是全球唯一的。

3. LLC

LLC 子层向上可提供以下四种不同类型的服务：

（1）不确认的无连接服务，即数据报服务，适用于点对点通信、广播通信、多播通信（组播通信）。

（2）面向连接服务，即虚电路服务，这种方式特别适合于传送很长的数据文件。

（3）带确认的无连接服务，即可靠的数据报服务，这种方式特别适合于过程控制或自动化工厂环境中的告警信息或控制信号的传输。带确认的无连接服务只用在令牌总线网中。

（4）高速传送服务，这种方式专为城域网使用。

4.3.3　CSMA/CD

载波监听多路访问/冲突检测（Carrier Sense Multiple Access/Collision Detect，CSMA/CD），是一种争用型的介质访问控制协议。它起源于美国夏威夷大学开发的 ALOHA 网所采用的争用型协议，并进行了改进，具有更高的介质利用率。

CSMA/CD 的工作原理是：发送数据前，先监听信道是否空闲，若空闲则立即发送数据。在发送数据时，边发送边继续监听。若监听到冲突，则立即停止发送数据。等待一段随机时间，再重新尝试。

CSMA/CD 是一种解决访问冲突的协议，技术上易实现，网络中各工作站处于平等地位，不需要集中控制，不提供优先级控制。**在网络负载较小时，CSMA/CD 协议的通信效率很高；但在网络负载增大时，发送时间增长，发送效率急剧下降。这种网络协议适合传输非实时数据。**

注意：万兆以太网标准（IEEE 802.3ae）采用了全双工方式，彻底抛弃了 CSMA/CD。

下面将阐述 CSMA/CD 中较为重要的几个概念。

（1）多路访问。

表明多路计算机连接在一根总线上。

（2）载波监听（CSMA）。

表明发送数据前，检测总线中是否有数据发送。如果"有"，则进入类似"退避算法"的程序，进而进一步反复进行载波监听工作；如果"没有"，则依据一定的"坚持算法"决定如何发送。

（3）冲突检测。

CSMA/CD 采用"边发送边监听"方式，即边发送边检测信道信号电压变化，如果发现信号变化幅度超过一定限度，则认为总线上发生"冲突"。

（4）退避算法。

CSMA 只能减少冲突，不能完全避免冲突，只有经过争用期这段时间还没有检测到碰撞，才能肯定本次发送的数据不会发生碰撞。以太网使用退避算法中的一种，称为**"截断的二进制指数退避算法"**，来解决发送数据碰撞问题。这种算法规定了，发生碰撞的站等待信道空闲后并不立即发送数据，而是推迟一个随机时间，再进入发送流程。这种方法减少了重传时再次发生碰撞的概率。

4.3.4　IEEE 802 系列协议

IEEE 802 协议包含了多种子协议。把这些协议汇集在一起就叫 IEEE 802 协议集。该协议集合的组成如图 4-3-4 所示。

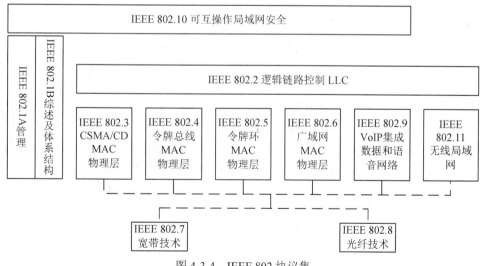

图 4-3-4　IEEE 802 协议集

（1）IEEE 802.1 系列。

IEEE 802.1 协议提供高层标准的框架，包括端到端协议、网络互连、网络管理、路由选择、桥接和性能测量。

- **IEEE 802.1d**：生成树协议（Spanning Tree Protocol，STP）。
- **IEEE 802.1P**：是交换机与优先级相关的流量处理的协议。
- **IEEE 802.1q**：虚拟局域网（Virtual LANS，VLAN）虚拟桥接局域网协议，定义了 VLAN 及封装技术，包括 GARP 协议及其源码、GVRP 协议及源码。
- **IEEE 802.1s**：多生成树协议（Multiple Spanning Tree Protocol，MSTP）。
- **IEEE 802.1w**：快速生成树协议（Rapid Spanning Tree Protocol，RSTP）。
- **IEEE 802.1X**：基于端口的访问控制（Port Based Network Access Control），协议起源于 IEEE 802.11 协议，目的是为了解决无线局域网用户的接入认证问题。IEEE 802.1x 协议提供了一种用户接入认证的手段，并简单地通过控制接入端口的开/关状态来实现，不仅适用于无线局域网的接入认证，还适用于点对点物理或逻辑端口的接入认证。

（2）IEEE 802.2。

IEEE 802.2：逻辑链路控制（Logical Link Control，LLC），提供 LAN、MAC 子层与高层协议间的一致接口。

（3）IEEE 802.3 系列。

IEEE 802.3 是考试的重中之重。IEEE 802.3 是以太网规范，定义 CSMA/CD 标准的媒体访问控制（MAC）子层和物理层规范。

- **IEEE 802.3ab**：该标准针对实体媒介部分制定的 1000 Base-T 规格，使得超高速以太网不再只限制于光纤介质。该标准规定传输介质为 4 对 CAT-5 双绞线，100m 内的传输速率达到 1Gb/s。
- **IEEE 802.3u**：快速以太网（Fast Ethernet）。快速以太网的最小帧长不变，数据速率提高了 10 倍，所以冲突时槽缩小为 5.12μs。以太网的计算冲突时槽的公式为：

$$slot \approx 2S/0.7C + 2tphy$$

其中 S 表示网络的跨距（最长传输距离），0.7C 为 0.7 倍光速（信号传播速率），tphy 是发送站物理层时延，由于往返需通过站点两次，所以取其时延的两倍值。

- **IEEE 802.3z**：千兆以太网（Gigabit Ethernet）。千兆以太网标准 IEEE 802.3z 定义了一种帧突发方式（frame bursting），这种方式是指一个站可以连续发送多个帧，用以保证传输站点连续发送一系列帧而不中途放弃对传输媒体的控制。该方式仅适用于半双工模式。在成功传输一帧后，发送站点进入突发模式以允许继续开始传输后面的帧，直到达到每次 65536 比特的"突发限制"。
- **IEEE 802.3ae**：万兆以太网（10 Gigabit Ethernet）。该标准仅支持光纤传输，提供两种连接。一种是和以太网连接、速率为 10Gb/s 的物理层设备，即 LAN PHY；另一种是与 SHD/SONET 连接，速率为 9.58464Gb/s 的 WAN 设备，即 WAN PHY。通过 WAN PHY 可以与 SONETOC-192 结合，通过 SONET 城域网提供端到端连接。该标准支持 10Gbase-s（850nm 短波）、10Gbase-l（1310nm 长波）、10Gbase-E（1550nm 长波）三种规格，最大传输距离为 300m、10km 和 40km。IEEE 802.3ae 支持 IEEE 802.3 标准中定义的最小和最

大帧长。不采用 CSMA/CD 方式，只有全双工方式（**千兆以太网、万兆以太网最小帧长为 512 字节**）。

（4）**IEEE 802.4**：令牌总线网（Token-Passing Bus）。

（5）**IEEE 802.5**：令牌环线网。

（6）**IEEE 802.6**：城域网 MAN，定义城域网的媒体访问控制（MAC）子层和物理层规范。

（7）**IEEE 802.7**：宽带技术咨询组，为其他分委员会提供宽带网络技术的建议和咨询。

（8）**IEEE 802.8**：光纤技术咨询组，为其他分委员会提供使用有关光纤网络技术的建议和咨询。

（9）**IEEE 802.9**：集成数据和语音网络（Integrated Voice and Data Networks，VoIP），定义了综合语音/数据终端访问综合语音/数据局域网（包括 LAN、MAN、WAN ）的媒体访问控制（MAC）子层和物理层规范。

（10）**IEEE 802.10**：可互操作局域网安全标准，定义局域网互连安全机制。

（11）**IEEE 802.11**：无线局域网标准，定义了自由空间媒体的媒体访问控制（MAC）子层和物理层规范。

（12）**IEEE 802.12**：按需优先定义使用按需优先访问方法的 100Mb/s 的以太网标准。

（13）**没有 802.13 标准**：13 不吉利。

（14）**IEEE 802.14**：有线电视标准。

（15）**IEEE 802.15**：无线个人局域网（Personal Area Network，PAN），适用于短程无线通信的标准，例如蓝牙。

（16）**IEEE 802.16**：宽带无线接入（Broadband Wireless Access）标准。

4.3.5　IEEE 802.3 规定的传输介质特性

传输介质一般使用"10Base-T"形式进行描述，这里"10"是速率，即 10Mb/s；Base 是表示传输速率，Base 是基带，Broad 是宽带；而 T 则代表传输介质，T 是双绞线、F 是光纤。

常见的传输介质如表 4-3-1 所示。

表 4-3-1　规定的传输介质特性

名称	电缆	最大段长	特点
100Base-T4	4 对 3 类 UTP	100m	3 类双绞线，8B/6T，NRZ 编码
100Base-TX	2 对 5 类 UTP，或 2 对 STP	100m	100Mb/s 全双工通信，MLT-3 编码
100Base-FX	1 对光纤	2000m	100Mb/s 全双工通信，4B/5B、NRZI 编码
1000Base-CX	2 对 STP	25m	2 对 STP
1000Base-T	4 对 UTP	100m	4 对 UTP
1000Base-SX	62.5μm 多模	220m	模式带宽 160MHz·km　m 波长 850nm
		275m	模式带宽 200MHz·km 波长 850nm

续表

名称	电缆	最大段长	特点
	50μm 多模	500m	模式带宽 400MHz·km 波长 850nm
		550m	模式带宽 500MHz·km 波长 850nm
1000Base-LX	62.5μm 多模	550m	模式带宽 500MHz·km 波长 850nm
	50μm 多模		模式带宽 400MHz·km 波长 850nm
			模式带宽 500MHz·km 波长 850nm
	单模	5000m	波长 1310nm 或者 1550nm
10Gbase-S	50μm 多模	300m	波长 850nm
	62.5μm 多模	65m	波长 850nm
10Gbase-L	单模	10km	波长 1310nm
10Gbase-E	单模	40km	波长 1550nm
10GBase-LX4	单模	10km	波长 1310nm
	50μm 多模	300m	波分多路复用
	62.5μm 多模		

注：通常用光纤传输信号的速率与其传输长度的乘积来描述光纤的模式带宽特性，用 B·L 表示，单位为 MHz·km。

4.4 网络层

网络层是 OSI 参考模型中的第三层，本层知识点相当重要，而且也很多。网络层常见的协议有 IP 协议、ICMP、ARP 和 RARP、IPv6、NAT、NAPT。

4.4.1 IP 协议与 IP 地址

网络之间的互连协议（Internet Protocol，IP）是方便计算机网络系统之间相互通信的协议，是各大厂商遵循的计算机网络相互通信的规则。如图 4-4-1 所示给出了 IP 数据报头（Packet Header）结构，有些教材称为 IP 数据报头。

● 版本。

长度为 4 位，标识数据报的 IP 版本号，值为二进制 0100，则表示 IPv4。

● 头部长度（Internet Header Length，IHL）。

长度为 4 位。该字段表示数的单位是 32 位，即 4 字节。常用的值是 5，也是可取的最小值，表示报头为 20 字节；可取的最大值是 15，表示报头为 60 字节。

● 服务类型（Type of Service，ToS）。

长度为 8 位，指定特殊数据处理方式。该字段分为两部分：优先权和 ToS。后来该字段被 IETF

改名为区分服务（Differentiated Services，DS）。该字段的前 6 位构成了区分代码点（Differentiated Services Code Point，DSCP）和显式拥塞通知（Explicit Congestion Notification，ECN）字段，DSCP 用于定义 64 个不同服务类别，而 ECN 用于通知拥塞，具体如图 4-4-2 所示。

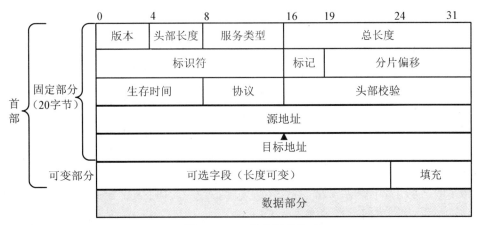

图 4-4-1　IP 数据报头格式

图 4-4-2　ECN 字段

● 总长度（Total Length）。

该字段长度为 16 位，单位是字节，指的是首部加上数据之和的长度。所以，数据报的最大长度为 $2^{16}-1=65535$ 字节。由于有 MTU 限制（如以太网单个 IP 数据报就不能超过 1500 字节），所以超过 1500 字节的 IP 数据报就要分段，而总长度是所有分片报文的长度和。

● 标识符（Identifier）。

该字段长度为 16 位。同一数据报分段后，其标识符一致，这样便于重装成原来的数据报。这个值是由发送方位置的一个计数器生产的。**在某些情况下可以用来携带其他的特殊信息。**

● 标记字段（Flag）。

该字段长度为 3 位，第 1 位不使用；第 2 位是不分段（DF）位，值为 1 表示不能分片，为 0 表示允许分片；第 3 位是更多分片（MF）位，值为 1 表示之后还有分片，为 0 表示最后一个分片。

● 分片偏移字段（Fragment Offset）。

该字段长度为 13 位，单位 8 字节，即每个分片长度是 8 字节的整数倍。该字段是标识所分片的分组，分片之后在原始数据中的相对位置。

● 生存时间（Time to Live，TTL）。

该字段长度为 8 位，用来设置数据报最多可以经过的路由器数。由发送数据的源主机设置，通常为 16、32、64、128 个。每经过一个路由器，其值减 1，直到为 0 时该数据报被丢弃。

● 协议字段（Protocol）。

该字段长度为 8 位，指明 IP 层所封装的上层协议类型，如 ICMP（1）、IGMP（2）、TCP（6）、UDP（17）等。

● 头部校验（Header Checksum）。

该字段长度为 16 位，是根据 IP 头部计算得到的校验和码。计算方法没有采用复杂的 CRC 编码，而是对头部中每个 16 比特进行二进制反码求和（与 ICMP、IGMP、TCP、UDP 不同，IP 报头不对 IP 报头后面的数据进行校验）。

● 源地址、目标地址字段（Source and Destination Address）。

该字段长度均为 32 位，用来标明发送 IP 数据报文的源主机地址和接收 IP 报文的目标主机地址，都是 IP 地址。

● 可选字段（Options）。

该字段长度可变，从 1 字节到 40 字节不等，用来定义一些任选项，如记录路径、时间戳等。这些选项很少被使用，并且并不是所有主机和路由器都支持这些选项。可选项字段的长度必须是 32 位（4 字节）的整数倍，如果不足，必须填充 0 以达到此长度要求。

1. IPv4 地址

IP 地址就好像电话号码：有了某人的电话号码，你就能与他通话了。同样，有了某台主机的 IP 地址，你就能与这台主机通信了。TCP/IP 协议规定，IP 地址使用 32 位的二进制来表示，也就是 4 个字节。例如，采用二进制表示方法的 IP 地址形式为 00010010 00000010 10101000 00000001，这么长的地址，人们操作和记忆起来太费劲。为了方便使用，IP 地址经常被写成十进制的形式，中间使用符号 "." 分开不同的字节。于是，上面的 IP 地址可以表示为 18.2.168.1。IP 地址的这种表示法叫做**点分十进制表示法**，这显然比 1 和 0 容易记忆得多。如图 4-4-3 所示将 32 位的地址映射到用点分十进制表示法表示的地址上。

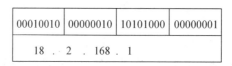

00010010	00000010	10101000	00000001
18 .	2 .	168 .	1

图 4-4-3　点分十进制与 32 地址的对应表示形式

2. IP 地址分类

IP 地址分为五类：A 类用于大型网络，B 类用于中型网络，C 类用于小型网络，D 类用于组播，E 类保留用于实验。每一类有不同的网络号位数和主机号位数。各类地址特征如图 4-4-4 所示。

（1）A 类地址。

IP 地址写成二进制形式时，A 类地址的第一位总是 0。A 类地址的第 1 字节为网络地址，其他 3 个字节为主机地址。

A 类地址范围：1.0.0.0～126.255.255.255。

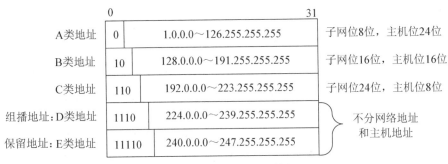

图 4-4-4　五类地址特征

A 类地址中的私有地址和保留地址：

● 10.X.X.X 是私有地址，就是在互联网上不使用，而只用在局域网络中的地址。网络号为 10，
网络数为 1 个，地址范围为 10.0.0.0～10.255.255.255。

● 127.X.X.X 是保留地址，用作环回（Loopback）地址，环回地址（典型的是 127.0.0.1）向自
己发送流量。发送到该地址的数据不会离开设备到网络中，而是直接回送到本主机。该地
址既可以作为目标地址，又可以作为源地址，是一个虚 IP 地址。

（2）B 类地址。

IP 地址写成二进制形式时，B 类地址的前两位总是 10。B 类地址的第 1 和第 2 字节为网络地
址，第 3 和第 4 字节为主机地址。

B 类地址范围：128.0.0.0～191.255.255.255。

B 类地址中的私有地址和保留地址：

● 172.16.0.0～172.31.255.255 是私有地址。

● **169.254.X.X 是保留地址。如果 PC 机上的 IP 地址设置自动获取，而 PC 机又没有找到相应
的 DHCP 服务，那么最后 PC 机可能得到保留地址中的一个 IP。**没有获取到合法 IP 后的
PC 机地址分配情况如图 4-4-5 所示。

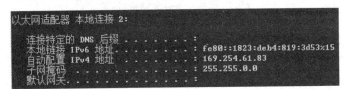

图 4-4-5　当主机断开物理网络，PC 机被随机分配了一个 169.254.X.X 地址

（3）C 类地址。

IP 地址写成二进制形式时，C 类地址的前三位固定为 110。C 类地址第 1 到第 3 字节为网络地
址，第 4 字节为主机地址。

C 类地址范围：192.0.0.0～223.255.255.255。

C 类地址中的私有地址：192.168.X.X 是私有地址，地址范围：192.168.0.0～192.168.255.255。

（4）D 类地址。

IP 地址写成二进制形式时，D 类地址的前四位固定为 1110。D 类地址不分网络地址和主机地址，该类地址用作组播。

D 类地址范围：224.0.0.0～239.255.255.255。

其中，224.0.0.1 代表所有主机与路由器；224.0.0.2 代表所有组播路由器；224.0.0.5 代表 OSPF 路由器；224.0.0.6 代表 OSPF 指定路由器/备用指定路由器；224.0.0.7 代表 ST 路由器（低功耗电路设计路由器），224.0.0.8 代表 ST 主机，224.0.0.9 代表 RIP-2 路由器，224.0.0.12 代表 DHCP 服务器/中继代理，224.0.0.14 代表 RSVP 封装，224.0.0.18 代表虚拟路由器冗余协议（Virtual Router Redundancy Protocol，VRRP）。

（5）E 类地址。

IP 地址写成二进制形式时，E 类地址的前四位固定为 11110。E 类地址不分网络地址和主机地址。

E 类地址范围：240.0.0.0～247.255.255.255。

3. 几类特殊的 IP 地址

几类特殊的 IP 地址的结构和特性如表 4-4-1 所示。

表 4-4-1　特殊地址特性

地址名称	地址格式	特点	可否作为源地址	可否作为目标地址
有限广播	255.255.255.255（网络字段和主机字段全 1）	不被路由，会被送到相同物理网络段上的所有主机	N	Y
直接广播	主机字段全 1，如 192.1.1.255	广播会被路由，并会发送到专门网络上的每台主机	N	Y
网络地址	主机位全 0，如 192.168.1.0	表示一个子网	N	N
全 0 地址	0.0.0.0	代表任意主机	Y	N
环回地址	127.X.X.X	向自己发送数据	Y	Y

第 3 天

4.4.2　地址规划与子网规划

1. 子网掩码

子网掩码用于区分网络地址、主机地址、广播地址，是表示网络地址和子网大小的重要指标。子网掩码的形式是网络号部分全 1，主机号部分全 0。掩码也能像 IPv4 地址一样使用点分十进制表示法书写，但掩码不是 IP 地址。掩码还能使用"/从左到右连续 1 的总数"形式表示，这种描述方法称为**建网比特数**。

如表 4-4-2 和表 4-4-3 所示给出了 B 类和 C 类网络可能出现的子网掩码以及对应网络数量和主机数量。

表 4-4-2　B 类子网掩码特性

子网掩码	建网比特数	子网络数	可用主机数
255.255.255.252	/30	1，6382	2
255.255.255.248	/29	8，192	6
255.255.255.240	/28	4，096	14
255.255.255.224	/27	2，048	30
255.255.255.192	/26	1，024	62
255.255.255.128	/25	512	126
255.255.255.0	/24	256	254
255.255.254.0	/23	128	510
255.255.252.0	/22	64	1022
255.255.248.0	/21	32	2046
255.255.240.0	/20	16	4094
255.255.224.0	/19	8	8190
255.255.192.0	/18	4	16382
255.255.128.0	/17	2	32766
255.255.0.0	/16	1	65534

表 4-4-3　C 类子网掩码特性

子网掩码	建网比特数	子网络数	可用主机数
255.255.255.252	/30	64	2
255.255.255.248	/29	32	6
255.255.255.240	/28	16	14
255.255.255.224	/27	8	30
255.255.255.192	/26	4	62
255.255.255.128	/25	2	126
255.255.255.0	/24	1	254

注意：（1）主机数=可用主机数+2。

（2）A 类地址的默认掩码是 255.0.0.0；B 类地址的默认掩码是 255.255.0.0；C 类地址的默认掩码是 255.255.255.0。

2．地址结构

早期 IP 地址结构为两级地址：

$$IP 地址::=\{<网络号>,<主机号>\}$$

RFC 950 文档发布后增加一个子网号字段，变成三级网络地址结构：

$$IP 地址::=\{<网络号>,<子网号>,<主机号>\}$$

3. VLSM 和 CIDR

1987 年前，互联网使用 A~E 类通用标准划分子网的方式，而这种整段分配划分地址的方式不灵活，同时 IP 损耗太大；同时因特网主干路由器的路由表项急剧增长。因此为了解决上述问题，人们提出了 VLSM 和 CIDR 技术。

（1）**可变长子网掩码（Variable Length Subnet Mask，VLSM）。**

传统的 A 类、B 类和 C 类地址使用固定长度的子网掩码，分别为 8 位、16 位、24 位，这种方式比较死板、浪费地址空间。VLSM 则是对部分子网再次进行子网划分，允许一个组织在同一个网络地址空间中使用多个不同的子网掩码。VLSM 使寻址效率更高，IP 地址利用率也更高。所以 VLSM 技术被用来节约 IP 地址，该技术可以理解为把大网分解成小网。

（2）**无类别域间路由（Classless Inter-Domain Routing，CIDR）。**

在进行网段划分时，除了有将大网络拆分成若干个小网络的需求外，也有将小网络组合成大网络的需求的情况。在一个有类别的网络中（只区分 A、B、C 等大类的网络），路由器决定一个地址的类别，并根据该类别识别网络和主机。而在 CIDR 中，路由器使用前缀来描述有多个位是网络位（或称前缀），剩下的位则是主机位。CIDR 显著提高了 IPv4 的可扩展性和效率，通过使用路由聚合（或称超网）可有效地减小路由表的大小，节省路由器的内存空间，提高路由器的查找效率。该技术可以理解为把小网合并成大网。

4. IP 地址和子网规划

IP 地址和子网规划类的题目可以分为以下几种形式：

（1）给定 IP 地址和掩码，求网络地址、广播地址、子网范围、子网能容纳的最大可用主机数。

【例 1】已知 8.1.72.24，子网掩码是 255.255.192.0。计算网络地址、广播地址、子网范围、子网能容纳的最大可用主机数。

1）计算子网的步骤如图 4-4-6 所示。

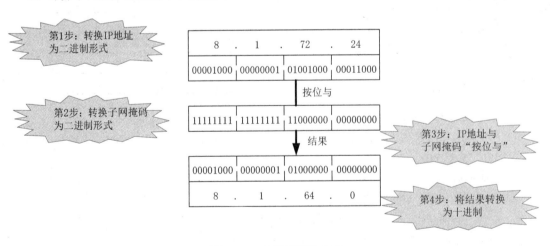

图 4-4-6　计算子网的步骤

第 3 天

2）计算广播地址的步骤如图 4-4-7 所示。

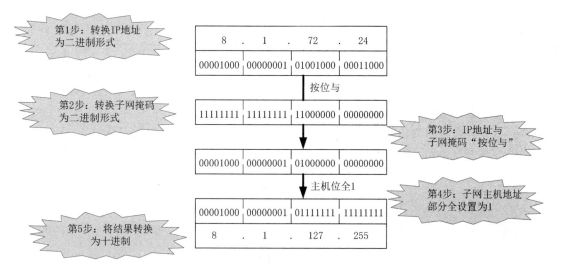

图 4-4-7　计算广播地址的步骤

3）子网范围。

子网范围=[子网地址]～[广播地址]=8.1.64.0～8.1.127.255。

4）子网能容纳的最大可用主机数。

子网能容纳的最大可用主机数=$2^{主机位}$-2=2^{14}-2=16382。

（2）给定现有的网络地址和掩码并给出子网数目，计算子网掩码及子网可分配的主机数。

【例2】某公司网络的地址是 200.100.192.0，掩码为 255.255.240.0，要把该网络分成 16 个子网，则对应的子网掩码应该是多少？每个子网可分配的主机地址数是多少？

1）计算子网掩码。

计算子网掩码的步骤如图 4-4-8 所示。

可以得到，本题的子网掩码为 255.255.255.0。

2）计算子网可分配的主机数。

子网能容纳的最大主机数=$2^{主机位}$-2=2^8-2=254。

（3）给出网络类型及子网掩码，求划分子网数。

【例3】一个 B 类网络的子网掩码为 255.255.192.0，则这个网络被划分成了多少个子网？

1）根据网络类型确定网络号的长度。

本题网络类型为 B 类网，因此网络号为 16 位。

2）转换子网掩码为建网比特数。

本题中的子网掩码 255.255.192.0 可以用/18 表示。

3）子网号=建网比特数-网络号，划分的子网个数=$2^{子网号}$。

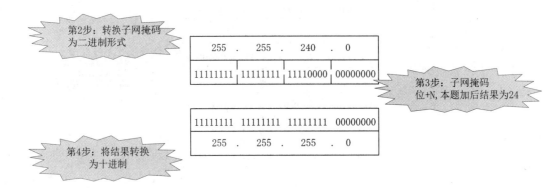

图 4-4-8　计算子网掩码

本题子网号=18−16=2，因此划分的子网个数=2^2=4。

（4）使用子网汇聚将给出的多个子网合并为一个超网，求超网地址。

【例 4】路由汇聚（Route Summarization）是把小的子网汇聚成大的网络，将 172.2.193.0/24、172.2.194.0/24、172.2.196.0/24 和 172.2.198.0/24 子网进行路由汇聚后的网络地址是多少？

1）将所有十进制的子网转换成二进制。

本题转换结果如表 4-4-4 所示。

表 4-4-4　转换结果

	十进制	二进制
子网地址	172.2.193.0/24	**10101100.0000010.11000**　001.00000000
	172.2.194.0/24	**10101100.00000010.11000**　010.00000000
	172.2.196.0/24	**10101100.00000010.11000**　100.00000000
	172.2.198.0/24	**10101100.00000010.11000**　110.00000000
合并后的超网地址	172.2.192.0/21	**10101100.00000010.11000**　000.00000000

2）从左到右找连续的相同位和相同位数。

从表 4-4-4 中可以发现，相同位为 21 位，即 10101100.0000010.11000　000.00000000 为新网络地址，将其转换为点分十进制得到的汇聚网络为 172.2.192.0/21。

4.4.3　ICMP

Internet 控制报文协议（Internet Control Message Protocol，ICMP）是 TCP/IP 协议簇的一个子

协议，是网络层协议，用于 IP 主机和路由器之间传递控制消息。控制消息是指网络通不通、主机是否可达、路由是否可用等网络本身的消息。这些控制消息虽然并不传输用户数据，但是对用户数据的传递起着重要的作用。

（1）ICMP 报文格式。

ICMP 报文是**封装在 IP 数据报**内传输，封装结构如图 4-4-9 所示。由于 IP 数据报首部校验和并不检验 IP 数据报的内容，因此不能保证经过传输的 ICMP 报文不产生差错。

图 4-4-9　ICMP 报文封装在 IP 数据报内部

ICMP 报文如图 4-4-10 所示。

图 4-4-10　ICMP 报文格式

（2）ICMP 报文分类。

ICMP 报文分为 **ICMP 差错报告报文**和 **ICMP 询问报文**，具体如表 4-4-5 所示。

表 4-4-5　常考的 ICMP 报文

报文种类	类型值	报文类型	报文定义	报文内容
差错报告报文	3	目的不可达	路由器与主机不能交付数据时就向源点发送目的不可达报文	包括网络不可达、主机不可达、协议不可达、端口不可达、需要进行分片却设置了不分片、源路由失败、目的网络未知、目的主机未知、目的网络被禁止、目的主机被禁止、由于服务类型 TOS 网络不可达、由于服务类型 TOS 主机不可达、主机越权、优先权中止生效
	4	源点抑制	由于拥塞而丢弃数据报时就向源点发送抑制报文，降低发送速率	

报文种类	类型值	报文类型	报文定义	报文内容
差错报告报文	5	重定向（改变路由）	路由器将重定向报文发送给主机，优化或改变主机路由	包括网络重定向、主机重定向、对服务类型和网络重定向、对服务类型和主机重定向
	11	时间超时	丢弃 TTL 为 0 的数据，向源点发送时间超时报文	
	12	参数问题	发现数据报首部有不正确字段时丢弃报文，并向源点发送参数问题报文	
询问报文	0	回送应答	收到回送请求报文的主机必须回应源主机回送应答报文	
	8	回送请求		
	13	时间戳请求	请求对方回答当前日期和时间	
	14	时间戳应答	回答当前日期和时间	

（3）ICMP 报文应用。

ICMP 报文应用有 Ping 命令（使用回送应答和回送请求报文）和 Traceroute 命令（使用时间超时报文和目的不可达报文）。

4.4.4　ARP 和 RARP

地址解析协议（Address Resolution Protocol，ARP）是将 32 位的 IP 地址解析成 48 位的以太网地址；而反向地址解析（Reverse Address Resolution Protocol，RARP）则是将 48 位的以太网地址解析成 32 位的 IP 地址。ARP 报文**封装在以太网帧**中进行发送。

1. ARP 原理

ARP 的工作过程如下：

第一步：发送 ARP 请求。

请求主机以**广播方式**发出 **ARP 请求分组**。ARP 请求分组主要由**主机本身的 IP 地址、MAC 地址**以及**需要解析的 IP 地址**三个部分组成。具体发送 ARP 请求的过程如图 4-4-11 所示，该图要求找到 1.1.1.2 对应的 MAC 地址。

第二步：ARP 响应。

所有主机都能收到 ARP 请求分组，但只有与请求解析的 IP 地址一致的主机响应，并以**单播方式**向 ARP 请求主机发送 ARP 响应分组。ARP 响应分组由响应方的 **IP 地址**和 **MAC 地址**组成。具体过程如图 4-4-12 所示，地址为 1.1.1.2 的主机发出响应报文。

第三步：A 主机写高速缓存。

A 主机收到响应分组后，将 1.1.1.2 和 MAC 地址 00-00-00-00-00-22 对应关系写入 ARP 高速缓

第 3 天

存。**ARP 高速缓存**记录了 IP 地址和 MAC 地址的对应关系，避免了主机进行一次通信就发送一次 ARP 请求分组的情况出现，减少了网络中 ARP 请求带来的广播报文。当然高速缓存中的每个 IP 地址和 MAC 地址的对应关系都有一定的**生存时间**，大于该时间的对应关系将被删除。

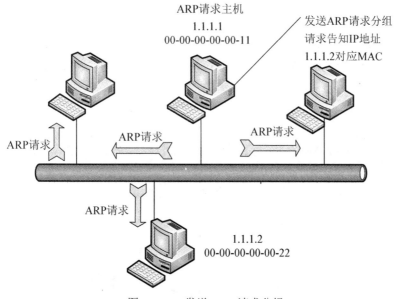

图 4-4-11　发送 ARP 请求分组

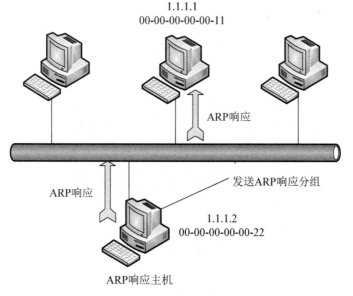

图 4-4-12　发送 ARP 响应分组

2. ARP 病毒

ARP 病毒是一种破坏性极大的病毒，利用了 ARP 协议设计之初没有任何验证功能这一漏洞而实施破坏。ARP 病毒使用 ARP 欺骗手段破坏客户机建立正确的 IP 地址和 MAC 地址对应关系，把虚假的网关 MAC 地址发送给受害主机。达到盗取用户账户、阻塞网络、瘫痪网络的目的。

ARP 病毒利用感染主机的方法向网络发送大量虚假的 ARP 报文，**主机没有感染 ARP 木马时也有可能导致网络访问不稳定**。例如：向被攻击主机发送的虚假 ARP 报文中，目的 IP 地址为**网关 IP 地址**，目的 MAC 地址为**感染木马的主机 MAC 地址**。这样会将同网段内其他主机发往网关的数据引向发送虚假 ARP 报文的机器，并抓包截取用户口令信息。

ARP 病毒还能在局域网内产生大量的广播包，造成广播风暴。

3. ARP 欺骗原理

A 和 C 的 IP 地址相同，MAC 地址不同。主机 C 首先攻击 A 让 C 瘫痪，伪造 ARP 冒充 A 应答 B。然后 B 更新本地 ARP 缓存。在 B 看来，A 地址 IP 没有变化，但是 MAC 地址变了。而实际上，B 所发送的任何信息都被 C 所窃取。具体流程参见图 4-4-13。

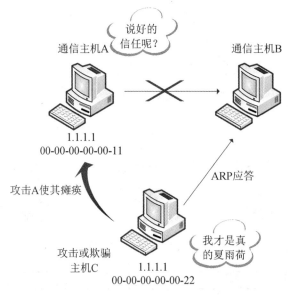

图 4-4-13　ARP 欺骗或者中间人攻击原理

4. ARP 病毒的发现和解决手段

网管员经常使用的发现和解决 ARP 病毒的手段有：接入交换机端口绑定固定的 MAC 地址、查看接入交换机的端口异常（一个端口短时间出现多个 MAC 地址）、安装 ARP 防火墙（比如 ARP Guard）、发现主机 ARP 缓存中的 MAC 地址不正确时可以执行 arp -d 命令清除 ARP 缓存、主机使用 arp -s gate-way-ip gate-way-mac 命令设置静态绑定。

4.4.5　IPv6

IPv6（Internet Protocol Version 6）是 IETF 设计的用于替代现行 IPv4 的下一代 IP 协议。IPv6 地址长度为 128 位，但通常写作 8 组，每组为 4 个十六进制数的形式，如 2002:0db8:85a3:08d3:1319:8a2e:0370:7345 是一个合法的 IPv6 地址。

1．IPv6 的书写规则

（1）任何一个 16 位段中起始的 0 不必写出来；任何一个 16 位段如果少于 4 个十六进制的数字，就认为忽略了起始部分的数字 0。

例如，2002:0db8:85a3:08d3:1319:8a2e:0370:7345 的第 2、第 4 和第 7 段包含起始 0。使用简化规则，该地址可以书写为 2002:db8:85a3:8d3:1319:8a2e:370:7345。

注意：只有起始的 0 才能忽略，末尾的 0 不能忽略。

（2）任何由全 0 组成的 1 个或多个 16 位段的单个连续字符串都可以用一个双冒号"::"来表示。

例如：2002:0:0:0:0:0:0:0001 可以简化为 2002::1。

注意：双冒号只能用一次。

2．单播地址

单播地址用于表示单台设备的地址。发送到此地址的数据包被传递给标识的设备。单播地址和多播地址的区别在于高八位不同，多播地址的高八位总是十六进制的 FF。单播地址有以下几类。

（1）全球单播地址。

全球单播地址是指这个单播地址是全球唯一的，其地址格式如图 4-4-14 所示。

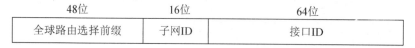

48位	16位	64位
全球路由选择前缀	子网ID	接口ID

图 4-4-14　全球单播地址格式

当前分配的全球单播地址最高位为 001（二进制）。

（2）链路本地单播地址。

链路本地单播地址在邻居发现协议等功能中很有用，该地址主要用于启动时及系统尚未获取较大范围的地址时，链路节点的自动地址配置。该地址的起始 10 位固定为 1111111010（FE80::/10）。

（3）地区本地单播地址。

这个地址仅在一个给定区域内地址是唯一的，其他区域内可以使用相同的地址。但这类方式争议较大，地区本地单播地址的起始 10 位固定为 1111111011（FEC0::/10）。

（4）任意播地址。

任意播地址更像一种服务，而不是一台设备，并且相同的地址可以驻留在提供相同服务的一台或多台设备中。任意广播地址取自单播地址空间，而且在语法上不能与其他地址区别开来。寻址的接口依据其配置确定单播和任意广播地址之间的差别。使用任意播地址的好处是路由器总选择到达最近的或代价最低的服务器路由。

（5）组播地址。

多播地址标识不是一台设备，而是多台设备组成一个多播组。发送给一个多播组的数据包可以由单台设备发起。一个多播数据包通常包括一个单播地址作为它的源地址，一个多播地址作为它的目的地址。一个数据包中，多播地址从来不会作为源地址出现。IPv6 中的组播在功能上与 IPv4 中的组播类似：表现为一组接口可以同时接受某一类的数据流量。IPv6 的组播地址格式如图 4-4-15 所示。

8位	4位	4位	112位
多播前缀（0xFF）	标记	范围	组ID

图 4-4-15　IPv6 的组播地址格式

组播分组前 8 比特设置为 1，十六进制值为 FF。接下来的 4 比特是地址生存期：0 是永久的，1 是临时的。接下来的 4 比特说明了组播地址范围（分组可以达到多远）：1 为节点、2 为链路、5 为站点、8 为组织、E 为全局（整个因特网）。

如表 4-4-6 所示给出了 IPv6 高位数字代表的地址类型。

表 4-4-6　IPv6 地址类型

地址类型	高位数字（二进制）	高位数字（十六进制）
未指定	00…0	::/128
环回地址	00…1	::1/128
多播地址	11111111	FF00::/8
链路本地单播地址	1111111010	FE80::/10
地区本地单播地址（有争议）	1111111011	FEC0::/10
全球单播地址（当前分配的）	001	2xxx::/4 或者 3xxx::/4
剩下作为未来全球单播地址分配		

4.4.6　NAT、NAPT

网络地址转换（Network Address Translation，NAT）将数据报文中的 IP 地址替换成另一个 IP 地址，一般是私有地址转换为公有地址来实现访问公网的目的。这种方式只需要占用较少的公网 IP 地址，有助于减少 IP 地址空间的枯竭。传统 NAT 包括基本 NAT 和 NAPT 两大类。

1．基本 NAT

NAT 设备配置多个公用的 IP 地址，当位于内部网络的主机向外部主机发起会话请求时，把内部地址转换成公用 IP 地址。如果内部网络中主机的数目不大于 NAT 所拥有的公开 IP 地址的数目，则可以保证每个内部地址都能映射到一个公开的 IP 地址，否则允许同时连接到外部网络的内部主机的数目会受到 NAT 公开 IP 地址数量的限制。也可以使用静态映射的方式把特定内部主机映射为一个特定的全球唯一的地址，保证了外部对内部主机的访问。基本 NAT 可以看成一对一的转换。

基本 NAT 又可以分为静态 NAT 和动态 NAT。静态 NAT 是设置起来最简单和最容易实现的一种地址转化方式，内部网络中的每个主机都被永久映射成外部网络中的某个合法地址。

动态 NAT 主要应用于拨号和频繁的远程连接，当远程用户连接上后，动态 NAT 就会给用户分配一个 IP 地址；当用户断开时，这个 IP 地址就会被释放而留待以后使用。

2. NAPT

网络地址端口转换（Network Address Port Translation，NAPT）是 NAT 的一种变形，它允许多个内部地址映射到同一个公有地址上，也可称之为**多对一地址转换**或地址复用。NAPT 同时映射 IP 地址和端口号，来自不同内部地址的数据报的源地址可以映射到同一个外部地址，但它们的端口号被转换为该地址的不同端口号，因而仍然能够共享同一个地址，即 NAPT 出口数据报中的内网 IP 地址被 NAT 的公网 IP 地址代替，出口分组的端口被一个高端端口代替。外网进来的数据报根据对应关系进行转换。NAPT 将**内部的所有地址映射到一个外部 IP 地址（也可以是少数外部 IP 地址）**，这样做的好处是**隐藏了内部网络的 IP 配置、节省了资源**。

4.5　传输层

传输层相关的知识点主要有 TCP 协议和 UDP 协议。

网络服务分为面向连接和无连接服务两种方式。

（1）面向连接服务。

面向连接的服务是双方通信的前提，即先要建立一条通信线路，这个过程分为三步：建立连接、使用连接和释放连接。面向连接服务的工作方式与电话系统类似。其特点也是打电话必须经过建立拨号、通话和挂电话这三个过程。

数据传输过程前必须经过建立连接、使用连接和释放连接这三个过程；建立之后，一个虚拟的电话联系信道就建立了。当数据正式传输时，数据分组不需要再携带目的地址。面向连接需要通信之前建立连接，但是这种方式比较复杂，相对无连接的效率不高。

（2）无连接服务。

无连接的服务就是通信双方不需要事先建立一条通信线路，而是把每个带有目的地址的数据包（数据分组）送到线路上，由系统选定路线进行传输。IP 协议和 UDP 协议就是一种无连接协议；邮政系统可以看成一个无连接的系统。

无连接收发双方之间通信时，其下层资源只需在数据传输时动态地进行分配，不需要预留。收发双方只有在传输数据时候才处于激活状态。

无连接服务通信比较迅速、使用灵活、连接开销小，但是这种方式可靠性低，不能防止报文丢失、重复或失序。

4.5.1　TCP

传输控制协议（Transmission Control Protocol，TCP）是一种可靠的、面向连接的字节流服务。源主机在传送数据前需要先和目标主机建立连接。然后在此连接上，被编号的数据段按序收发。同时要求对每个数据段进行确认，这样保证了可靠性。如果在指定的时间内没有收到目标主机对所发数据段的确认，源主机将再次发送该数据段。

1. TCP 报文首部格式

TCP 报文首部格式如图 4-5-1 所示。

源端口（16）							目的端口（16）	
序列号（32）								
确认号（32）								
报头长度（4）	保留（6）	URG	ACK	PSH	RST	SYN	FIN	窗口（16）
校验和（16）							紧急指针（16）	
选项（长度可变）							填充	
TCP 报文的数据部分（可变）								

图 4-5-1　TCP 报文首部格式

● 源端口（Source Port）和目的端口（Destination Port）。

该字段长度均为 16 位。TCP 协议通过使用端口来标识源端和目标端的应用进程，端口号取值范围为 0～65535。

● 序列号（Sequence Number）。

该字段长度为 32 位。因此序号范围为 $[0, 2^{32}-1]$。序号值是进行 mod 2^{32} 运算的值，即序号值为最大值 $2^{32}-1$ 后，下一个序号又回到 0。

● 确认号（Acknowledgement Number）。

该字段长度为 32 位。期望收到对方下一个报文段的第一个数据字段的序号。

● 报头长度（Header Length）。

报头长度又称为数据偏移字段，长度为 4 位，单位 32 位。没有任何选项字段的 TCP 头部长度为 20 字节，最多可以有 60 字节的 TCP 头部。

● 保留字段（Reserved）。

该字段长度为 6 位，通常设置为 0。

● 标记（Flag）。

该字段包含的字段有：紧急（URG）——紧急有效，需要尽快传送；确认（ACK）——建立连接后的报文回应，ACK=1 时确认有效；推送（PSH）——接收方应该尽快将这个报文段交给上层协议，不需等缓存满；复位（RST）——重新连接；同步（SYN）——发起连接；终止（FIN）——释放连接。

● 窗口大小（Windows Size）。

该字段长度为 16 位。因此序号范围为$[0,2^{16}-1]$。该字段用来进行流量控制，单位为字节，是作为接收方让发送方设置其发送窗口的依据。这个值是本机期望一次接收的字节数。

● 校验和（Checksum）。

该字段长度为 16 位，对整个 TCP 报文段（即 TCP 头部和 TCP 数据）进行校验和计算，并由目标端进行验证。

● 紧急指针（Urgent Pointer）。

该字段长度为 16 位。它是一个偏移量，和序号字段中的值相加表示紧急数据最后一个字节的序号。

● 选项（Option）。

该字段长度可变到 40 字节。可能包括窗口扩大因子、时间戳等选项。为保证报头长度是 32 位的倍数，因此还需要填充 0。

2．TCP 建立连接

TCP 会话通过**三次握手**来建立连接。三次握手的目标是使数据段的发送和接收同步，同时也向其他主机表明其一次可接收的数据量（窗口大小）并建立逻辑连接。这三次握手的过程可以简述如下。

双方通信之前均处于 **CLOSED** 状态。

（1）第一次握手。

源主机发送一个同步标志位 SYN=1 的 TCP 数据段。此段中同时标明初始序号（Initial Sequence Number，ISN）。ISN 是一个随时间变化的随机值，即 **SYN=1，SEQ=x**。源主机进入 **SYN-SENT** 状态。

（2）第二次握手。

目标主机接收到 SYN 包后发回确认数据报文。该数据报文 ACK=1，同时确认序号字段表明目标主机期待收到源主机下一个数据段的序号，即 ACK 序号=x+1（表明前一个数据段已收到且没有错误）。

此外，在此段中设置 SYN=1，并包含目标主机的段初始序号 y，**即 ACK=1，ACK 序号=x+1，SYN=1，自身序号 SEQ=y**。此时目标主机进入 **SYN-RCVD** 状态，源主机进入 **ESTABLISHED** 状态。

（3）第三次握手。

源主机再回送一个确认数据段，同样带有递增的发送序号和确认序号（**ACK=1，ACK 序号 =y+1，SEQ 序号**），TCP 会话的三次握手完成。接下来，源主机和目标主机可以互相收发数据。三次握手的过程如图 4-5-2 所示。

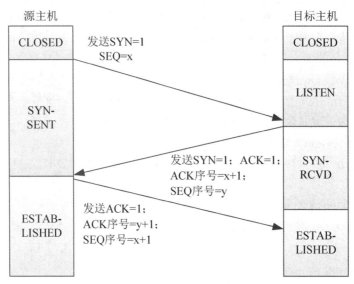

图 4-5-2　三次握手

3．TCP 释放连接

TCP 释放连接可以分为四步，具体过程如下：

双方通信之前均处于 **ESTABLISHED** 状态。

第一步：源主机发送一个释放报文（**FIN=1，自身序号 SEQ =x**），源主机进入 **FIN-WAIT** 状态。

第二步：目标主机接收报文后发出确认报文（**ACK=1，ACK 序号=x+1，SEQ 序号=y**），目标主机进入 **CLOSE-WAIT** 状态。此时，源主机停止发送数据，但是目标主机仍然可以发送数据，此时 TCP 连接为半关闭状态（**HALF-CLOSE**）。源主机接收到 ACK 报文后等待目标主机发出 FIN 报文，这可能会持续一段时间。

第三步：目标主机确定没有数据，向源主机发送后，发出释放报文（**FIN=1，ACK=1，确认序号 ACK =x+1，自身序号 SEQ =z**）。目标主机进入 **LAST-ACK** 状态。

注意：这里由于处于半关闭状态（HALF-CLOSE），目标主机还会发送一些数据，其序号不一定为 y+1，因此可设为 z。而且，目标主机必须重复发送一次确认序号 ACK=x+1。

第四步：源主机接收到释放报文后，对此发送确认报文（**ACK=1，确认序号 ACK=z+1，自身序号 SEQ=x+1**），在等待一段时间确定确认报文到达后，源主机进入 **CLOSED** 状态。目标主机在接收到确认报文后，也进入 **CLOSED** 状态。释放连接的过程如图 4-5-3 所示。

4．TCP 协议的重传时间

TCP 可靠性的一个保证机制就是**超时重传**，而超时重传的核心是**重传超时时间的计算**。

计算超时重传时间的参数如下：

● **往返时间（Round Trip Time，RTT）**：发送端发送一个数据包给对端，然后接受端返回一个 ACK。发送端计算出这个包来回所需的时间就是 RTT。

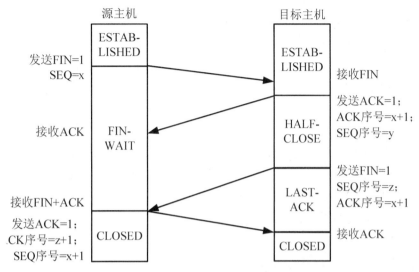

图 4-5-3 释放连接的过程

RTT=链路层的传播时间+端点协议栈的处理时间+中间设备的处理时间

RTT 前两个部分值相对固定，而中间设备处理时间（例如路由器缓存排队时间）会随着网络拥塞程度的变化而变化，所以 RTT 的变化在一定程度上反应了网络的拥塞程度。

- **加权平均往返时间（Smoothed RTT，RTTS）**：又称平滑往返时间，该时间是通过多次 RTT 的样本多次测量的结果。

其中，RTTS 的初始值=计算出来的第一个 RTT。之后，RTTS 计算公式如下：

新的 RTTS=（1-α）×（旧的 RTTS）+α×（新的 RTT 样本）

根据 RFC 推荐 α 值为 1/8，这样计算的 RTTS 更加平滑。

- **重传超时时间（Retransmission TimeOut，RTO）**：基于 RTT 计算出的一个定时器超时时间。RTO 的作用是：发送方每发送一个 TCP 报文段，就开启一个**重传计时器**。当计时器超时还没有收到接收方的确认，就重传该报文段。RTO 计算公式如下：

RTO=RTTS+4×RTTD

其中，RTTD 的初始值=1/2×RTT 样本值。之后，在计算 RTTD 时采用公式：

新的 RTTD=（1–β）×（旧的 RTTD）+β×|RTTs–新的 RTT 样本|

根据 RFC 推荐 β 值为 1/4。

5. TCP 拥塞控制

拥塞控制就是防止过多的数据注入网络，避免网络中间设备（例如路由器）过载而发生拥塞。

注意：拥塞控制是一个全局性的过程，和流量控制不同，流量控制指点对点通信量的控制。

TCP 拥塞控制机制包括慢开始、拥塞避免、快重传、快恢复等。

（1）慢开始与拥塞避免。

发送方维持一个叫做拥塞窗口 cwnd（congestion window）的状态变量。拥塞窗口的大小取决于网络的拥塞程度，并动态变化。发送方让自己的发送窗口小于或者等于拥塞窗口。

慢开始的原理是，如果发送数据一开始，就将较大数据都注入到网络，有可能引起拥塞。而经验证明，较好的方法是试探一下，即由小到大逐渐增大发送端的拥塞窗口数值。

拥塞避免的原理是，让拥塞窗口 cwnd 缓慢增加。

为了防止 cwnd 增长过大引起网络拥塞，还需设置一个慢开始门限 ssthresh 状态变量。具体用法如下：

- 当 cwnd<ssthresh 时，使用慢开始算法。每经过一次 RTT，则 cwnd 加倍。
- 当 cwnd>ssthresh 时，改用拥塞避免算法。每经过一次 RTT，则 cwnd 加 1。
- 当 cwnd=ssthresh 时，慢开始与拥塞避免算法任意。

图 4-5-4 用具体数值说明了上述拥塞控制过程。

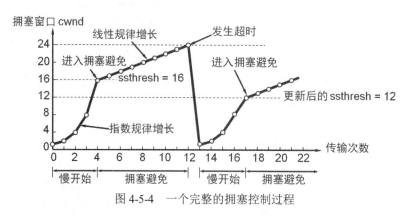

图 4-5-4 一个完整的拥塞控制过程

注意：当拥塞出现时，ssthresh 设置为拥塞时的发送窗口值的一半。

（2）快重传与快恢复。

快重传和快恢复算法是为了进一步提高网络的性能。

快重传要求接收方在收到一个**失序的报文段**后就立即发出重复确认（这样发送方能及早知道报文段是否到达对方），而不要等到发送方发送数据时捎带确认。快重传算法规定，发送方只要收到 3 个重复确认就应当立即重传对方尚未收到的报文段，而不必继续等待设置的重传计时器时间到期。

快恢复算法是和快重传算法相配合的算法。**慢开始算法只是在 TCP 连接建立时和网络出现超时才使用**。在采用快恢复算法时，其工作要点为：当发送方连续收到 3 个重复的报文段确认时，就把慢开始门限值 ssthresh 缩小一半，并执行拥塞避免算法——线性增加拥塞窗口。

图 4-5-5 给出了快恢复和快重传的示意图。

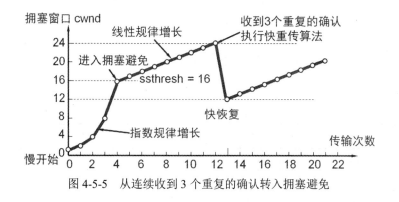

图 4-5-5　从连续收到 3 个重复的确认转入拥塞避免

4.5.2　UDP

1. UDP

用户数据报协议（User Datagram Protocol，UDP）是一种不可靠的、无连接的数据报服务。源主机在传送数据前不需要和目标主机建立连接。数据附加了源端口号和目标端口号等 UDP 报头字段后直接发往目的主机。这时，每个数据段的可靠性依靠上层协议来保证。在传送数据较少且较小的情况下，UDP 比 TCP 更加高效。

如图 4-5-6 所示给出了 UDP 的头部结构。

源端口号（16 位）	目的端口号（16 位）
长度（16 位）	校验和（16 位）
数据	

图 4-5-6　UDP 协议格式

● 源端口号字段。

该字段长度为 16 位。作用与 TCP 数据段中的端口号字段相同，用来标识源端的应用进程。在需要对方回信时用，不需要时可用全 0。

● 目标端口号字段。

该字段长度为 16 位。作用与 TCP 数据段中的端口号字段相同，用来标识目标端的应用进程。在目标交付报文时必须用到。

● 长度字段。

该字段长度为 16 位。标明 UDP 头部和 UDP 数据的总长度字节。

● 校验和字段。

该字段长度为 16 位。用来对 UDP 头部和 UDP 数据进行校验，有错就丢弃。和 TCP 不同的是，对 UDP 来说，此字段是可选项，而 TCP 数据段中的校验和字段是必须有的。

2. 协议端口号

协议端口号（Protocol Port Number，Port）是标识目标主机进程的方法。TCP/IP 使用 16 位的端口号来标识端口，所以端口的取值范围为[0,65535]。

常见端口如表 4-5-1 所示。

表 4-5-1　常见协议端口号

协议端口号	名称	功能
20	FTP-DATA	FTP 数据传输
21	FTP	FTP 控制
22	SSH	SSH 登录
23	TELNET	远程登录
25	SMTP	简单邮件传输协议
53	DNS	域名解析
67	DHCP	DHCP 服务器开启，用来监听和接收客户请求消息
68	DHCP	客户端开启，用于接收 DHCP 服务器的消息回复
69	TFTP	简单 FTP
80	HTTP	超文本传输
110	POP3	邮局协议
143	IMAP	交互式邮件存取协议
161	SNMP	简单网管协议
162	SNMP（Trap）	SNMP Trap 报文

4.6　应用层

4.6.1　DNS

域名系统（Domain Name System，DNS）是把主机域名解析为 IP 地址的系统，解决了 IP 地址难记的问题。该系统是由解析器和域名服务器组成的。**DNS 主要基于 UDP 协议，较少情况下使用 TCP 协议，端口号均为 53**。域名系统由三部分构成：DNS 名字空间、域名服务器、DNS 客户机。

1. DNS 名字空间

DNS 系统属于分层式命名系统，即采用的命名方法是层次树状结构。连接在 Internet 上的主机或路由器都有一个唯一的层次结构名，即域名（Domain Name）。域名可以由若干个部分组成，每个部分代表不同级别的域名并使用"."号分开。完整的结构为：**主机.….三级域名.二级域名.顶级域名.**。

注意：域名的每个部分不超过 63 个字符，整个域名不超过 255 个字符。顶级域名后的"."号表示根域，通常可以不用写。

Internet 上域名空间的结构如图 4-6-1 所示。

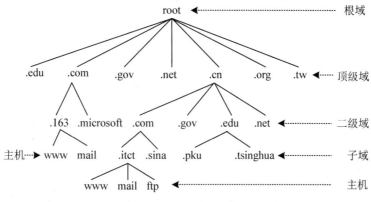

图 4-6-1 Internet 上域名空间的结构

（1）根域：根域处于 Internet 上域名空间结构树的最高端，是树的根，提供根域名服务。根域用"."来表示。

（2）顶级域名（Top Level Domain，TLD）：顶级域名在根域名之下，分为三大类：国家顶级域名、通用顶级域名和国际顶级域名。常用域名如表 4-6-1 所示。

表 4-6-1 常用域名

域名名称	作用
.com	商业机构
.edu	教育机构
.gov	政府部门
.int	国际组织
.mil	美国军事部门
.net	网络组织（如因特网服务商和维修商），现在任何人都可以注册
.org	非盈利组织
.biz	商业
.info	网络信息服务组织
.pro	会计、律师和医生
.name	个人
.museum	博物馆
.coop	商业合作团体
.aero	航空工业
国家代码	国家（如 cn 代表中国）

（3）主机：属于最低层域名，处于域名树的叶子端，代表各类主机提供的服务。

2. 域名服务器

域名服务器运行模式为客户机/服务器模式（C/S 模式）。

（1）按域名空间层次可以分为根域名服务器、顶级域名服务器、权限域名服务器、本地域名服务器。具体功能如表 4-6-2 所示。

表 4-6-2　按域名空间层次划分的服务器

名称	定义	作用
根域名服务器	最高层次域名服务器,该服务器保存了全球所有顶级域名服务器的 IP 地址和域名。全球有 100 多个	本地域名无法解析域名时，直接向根域名服务器请求
顶级域名服务器	管理本级域名（如.cn）上注册的所有二级域名	可以解析本级域名下的二级域名的 IP 地址；提交下一步所寻域名服务器地址
权限域名服务器	一个域可以分为多个区，每一个区都设置服务器，即权限服务器	该区域管理主机的域名和 IP 地址的映射、解析
本地域名服务器	主机发出的 DNS 查询报文最初送到的服务器	查询本地域名和 IP 地址的映射、解析。向上级域名服务器进行域名查询

（2）按域名服务器的作用可以分为主域名服务器、辅域名服务器、缓存域名服务器、转发域名服务器。具体功能如表 4-6-3 所示。

表 4-6-3　按作用划分的域名服务器

名称	定义	作用
主域名服务器	维护本区所有域名信息，信息存于磁盘文件和数据库中	提供本区域名解析，区内域名信息的权威。**具有域名数据库。一个域有且只有一个主域名服务器**
辅域名服务器	主域名服务器的备份服务器提供域名解析服务，信息存于磁盘文件和数据库中	主域名服务器备份，可进行域名解析的负载均衡。**具有域名数据库**
缓存域名服务器	向其他域名服务器进行域名查询，将查询结果保存在缓存中的域名服务器	改善网络中 DNS 服务器的性能，减少反复查询相同域名的时间，提高解析速度，节约出口带宽。**获取解析结果耗时最短，没有域名数据库**
转发域名服务器	负责**非本地和缓存中**无法查到的域名。接收域名查询请求，首先查询自身缓存，如果找不到对应的，则转发到指定的域名服务器查询	负责域名转发，由于转发域名服务器同样可以有缓存，因此可以减少流量和查询次数。**具有域名数据库**

3. 域名解析

域名解析就是将域名解析为 IP 地址。域名解析的方法有递归查询和迭代查询。常见资源记录如表 4-6-4 所示。

表 4-6-4　常见资源记录

资源记录名称	作用	举例（Windows 系统下的 DNS 数据库）
A	将 DNS 域名映射到 IPv4 的 32 位地址中	host1.itct.com.cn. IN A 202.0.0.10
AAAA	将 DNS 域名映射到 IPv4 的 128 位地址中	ipv6_ host2.itct.com.cn. IN AAAA 2002:0:1:2:3:4:567:89ab
CNAME	规范名资源记录，允许多个名称对应同一主机	aliasname.itct.com.cn. CNAME truename.itct.com.cn
MX	邮件交换器资源记录，其后的数字首选参数值（0～65535）指明与其他邮件交换服务器有关的邮件交换服务器的优先级。较低的数值被授予较高的优先级	example.itct.com.cn. MX 10 mailserver1.itct.com.cn
NS	域名服务器记录，指明该域名由哪台服务器来解析	example.itct.com.cn. IN NS nameserver1.itct.com.cn.
PTR	指针，用于将一个 IP 地址映为一个主机名	202.0.0.10.in-addr.arpa. PTR host.itct.com.cn

（1）递归查询。

递归查询为最主要的域名查询方式。主机有域名解析的需求时，首先查询本地域名服务器，如果成功，则由本地域名服务器反馈结果；如果失败，则查询上一级的域名服务器，然后由上一级域名服务器完成查询。如图 4-6-2 所示是一个递归查询，表示主机 123.abc.com 要查询域名为 www.itct.com.cn 的 IP 地址。

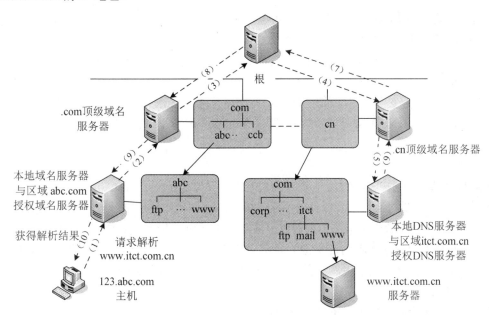

图 4-6-2　本地与区域域名服务器的递归查询

（2）迭代查询。

当主机有域名解析的需求时，首先查询本地域名服务器，如果成功，则由本地域名服务器反馈结果；如果失败，本地域名服务器则直接向根域名服务器发起查询请求，由其给出一个顶级域名服务器的 IP 地址 A.A.A.A；然后，本地域名服务器直接向 A.A.A.A 顶级域名服务器发起查询请求，由其给出一个本地域名服务器（或者权限服务器）地址 B.B.B.B；如此迭代下去，直到得到结果 IP。如图 4-6-3 所示是一个迭代查询，表示主机 123.abc.com 要查询域名为 www.itct.com.cn 的 IP 地址。

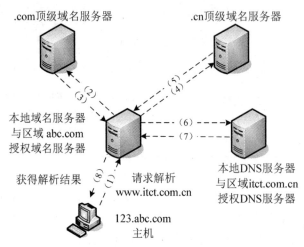

图 4-6-3　本地与区域域名服务器的迭代查询

另外，稳定的 DNS 系统是保证网络正常运行的前提。网络管理员可以通过使用防火墙控制对 DNS 的访问、避免 DNS 的主机信息（HINFO）记录被窃取、限制区域传输等手段来加强 DNS 的安全。

4. DNS 通知

DNS 通知是一种安全机制，只有被通知的辅助服务器才能进行区域复制，以防止未授权的服务器非法区域复制。DNS 通知是一种推进机制，辅助服务器能及时更新区域的信息。

4.6.2　DHCP

BOOTP 是最早的主机配置协议。动态主机配置协议（Dynamic Host Configuration Protocol，DHCP）则是在其基础之上进行了改良的协议，是一种用于简化主机 IP 配置管理的 IP 管理标准。通过采用 DHCP 协议，DHCP 服务器为 DHCP 客户端进行动态 IP 地址分配。同时 DHCP 客户端在配置时不必指明 DHCP 服务器的 IP 地址就能获得 DHCP 服务。当同一子网内有多台 DHCP 服务器时，在默认情况下，客户机采用最先到达的 DHCP 服务器分配的 IP 地址。

1. DHCP 基本知识

当需要跨越多个网段提供 DHCP 服务时必须使用 **DHCP 中继代理**，就是在 DHCP 客户和服务器之间转发 DHCP 消息的主机或路由器。

DHCP 服务端使用 **UDP 的 67 号端**口来监听和接收客户请求消息，保留 **UDP 的 68 号端**口用于接收来自 DHCP 服务器的消息回复。

在 Windows 系统中，在 DHCP 客户端无法找到对应的服务器、获取合法 IP 地址失败的前提下，获取的 IP 地址值为 **169.254.X.X**。

2．DHCP 工作过程

DHCP 的工作过程如图 4-6-4 所示。

第一步：IP 租用请求（DHCPDISCOVER）

第二步：IP 租用提供（DHCPOFFER，含一个有效地址）

第三步：IP 租用选择（选择DHCPOFFER发送DHCPREQUEST）

第四步：IP 租用确认（DHCPACK）

DHCP服务器　　　　　　　　　　　　　　　　　DHCP客户端

图 4-6-4　DHCP 工作过程

（1）DHCP 客户端发送 IP 租用请求。

DHCP 客户机启动后发出一个 DHCPDISCOVER 消息，其封包的源地址为 0.0.0.0，目标地址为 255.255.255.255。

（2）DHCP 服务器提供 IP 租用服务。

当 DHCP 服务器收到 DHCPDISCOVER 数据包后，通过 UDP 的 68 号端口给客户机回应一个 DHCPOFFER 信息，其中包含一个还没有被分配的有效 IP 地址，此处也是使用广播的形式。

（3）DHCP 客户端 IP 租用选择。

客户机可能从不止一台 DHCP 服务器收到 DHCPOFFER 信息。客户机选择最先到达的 DHCPOFFER 并发送 DHCPREQUEST 消息包，此处也是使用广播的形式。

（4）DHCP 客户端 IP 租用确认。

DHCP 服务器向客户机发送一个确认（DHCPACK）信息，信息中包括 IP 地址、子网掩码、默认网关、DNS 服务器地址以及 IP 地址的租约（默认为 8 天）。

（5）DHCP 客户端重新登录。

获取 IP 地址后的 DHCP 客户端在每次重新联网，不再发送 DHCPDISCOVER，直接发送包含前次分配地址信息的 DHCPREQUEST 请求（此处仍使用广播）。DHCP 服务器收到请求后，如果该地址可用，则返回 DHCPACK 确认；否则发送 DHCPNACK 信息否认。收到 DHCPNACK 的客户端需要从第一步开始重新申请 IP 地址。

（6）更新租约。

DHCP 服务器向 DHCP 客户机出租的 IP 地址一般都有一个租借期限，期满后，DHCP 服务器便会收回出租的 IP 地址。如果 DHCP 客户机要延长其 IP 租约，则必须更新其 IP 租约。DHCP 客户机启动时和 IP 租约期限过一半时，DHCP 客户机都会自动向 DHCP 服务器发送更新其 IP 租约的信息。

4.6.3　WWW、HTTP

1．WWW

万维网（World Wide Web，WWW）是一个规模巨大、可以互联的资料空间。该资料空间的资源依靠 URL 进行定位，通过 HTTP 协议传送给使用者，由 HTML 进行文档展现。由定义可以知道，WWW 的核心由三个主要标准构成：URL、HTTP、HTML。

（1）URL。

统一资源标识符（Uniform Resource Locator，URL）是一个全世界通用的、负责给万维网上资源定位的系统。URL 由四个部分组成：<协议>://<主机>:<端口>/<路径>。

- <协议>：表示使用什么协议来获取文档，之后的"://"不能省略。常用协议有 HTTP、HTTPS、FTP。
- <主机>：表示资源主机的域名。
- <端口>：表示主机服务端口，有时可以省略。
- <路径>：表示最终资源在主机中的具体位置，有时可以省略。

（2）HTTP。

超文本传送协议（HyperText Transport Protocol，HTTP）负责规定浏览器和服务器怎样进行互相交流。

（3）HTML。

超文本标记语言（HyperText Markup Language，HTML）是用于描述网页文档的一种标记语言。WWW 采用客户机/服务器的工作模式，工作流程具体如下：

（1）用户使用浏览器或其他程序建立客户机与服务器连接并发送浏览请求。

（2）Web 服务器接收到请求后返回信息到客户机。

（3）通信完成后关闭连接。

2．HTTP

HTTP 是互联网上应用最为广泛的一种网络协议，该协议由万维网协会（World Wide Web Consortium，W3C）和 Internet 工作小组（Internet Engineering Task Force，IETF）共同提出。该协议使用 TCP 的 80 号端口提供服务。

（1）HTTP 工作过程。

HTTP 是工作在客户/服务器（C/S）模式下、基于 TCP 的协议。客户端是终端用户，服务器端是网站服务器。

客户端通过使用 Web 浏览器、网络爬虫或其他的工具，发起一个到服务器上指定端口（默认端口为 80）的 HTTP 请求。一旦收到请求，服务器向客户端发回响应消息，消息的内容可能是请求的文件、错误消息或其他一些信息。

如图 4-6-5 所示给出了客户端单击 http://www.itct.com.cn/net/index.html 所发生的事件。

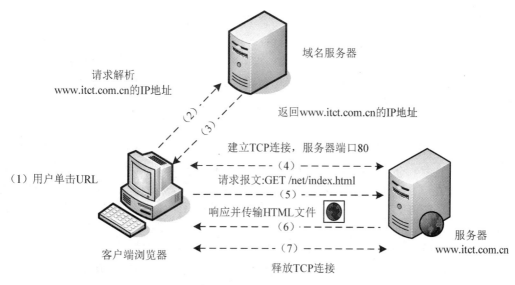

图 4-6-5 单击 URL 的过程

HTTP 使用 TCP 而不是 UDP 的原因在于，打开一个网页必须传送很多数据，而 TCP 协议提供传输控制，可以按顺序组织数据，并且期间可以对错序数据进行纠正。

（2）HTTP 报文。

HTTP 报文分为请求报文和响应报文。

● 请求报文：客户端向服务器发送的报文。

● 响应报文：服务器应答客户端的报文。

常见的请求报文方法如表 4-6-5 所示。

表 4-6-5 常见 HTTP 请求报文方法

方法	意义
GET	请求读取 URL 标识的信息
HEAD	请求读取 URL 标识的信息的首部
POST	把消息（如注释）加载到指定网页上，没有 Read 方法
PUT	指明 URL 创建或修改资源，俗称的上传资源
DELETE	删除 URL 所指定的资源
OPTION	请求一些参数信息
TRACE	进行环回测试
CONNECT	用于代理服务器

（3）HTTP1.1。

Web 服务器往往访问压力较大，为了提高效率，HTTP 1.0 规定浏览器与服务器只保持短暂的连接,浏览器的每次请求都需要与服务器建立一个 TCP 连接,服务器完成请求处理后立即断开 TCP 连接, 服务器不跟踪每个客户也不记录过去的请求。

这样访问多图的网页就需要建立多个单独连接来请求与响应,每次连接只是传输一个文档和图像,上一次和下一次请求完全分离。客户端、服务器端的建立和关闭连接比较费事,会严重影响双方的性能。当网页包含 Applet、JavaScript、CSS 等时, 也会出现类似情况。

为了克服上述缺陷,HTTP 1.1 支持持久连接。即一个 TCP 连接上可以传送多个 HTTP 请求和响应,减少建立和关闭连接的消耗和延迟。一个包含多图像的网页文件的多个请求与应答,可在同一个连接中传输。当然每个单独的网页文件的请求和应答仍然需要使用各自的连接。HTTP 1.1 还允许客户端不用等待上一次请求结果返回,就可以发出下一次请求,但服务器端必须按照接收到客户端请求的先后顺序依次回送响应结果,以保证客户端能够区分出每次请求的响应内容,这样也减少了整个下载所需的时间。

HTTP 1.1 还通过增加更多的请求头和响应头来改进和扩充功能。

（1）同一 IP 地址和端口号配置多个虚拟 Web 站点。HTTP 1.1 新增加 Host 请求头字段后,Web 浏览器可以使用主机头名来明确表示要访问服务器上的哪个 Web 站点,这样可以在一台 Web 服务器上用同一 IP 地址、端口号,使用不同的主机名来创建多个虚拟 Web 站点。

（2）实现持续连接。Connection 请求头的值为 Keep-Alive 时,客户端通知服务器返回本次请求结果后保持连接; Connection 请求头的值为 close 时,客户端通知服务器返回本次请求结果后关闭连接。

4.6.4　E-mail

电子邮件（Electronic mail, E-mail）又称电子信箱,是一种用网络提供信息交换的通信方式。邮件形式可以是文字、图像、声音等。

电子邮件地址表示在某部主机上的一个使用者账号。电邮地址的格式是: 用户名@域名。

其中, @是英文 at 的意思。选择@的理由比较有意思,电子邮件的发明者汤姆林森给出的解释是:"它在键盘上那么显眼的位置,我一眼就看中了它。"

电子邮件系统的主要功能有:

- 撰写: 编辑信件的环境。
- 显示: 显示信件的功能。
- 处理: 各种处理邮件的方式。如阅读后删除、黑名单发过来的邮件直接删除。
- 传输: 发送和接收邮件的功能。
- 报告: 邮件服务器向发件人报告邮件传送的情况。例如已发送成功。

其中, 撰写、显示、处理是用户代理至少应当拥有的功能; 传输和报告是邮件服务器应当拥有的功能。

1. 常见的电子邮件协议

常见的电子邮件协议有: 简单邮件传输协议、邮局协议和 Internet 邮件访问协议。

（1）简单邮件传输协议（Simple Mail Transfer Protocol，SMTP）。

SMTP 主要负责底层的邮件系统如何将邮件从一台机器发送至另外一台机器。该协议工作在 TCP 协议的 25 号端口。

（2）邮局协议（Post Office Protocol，POP）。

目前的版本为 POP3，POP3 是把邮件从邮件服务器中传输到本地计算机的协议。该协议工作在 TCP 协议的 110 号端口。

POP3 协议的一个特点是：当用户从 POP 服务器读取了邮件，POP 服务器就会删除该邮件。

（3）Internet 邮件访问协议（Internet Message Access Protocol，IMAP）。

目前的版本为 IMAP4，是 POP3 的一种替代协议，提供了邮件检索和邮件处理的新功能。用户可以完全不必下载邮件正文就可以看到邮件的标题和摘要，使用邮件客户端软件就可以对服务器上的邮件和文件夹目录等进行操作。IMAP 协议增强了电子邮件的灵活性，同时也减少了垃圾邮件对本地系统的直接危害，同时相对节省了用户查看电子邮件的时间。除此之外，IMAP 协议可以记忆用户在脱机状态下对邮件的操作（如移动邮件、删除邮件等），在下一次打开网络连接时会自动执行。该协议工作在 TCP 协议的 143 号端口。

2．邮件安全

电子邮件在传输中使用的是 SMTP 协议，它不提供加密服务，攻击者可以在邮件传输中截获数据。其中的文本格式和非文本格式的二进制数据（如.exe 文件）都可轻松地还原。电子邮件的发送、传送和接收都有一定安全问题，比如会出现冒充邮件、邮件误发送等问题，而且很容易被恶意用户利用，以致邮件账号遭到破解。常见的邮件口令攻击、邮件攻击的方法有：

● 利用邮件服务器操作系统的漏洞；

● 利用邮件服务器软件本身的漏洞；

● 在邮件的传输过程中窃听。

因此安全电子邮件的需求越来越强烈，安全电子邮件可以解决邮件的加密传输问题、验证发送者的身份验证问题、错发用户的收件无效问题。

PGP（Pretty Good Privacy）是一款邮件加密协议，可以用它对邮件保密以防止非授权者阅读，它还能为邮件加上数字签名，从而使收信人可以确认邮件的发送者，并能确信邮件没有被篡改。**PGP 采用了 RSA 和传统加密的杂合算法、数字签名的邮件文摘算法**和加密前压缩等手段，功能强大、加解密快且开源。

PGP 的具体工作过程如图 4-6-6 所示。

3．邮件客户端

常见的电子邮件客户端有 Foxmail、Outlook 等。在阅读邮件时，使用网页、程序、会话方式都有可能运行恶意代码。为了防止电子邮件中的恶意代码，应该用纯文本方式阅读电子邮件。

邮件发送

第一步：
生成邮件摘要并对摘要加密

第二步：
邮件前附加加密后的摘要，并整体加密

第三步：
IDEA参数使用接收方公钥加密，结合整体加密结果一起发送出去

邮件接收

第一步：
使用接收方私钥解密，得到IDEA密钥

第二步：
使用IDEA对称密钥解密，还原邮件

第三步：
使用A的公钥对Y进行摘要还原

第四步：
再次生成邮件摘要，并与还原摘要比对。如果一致，则验证发送方的身份

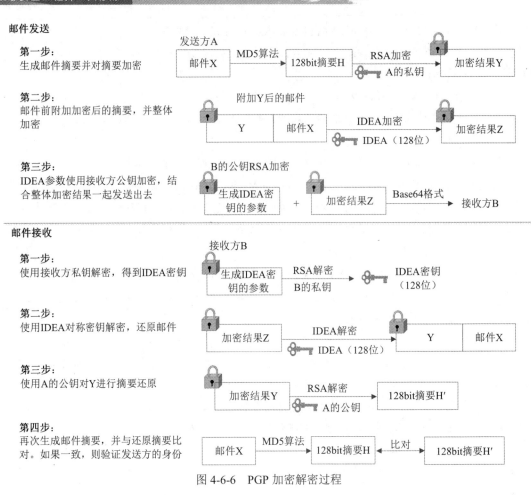

图 4-6-6　PGP 加密解密过程

4.6.5　FTP

文件传输协议（File Transfer Protocol，FTP）简称"文传协议"，用于在 Internet 上控制文件的双向传输。FTP 客户上传文件时，通过服务器 20 号端口建立的连接是建立在 TCP 之上的数据连接，通过服务器 21 号端口建立的连接是建立在 TCP 之上的控制连接。

FTP 的服务器进程由一个主进程和若干个从属进程组成：主进程用于接受新的请求；从属进程用于处理单个请求。

FTP 协议有两种工作方式：主动式（PORT）和被动式（PASV）。主动与被动是相对于服务器是否首先发起数据连接而言的。

1.　主动式（PORT）

主动式（PORT）的连接过程如下：

（1）当需要传输数据时，客户端从一个任意的非系统端口 N（N≥1024）连接到 FTP 服务器

的 21 号端口（控制连接端口）。

（2）客户端开始监听端口 N+1 并发送 FTP 命令"Port N+1"到 FTP 服务器。

（3）服务器会从 20 号数据端口向客户端指定的 N+1 号端口发送连接请求并建立一条数据链路来传送数据。

具体流程如图 4-6-7 所示。

2．被动式（PASV）

在被动方式 FTP 中，命令连接和数据连接都由客户端发起，这样就可以解决从服务器到客户端的数据端口的入方向连接被客户端所在网络防火墙过滤掉的问题。

被动式（PASV）的连接过程：

（1）当需要传输数据时，客户端从一个任意的非系统端口 N（N≥1024）连接到 FTP 服务器的 21 号端口（控制连接端口）。

（2）客户端发送 PASV 命令，且服务器响应。

（3）服务器开启一个任意的非系统端口 Y（Y≥1024）。

（4）客户端从端口 N+1 连接到 FTP 服务器的 Y 号端口。

具体流程如图 4-6-8 所示。

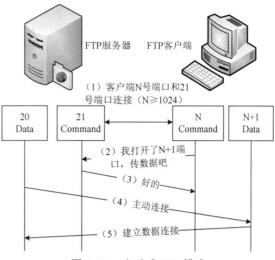

图 4-6-7　主动式 FTP 模式

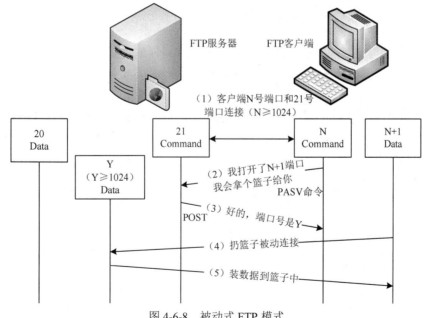

图 4-6-8　被动式 FTP 模式

3. TFTP

简单文件传送协议（Trivial File Transfer Protocol，TFTP）的功能与 FTP 类似，是一个小而简单的文件传输协议。该协议基于 UDP 协议，支持文件传输而不支持交互。TFTP 一般用于路由器、交换机、防火墙配置文件、IOS 的备份和替换。

4.6.6 SNMP

网络管理是对网络进行有效而安全的监控、检查。网络管理的任务就是检测和控制。

1. OSI 定义的网络管理

OSI 定义的网络管理功能有以下五大类。

（1）性能管理（Performance Management）。在最少的网络资源和最小时延的前提下，网络能提供可靠、连续的通信能力。性能管理的功能有性能检测、性能分析、性能管理、性能控制。

（2）配置管理（Configuration Management）。用来定义、识别、初始化、监控网络中的被管对象，改变被管对象的操作特性，报告被管对象状态的变化。配置管理的功能有配置信息收集（信息包含设备地理位置、命名、记录，维护设备的参数表、及时更新，维护网络拓扑）和利用软件设置参数并配置硬件设备（设备初始化、启动、关闭、自动备份硬件配置文件）。

（3）故障管理（Fault Management）。故障管理包括对网络中被管对象故障的检测、定位和排除。故障管理的功能有故障检测、故障告警、故障分析与定位、故障恢复与排除、故障预防。

（4）安全管理（Security Management）。保证网络不被非法使用。安全管理的功能有管理员身份认证、管理信息加密与完整性、管理用户访问控制、风险分析、安全告警、系统日志记录与分析、漏洞检测。

（5）计费管理（Accounting Management）。记录用户使用网络资源的情况并核收费用，同时也统计网络的利用率。计费管理的功能有账单记录、账单验证、计费策略管理。

2. CMIS/CMIP

公共管理信息服务/协议（Common Management Information Service/Protocol，CMIS/CMIP）是 OSI 提供的网络管理协议簇。CMIS 定义了每个网络组成部件提供的网络管理服务，CMIP 则是实现 CIMS 服务的协议。

3. 网络管理系统组成

网络管理系统由以下 4 个要素组成：

（1）管理站（Network Manager）。

管理站是位于网络系统主干或者靠近主干的工作站，是网络管理系统的核心，负责管理代理和管理信息库，定期查询代理信息，确定独立的网络设备和网络状态是否正常。

（2）代理（Agent）。

代理又称为管理代理，位于被管理设备内部。负责收集被管理设备的各种信息和响应管理站的命令或请求，并将其传输到 MIB 数据库中。代理所在地设备可以是网管交换机、服务器、网桥、路由器、网关及任何合法节点的计算机。

（3）管理信息库（Management Information Base，MIB）。

相当于一个虚拟数据库，提供有关被管理网络各类系统和设备的信息，属于分布式数据库。

（4）网络管理协议。

用于管理站和代理之间传递、交互信息。常见的网管协议有 SNMP 和 CMIS/CMIP。

网管站通过 SNMP 向被管设备的网络管理代理发出各种请求报文，代理则接收这些请求后完成相应的操作，可以把自身信息主动通知给网管站。

网络管理各要素的组成结构如图 4-6-9 所示。

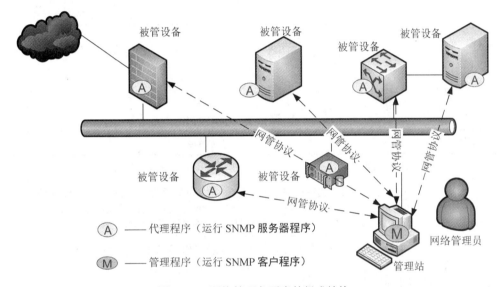

图 4-6-9　网络管理各要素的组成结构

在 SNMPv3 中把管理站和代理统一叫做 SNMP 实体。SNMP 实体由一个 SNMP 引擎和一个或多个 SNMP 应用程序组成。

4．SNMP

简单网络管理协议（Simple Network Management Protocol，SNMP）是在应用层上进行网络设备间通信的管理协议，可以进行网络状态监视、网络参数设定、网络流量统计与分析、发现网络故障等。SNMP 基于 UDP 协议，是一组标准，由 SNMP 协议、管理信息库（MIB）和管理信息结构（SMI）组成。

（1）SNMP PDU。

SNMP 规定了 5 个重要的协议数据单元 PDU，也称为 SNMP 报文。SNMP 报文可以分为从管理站到代理的 SNMP 报文和从代理到管理站的 SNMP 报文（SNMP 报文建议不超过 484 个字节）。

常见的 SNMP 报文如表 4-6-6 所示。

表 4-6-6 常见的 SNMP 报文

从管理站到代理的 SNMP 报文		从代理到管理站的 SNMP 报文
从一个数据项取数据	把值存储到一个数据项	
Get-Request （从代理进程处提取一个或多个数据项）	**Set-Request** （设置代理进程的一个或多个数据项）	**Get-Response** （这个操作是代理进程作为对 **Get-Request、Get-Next-Request、Set-Request** 的响应）
Get-Next-Request （从代理进程处提取一个或多个数据项的下一个数据项）		**Trap** （代理进程主动发出的报文，通知管理进程有某些事件发生）

SNMP 协议实体发送请求和应答报文的默认端口号是 161，SNMP 代理发送陷阱报文（Trap）的默认端口号是 162。

目前 SNMP 有 SNMPv1、SNMPv2、SNMPv3 三个版本。各版本的不同如表 4-6-7 所示。

表 4-6-7 各版本 SNMP 的不同

版本	特点
SNMPv1	易于实现、**使用团体名认证**（属于同一团体的管理站和被管理站才能互相作用）
SNMPv2	可以实现**分布和集中**两种方式的管理；**增加管理站之间的信息交换**；改进管理信息机构（可以一次性取大量数据）；增加多协议支持；引入了信息模块的概念（**模块有 MIB 模块、MIB 的依从性声明模块、代理能力说明模块**）
SNMPv3	模块化设计，提供安全的支持，**基于用户的安全模型**

（2）SNMPv2 接收报文和发送报文。

在 SNMPv2 中，一个实体接收到一个报文一般经过以下 4 个步骤：

1）对报文进行语法检查，丢弃出错的报文。

2）把 SNMP 报文部分、源端口号和目标端口号交给认证服务。如果认证失败，发送一个陷阱，丢弃报文。

3）如果认证通过，则把 SNMP 报文转换成 ASN.1 的形式。

4）协议实体对 SNMP 报文做语法检查。如果通过检查，则根据团体名和适当的访问策略作相应的处理。

在 SNMPv2 中，一个实体发送一个报文一般经过以下 4 个步骤：

1）根据要实现的协议操作构造 SNMP 报文。

2）把 SNMP 报文、源端口地址、和目标端口地址及要加入的团体名传送给认证服务，认证服务产生认证码或对数据进行加密，返回结果。

3）加入版本号和团体名构造报文。

4）进行 BER 编码，产生 0/1 比特串并发送出去。

（3）SNMPv3 安全分类。

在 SNMPv3 中共有两类安全威胁是一定要提供防护的：主要安全威胁和次要安全威胁。

1）主要安全威胁。

主要安全威胁有两种：修改信息和假冒。修改信息是指擅自修改 SNMP 报文，篡改管理操作，伪造管理对象；假冒就是冒充用户标识。

2）次要安全威胁。

次要安全威胁有两种：修改报文流和消息泄露。修改报文流可能出现乱序、延长、重放的威胁；消息泄露则可能造成 SNMP 之间的信息被窃听。

另外有两种服务不被保护或者无法保护：拒绝服务和通信分析。

（4）SNMP 轮询监控。

SNMP 采用轮询监控方式，管理者按一定时间间隔向代理获取管理信息，并根据管理信息判断是否有异常事件发生。当管理对象发生紧急情况时，可以使用名为 Trap 信息的报文主动报告。轮询监控的主要优点是对代理资源要求不高，缺点是管理通信开销大。SNMP 的基本功能包括网络性能监控、网络差错检测和网络配置。

假定在 SNMP 网络管理中，轮询周期为 N，单个设备轮询时间为 T，网络没有拥塞，则

$$支持的设备数 X = \frac{轮询周期N}{单个设备轮询时间T} \tag{4-6-1}$$

例如，某局域网采用 SNMP 进行网络管理，所有被管设备在每 15min 内轮询一次，网络没有明显拥塞，单个轮询时间为 0.4s，则该管理站最多可支持 $X = N/T = (15×60) ÷ 0.4 = 2250$ 个设备。

5. 管理信息库（Management Information Base，MIB）

MIB 指定主机和路由器等被管设备需要保存的数据项和可以对这些数据项进行的操作。换句话说，就是只有在 MIB 中的对象才能被 SNMP 管理。目前使用的是 MIB-2，常见的 MIB-2 信息如表 4-6-8 所示。

表 4-6-8　常见的 MIB-2 对象组信息

类别（标号）	描述
system（1）	主机、路由器操作系统
interface（2）	网络接口信息
Address translation（3）	地址转换（已经废弃多年）
ip（4）	IP 信息
icmp（5）	ICMP 信息
tcp（6）	TCP 信息

类别（标号）	描述
udp（7）	UDP 信息
egp（8）	EGP 信息
cmot（9）	CMOT 信息（废弃多年）

每个 MIB-2 信息下面包含若干个 MIB 变量，如 system 组下的 sysuptime 表示距上次启动的时间，ip 组下的 ipDefaultTTL 表示 IP 在生存时间字段的值。SNMP MIB 中被管对象的访问方式有只读、读写、只写和不可访问四种，不包括可执行。

6. 管理信息结构（Structure of Management Information，SMI）

SMI 定义了命名管理对象和定义对象类型（包括范围和长度）的通用规则，以及把对象和对象的值进行编码的规则。SMI 的功能：命名被管理对象、存储被管对象的数据类型、编码管理数据。

SMI 规定，所有被管对象必须在对象命名树（Object Naming Tree）上，如图 4-6-10 所示为对象命名树的一部分。图中节点 IP 下名为 ipInReceives 的 MIB 变量名字全称为 iso.org.dod.internet. mgmt.mib. ip.ipInReceives，对应数值为 1.3.6.1.2.1.4.3。

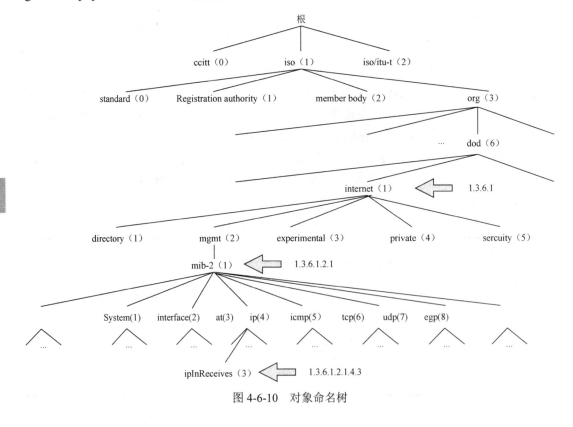

图 4-6-10　对象命名树

4.6.7 其他应用协议

1. Telnet

TCP/IP 终端仿真协议（TCP/IP Terminal Emulation Protocol，Telnet）是一种基于 TCP 的虚拟终端通信协议，端口号为 23。Telnet 采用客户端/服务器的工作方式，采用网络虚拟终端（Net Virtual Terminal，NVT）实现客户端和服务器的数据传输，可以实现远程登录、远程管理交换机和路由器。

2. 代理服务器

代理服务器（Proxy Server），又称应用代理防火墙。处于客户端和需要访问的网络之间，客户向网络发送信息和接收信息均通过代理服务器转发而实现。代理服务器的优点有：安全控制更细化、更灵活，共享 IP 地址、缓存功能提高访问速度、信息转发、过滤和禁止某些通信，提升上网效率、隐藏内部网络细节以提高安全性、监控用户行为、避免来自 Internet 上病毒的入侵、提高访问某些网站的速度、突破对某些网站的访问限制。

3. SSH

传统的网络服务程序（如 FTP、POP 和 Telnet）其本质上都是不安全的，因为它们在网络上用明文传送数据、用户账号和用户口令，很容易受到**中间人（man-in-the-middle）攻击方式**的攻击，即存在另一个人或一台机器冒充真正的服务器接收用户传给服务器的数据，然后再冒充用户把数据传给真正的服务器。

安全外壳协议（Secure Shell，SSH）是目前较可靠、专为远程登录会话和其他网络服务提供安全性的协议。SSH 是由 IETF 的网络工作小组（Network Working Group）所制定，是**创建在应用层和传输层基础上的加密隧道安全协议。**

SSH 协议最重要的特点是**加密和认证**。

SSH 的另一个优点是其传输的数据是经过压缩的，所以可以加快传输的速度。SSH 有很多功能，既可以代替 Telnet，又可以为 FTP、POP 甚至 PPP 提供一个安全的"通道"。

SSH 协议由传输层协议、用户认证协议、连接协议三个部分组成。SSH 协议具体组成如图 4-6-11 所示。

应用层协议
连接协议 （Connection Protocol）
用户认证协议（User Authentication Protocol）
传输层协议（Transport Layer Proto-col）
TCP 协议
IP 协议

图 4-6-11　SSH 协议具体组成

（1）传输层协议：负责进行服务器认证、数据机密性、信息完整性等方面的保护，并提供作为可选项的数据压缩功能，还提供密钥交换功能。

（2）用户认证协议。在进行用户认证之前，假定传输层协议已提供了数据机密性和完整性保护。用户认证协议接受传输层协议确定的会话 ID，作为本次会话过程的唯一标识。然后服务器和客户端之间进行认证。

（3）连接协议：提供交互式登录会话（即 Shell 会话），可以远程执行命令。所有会话和连接通过隧道实现。

4. VoIP

VoIP（Voice over Internet Protocol）就是将模拟声音信号数字化，通过数据报在 IP 数据网络上做实时传递。VoIP 可以在 IP 网络上便宜地传送语音、传真、视频和数据等业务，如统一消息、虚拟电话、虚拟语音/传真邮箱、查号业务、Internet 呼叫中心、Internet 呼叫管理、电视会议、电子商务、传真存储转发和各种信息的存储转发等。

4.7　路由协议

4.7.1　RIP

路由信息协议（Routing Information Protocol，RIP）是最早使用的**距离矢量路由**协议。距离矢量名称的由来是：路由是以矢量（距离、方向）的方式被通告出去的，这里的距离是根据度量来决定的。距离矢量路由算法是动态路由算法。它的工作流程是：每个路由器维护一张矢量表，表中列出了当前已知的到每个目标的最佳距离及所使用的线路。通过在邻居之间相互交换信息，路由器不断更新它们内部的表。

1. RIP 基本概念

RIP 协议基于 UDP，端口号为 520。RIPv1 报文基于广播，RIPv2 基于组播（组播地址 224.0.0.9）。 RIP 路由的更新周期为 **30s**，如果路由器 **180s** 没有回应，则标示路由不可达；如果 **240s** 内没有回应，则删除路由表信息。RIP 协议的最大跳数为 15 条，16 条表示不可达，直连网络跳数为 0，每经过一个节点跳数增 1。

RIP 分为 RIPv1、RIPv2 和 RIPng 三个版本，其中 RIPv2 相对 RIPv1 的改进点有：**使用组播**而不是广播来传播路由更新报文；RIPv2 属于**无类协议，支持可变长子网掩码**（VLSM）和无类别域间路由（CIDR）；采用了**触发更新机制来加速路由收敛；支持认证**，使用经过散列的口令字来限制更新信息的传播。RIPng 协议支持 IPv6。

2. 路由收敛

好的路由协议必须能够快速收敛，收敛就是网络设备的路由表与网络拓扑结构保持一致，所有路由器再判断最佳路由达到一致的过程。

距离矢量协议容易形成路由循环、传递好消息快、传递坏消息慢等问题。解决这些问题可以采取以下几个措施：

（1）水平分割（Split Horizon）。路由器某一个接口学习到的路由信息，不再反方向传回。

（2）路由中毒（Router Poisoning）。路由中毒又称为反向抑制的水平分割，不马上将不可达网络从路由表中删除该路由信息，而是将路由信息度量值置为无穷大（RIP 中设置跳数为 16），该中毒路由被发给邻居路由器以通知这条路径失效。

（3）反向中毒（Poison Reverse）。路由器从一个接口学习到一个度量值为无穷大的路由信息，则应该向同一个接口返回一条路由不可达的信息。

（4）抑制定时器（Holddown Timer）。一条路由信息失效后，一段时间内都不接收其目的地址的路由更新。路由器可以避免收到同一路由信息失效和有效的矛盾信息。通过抑制定时器可以有效避免链路频繁起停，增加了网络有效性。

（5）触发更新（Trigger Update）。路由更新信息每 30s 发送一次，当路由表发生变化时，则应立即更新报文并广播到邻居路由器。

4.7.2　OSPF

开放式最短路径优先（Open Shortest Path First，OSPF）是一个**内部网关协议**（Interior Gateway Protocol，IGP），用于在**单一自治系统**（Autonomous System，AS）内决策路由。OSPF 适合小型、中型、较大规模网络。OSPF 采用 Dijkstra 的**最短路径优先算法**（Shortest Path Firs，SPF）计算最小生成树，确定最短路径。OSPF 基于 IP，协议号为 89，采用组播方式交换 OSPF 包。OSPF 的组播地址为 224.0.0.5（全部 OSPF 路由器）和 224.0.0.6（指定路由器）。OSPF 使用链路状态广播（Link State Advertisement，LSA）传送给某区域内的所有路由器。

1. 基本概念

（1）AS。

自治系统（AS）是指使用同一个内部路由协议的一组网络。Internet 可以被分割成许多不同的自治系统。换句话说，Internet 是由若干自治系统汇集而成的。每个 AS 由一个长度为 16 位的编码标识，由 Internet 地址授权机构（Internet Assigned Numbers Authority，IANA）负责管理分配。AS 编号分为公有 AS（编号范围 1～64511）和私有 AS（编号范围 64512～65535），公有 AS 编号需要向 IANA 申请。

（2）IGP。

内部网关协议（Interior Gateway Protocol，IGP）在同一个自治系统内交换路由信息。IGP 的主要目的是发现和计算自治域内的路由信息。**IGP 使用的路由协议有 RIP、OSPF、IS-IS、EIGRP、IGRP。**

（3）EGP。

外部网关协议（Exterior Gateway Protocol，EGP）是一种连接不同自治系统的相邻路由器之间交换路由信息的协议。**EGP 使用的路由协议有 BGP。**三者关系如图 4-7-1 所示。

（4）链路状态路由协议。

链路状态路由协议基于最短路径优先（SPF）算法。该路由协议提供了整网的拓扑视图，根据拓扑图计算到达每个目标的最优路径；当网络变化时触发更新，发送周期性更新链路状态通告，不是相互交换各自的整张路由表。

运行距离矢量路由协议的路由器会将所有它知道的**路由信息与邻居共享**，当然只是与**直连邻居共享**。

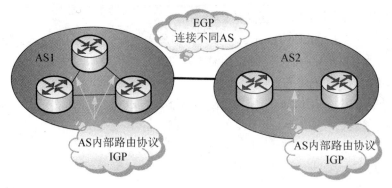

图 4-7-1　IGP、EGP、AS 三者关系

（5）区域（Area）。

OSPF 是分层路由协议，每个 AS 中，网络被分为不同的区域，每个区域拥有特定的标识符。OSPF 的区域中必须包含 Area 0，其他区域必须连接 Area 0。不能连接 Area 0 的区域需要通过虚链路，通过中间区域连接。

2. OSPF 的五类报文

OSPF 使用 IP 包头封装了五类报文，用来交换链路状态广播（Link State Advertisement，LSA）。

注意：LSA 本身不是 OSPF 的消息，它是一类数据结构，存放在路由器的链路状态库（Link-State DataBase，LSDB）中，并可包含在 LSU 消息中进行交换。LSA 包括有关邻居和通道成本的信息。接收路由器用 LSA 维护其路由选择表。

（1）Hello。

Hello 用于**发现邻居**，保证邻居之间 keeplive，能在 NBMA 上**选举指定路由器（DR）、备份指定路由器（BDR）。默认的 Hello 报文的发送间隔时间是 10s，默认的无效时间间隔是 Hello 时间间隔的 4 倍**，即如果在 **40s** 内没有从特定的邻居接收到这种分组，路由器就认为那个邻居不存在了。Hello 包应该包含：源路由器的 RID、源路由器的 Area ID、源路由器接口的掩码、源路由器接口的认证类型和认证信息、源路由器接口的 Hello 包发送的时间间隔、源路由器接口的无效时间间隔、优先级、DR/BDR 接口的 IP 地址、五个标记位、源路由器的所有邻居的 RID。**Hello 组播地址为 224.0.0.5。**

（2）数据库描述（DD 或 DBD）消息。

用来交换每个 LSA 的摘要版本，一般出现在初始拓扑交换中，这样路由器可以获悉邻接路由器的 LSA 列表并用于选择主从关系。LSA 描述了路由器的所有链路、接口、路由器的邻居及链路状态信息。

（3）链路状态请求（LSR）消息。

请求一个或多个 LSA，通告邻接路由器提供 LSA 的详细信息给发送路由器。

（4）链路状态更新（LSU）消息。

包含 LSA 的详细信息，一般用来响应 LSR 消息。

（5）链路状态应答（LSAck）消息。

用来确认已收到 LSU 消息。

上述消息可以支持路由器发现邻接路由器（Hello），学习其本身链路状态库（LSDB）中没有的 LSA（DD），请求并可靠交换 LSA（LSR/LSU），监测邻接路由器是否发生拓扑改变。**LSA 每30min 重传 1 次。**

3．OSPF 工作流程

（1）启动 OSPF 进程的接口，发送 Hello 消息。

（2）交换 Hello 消息建立邻居关系。

（3）每台路由器对所有邻居发送 LSA。

（4）路由器接收邻居发过来的 LSA 并保存在 LSDB 中，发送一个 LSAcopy 给其他邻居。

（5）LSA 泛洪扩散到整个区域，区域内所有路由器都会形成相同的 LSDB。

（6）当所有路由器的 LSDB 完全相同时，每台路由器将以自身为根，使用最短路径算法算出到达每个目的地的最短路径。

（7）每台路由器通过最短路径构建出自己的路由表，包含区域内路由（最优）、区域间路由、E1 外部路由和 E2 外部路由。

4.7.3　BGP

BGP 是边界网关协议，目前版本为 BGP4，是一种增强的距离矢量路由协议。该协议运行在不同 AS 的路由器之间，用于选择 AS 之间花费最小的协议。BGP 协议基于 TCP 协议，端口为 179。BGP4+支持 IPv6。

BGP 特点如下：

（1）不用周期性发送路由信息。

（2）路由变化，发送增量路由（变化了的路由信息）。

（3）周期性发送 KEEPALIVE 报文效验 TCP 的连通性。

1．对等体（Peer）

在 BGP 中，两个路由器之间的相邻连接称为对等体连接，两个路由器互为对等体。如果路由器对等体在同一个 AS 中，就称为 IBGP 对等体；否则称为 EBGP 对等体。BGP4 网关向对等实体发布可以到达的 AS 列表。

2．BGP 消息

BGP 常见四种报文：OPEN 报文、KEEPALIVE 报文、UPDATE 报文和 NOTIFICATION 报文。

（1）OPEN 报文：建立邻居关系。

（2）KEEPALIVE 报文：保持活动状态，周期性确认邻居关系，对 OPEN 报文回应。

（3）UPDATE 报文：发送新的路由信息。

（4）NOTIFICATION 报文：报告检测到的错误。

发送过程如图 4-7-2 所示。

图 4-7-2　BGP 报文工作流程

BGP 工作流程如下：

（1）BGP 路由器直接进行 TCP 三次握手，建立 TCP 会话连接。

（2）交换 OPEN 信息，确定版本等参数，建立邻居关系。

（3）路由器交换所有 BGP 路由，直到平衡，之后只交换变化了的路由信息。

（4）路由更新由 UPDATE 完成。

（5）通过 KEEPALIVE 验证路由器是否可用。

（6）出现问题，发送 NOTIFICATION 消息通知错误。

4.7.4　IGMP

Internet 组管理协议（Internet Group Management Protocol，IGMP）是一个组播协议。该协议运行在主机和组播路由器之间。

IGMP 提供了在转发组播数据包到目的地的最后阶段所需的信息，实现如下双向的功能：

（1）主机通过 IGMP 通知路由器希望接收或离开某个特定组播组的信息。本地的多播路由器收到 IGMP 报文后，将组成员关系转发给因特网上的其他多播路由器。

（2）路由器通过 IGMP 周期性地查询局域网内的组播组成员是否处于活动状态，实现所连网段组成员关系的收集与维护。

第5章　网络安全

网络安全是信息安全的核心。由于网络的结构和通信协议都有各类漏洞，因此出现了各种安全事故。由于网络技术的普及和互联网技术的发展，网络安全问题日益突出，系统受到病毒感染和破坏、黑客威胁相当严重。

我国虽然是信息化大国，但目前由于缺乏自主的网络核心技术、安全意识淡薄、人才匮乏、安全管理措施不到位、安全管理措施缺失等因素，制约了我国网络安全防御能力的提高。

本章考点知识结构图如图 5-0-1 所示。

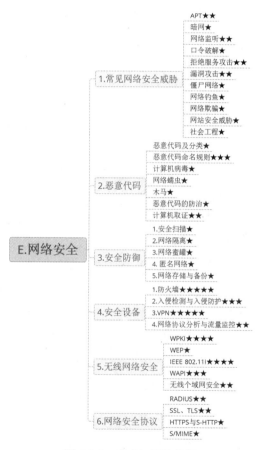

图 5-0-1　考点知识结构图

5.1　常见网络安全威胁

网络安全威胁与攻击是以网络为手段窃取网络上其他计算机的资源或特权，对其安全性或可用性进行破坏的行为。安全攻击依据攻击特征可以分为四类，具体如表 5-1-1 所示。

表 5-1-1　安全攻击类型

类型	定义	攻击的安全要素
中断	攻击计算机或网络系统，使得其资源变得不可用或不能用	可用性
窃取	访问未授权的资源	机密性
篡改	截获并修改资源内容	完整性
伪造	伪造信息	真实性

5.1.1　APT

高级持续性威胁（Advanced Persistent Threat，APT）利用先进的攻击手段和社会工程学方法，对特定目标进行长期持续性网络渗透和攻击。APT 攻击大体上可以分为三个阶段：攻击前的准备阶段、攻击阶段、持续攻击阶段。APT 又细分为五步：情报收集、防线突破、通道建立、横向渗透、信息收集及外传，如图 5-1-1 所示。

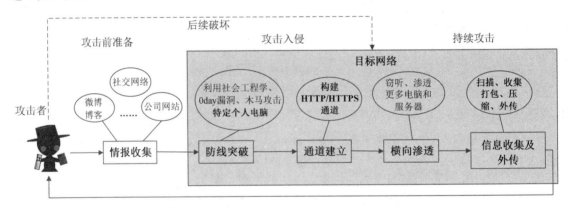

图 5-1-1　APT 攻击过程

5.1.2　暗网

很多人认为，网络是一个扁平世界，只有一层，其实网络世界有两层。

（1）表层网络：表层网络最大的特点就是通过任何搜索引擎都能抓取并轻松访问。不过，它只占到整个网络的 4%～20%，普通人平时访问的就是这类网络。

（2）深网：表层网之外的所有网络。最大的特征是，普通搜索引擎无法抓取这类网站。

暗网属于深网的一部分，暗网是指那些存储在网络数据库里，但不能通过超链接访问而需要通过动态网页技术访问的资源集合，不属于那些可以被标准搜索引擎索引的表面网络。据估计，暗网比表面网站大几个数量级。

暗网产生有两层原因：

（1）技术原因：由于互联网本身缺少统一规则，很多网站建设不规范，导致了搜索引擎无法识别并抓取网站内容。

（2）管理者出于各种考虑不愿意网站被搜索引擎抓取，比如版权保护、个人隐私等等。

暗网内容有些是合法的，更多的是藏着不可告人的秘密，比如毒品、黑市武器交易、人口贩卖和儿童色情等信息。

5.1.3　网络监听

网络监听是一种监视网络状态、数据流程以及网络上信息传输的技术。黑客则可以通过侦听，发现有兴趣的信息，比如用户名、密码等。

1. 共享以太网的网络监听原理

网卡是计算机的通信设备，有以下几种状态：

- Unicast（单播）：该模式下，网卡接收目的地址为本网卡地址的报文。
- Broadcast（广播）：该模式下，网卡接收广播报文。
- Multicast（组播）：该模式下，网卡接收特定组播报文。
- Promiscuous（混杂模式）：该模式下，网卡接收所有报文。

共享以太网采用的是广播通信方式，因此，网卡设置为混杂模式时，可以接收该网内的所有报文。

2. Sniffer

Sniffer 是一种网络流量分析和监听的工具。该工具有软硬件两种形式。Sniffer 需工作在共享以太网下，同时 Sniffer 本机的网卡需设置为混杂模式。

3. 交换式网络上的监听

交换式网络中，报文中能被精确送到目的主机端口，而不需要广播。所以，交换式网络能一定程度地抵御 Sniffer 的监听。

但如果网络所有设备把 Sniffer 当成了网关的话，Sniffer 还是能接收到网段内的所有数据。这种方式称为“中间人”攻击。

4. 无线局域网上的监听

无线局域网的无线传播方式和开放性，让网络监听变得更方便。无线局域网的监听只需要被动接受信息，具有很强的隐蔽性。

5. 网络监听的防范

加强系统安全，避免主机或者网关被攻破，从而被监听或者被“中间人”攻击；通信信息加密，即使被抓取到数据，也很难还原为有用的明文。对于安全性要求较高的情况，采用 Kerberos 机制，即通信前进行身份认证，通信中数据加密。

6. 检测网络监听

由于网络监听是一种被动方式，因此检测哪台主机是监听主机是比较困难的。但有以下方法：

（1）反应时间判断：监听主机接收大量的数据包，响应时间会发生较大变化。

（2）DNS 测试：监听主机通常会 DNS 反向解析。

（3）利用 ARP 数据包：向局域网内的主机发送非广播方式的 ARP 包，如果某个主机以自己的 IP 地址响应该 ARP 请求，就可以判断该主机很可能处于网络监听模式。

（4）使用反监听工具：如 Antisniffer。

5.1.4　口令破解

口令也叫密码，口令破解是指在不知道密钥的情况下，恢复出密文中隐藏的明文信息的过程。

1．口令攻击类型

（1）字典攻击：在破解密码或口令时，逐一尝试字典文件中的可能密码的攻击方式。字典是根据用户的各种信息建立的可能使用的口令的列表文件。

（2）强行攻击：尝试使用字母、数字、特殊字符所有的组合破解口令的方式。这种攻击比较耗费时间。

（3）组合攻击：结合字典攻击和强行攻击的攻击方法。

2．口令攻击的防护

要想有效防范口令攻击，就要选择强度较高的口令（最好包含大小写字母、数字、特殊字符）；定期更改口令；公共场合慎用口令；不同系统使用不同口令。

5.1.5　拒绝服务攻击

拒绝服务攻击（Denial of Service，DoS）即攻击者想办法让目标机器停止提供服务或资源访问。

1．拒绝服务攻击模式

拒绝服务攻击有如下几种主要模式：

- 消耗资源：这些资源包括磁盘空间、内存、进程甚至网络带宽，从而阻止正常用户的访问。
- 篡改配置：修改系统、设备配置信息改变系统提供服务方式。
- 物理破坏：破坏物理设施，使得被攻击对象拒绝服务。
- 利用处理程序错误：利用服务程序的错误，使得服务进入死循环。

2．服务端口攻击

服务端口攻击就是向主机开放端口发送大量数据，从而使得主机不能提供正常服务。常见的服务端口攻击如下：

（1）SYN Flooding。

TCP 连接的三次握手中，如果一个用户向服务器发送了 SYN 报文后突然死机或掉线，那么服务器在发出 SYN+ACK 应答后则无法收到客户端的 ACK 报文（TCP 连接的第三次握手无法完成），这种情况下服务器端一般会重试（再次发送 SYN+ACK 给客户端）并等待一段时间后，丢弃本次未完成的连接。一般来说，这个等待时间（SYN Timeout）大约为 30s 到 2min。

一次异常导致服务器一个线程等待 1 分钟并不是什么很大的问题，但如果出现多次恶意模拟这类情况（伪造成被攻击服务器的 IP），那么该服务器就要耗费大量的 CPU 时间和内存，往往会造成服务器的堆栈溢出而崩溃，即使服务器端的系统足够强大，也会无法响应正常用户的正常请求。这类情况就称为服务器端受到了 SYN Flood 攻击（SYN 洪水攻击）。

针对 SYN Flood 攻击的解决方法有：

- 优化系统配置：减少超时等待时间，增加半连接队列长度，尽量关闭不需要的服务。
- 优化路由器配置：配置路由器的外网口，丢弃来自外网而源 IP 地址是内网地址的包；配置路由器的内网口，丢弃即将发到外网而源 IP 地址不是内网地址的包。
- 使用防火墙。
- 使用流控设备。

（2）Smurf 攻击。

Smurf 攻击是以最初发动这种攻击的程序名"Smurf"来命名的。Smurf 攻击结合使用了 IP 欺骗和 ICMP 回复方法，使大量数据传输充斥目标系统，引起目标系统拒绝为正常系统进行服务。

Smurf 攻击将 ICMP 应答请求（ping）数据包的回复地址设置成被攻击网络的广播地址，来淹没受害主机，最终导致该网络的所有主机都对此 ICMP 应答请求做出答复，导致网络阻塞。

目前大部分网络对该攻击已经免疫。

（3）利用处理程序错误的拒绝服务攻击。

这种攻击包含 Ping of Death、Teardrop、Winnuke、Land 攻击等攻击。

- Ping of Death：攻击者故意发送大于 65535 字节的 IP 数据包给对方。当许多操作系统收到一个特大号的 IP 包时，操作系统往往会宕机或重启。目前，操作系统已经免疫 Ping of Death 攻击了。
- Teardrop：工作原理是向被攻击者发送多个分片的 IP 包（IP 分片数据包中包括该分片数据包属于哪个数据包以及在数据包中的位置等信息），某些操作系统收到含有重叠偏移的伪造分片数据包时将会出现系统崩溃、重启等现象。
- Winnuke：Winnuke 是利用 NetBIOS 协议中一个 OOB（Out of Band）的漏洞。它的原理是通过 TCP/IP 协议传递一个设置了 URG 标志的紧急数据包到计算机的 137、138 或 139 端口，有些系统收到这类数据包之后就会瞬间死机、蓝屏或网络功能瘫痪。
- Land：Land 攻击是一种使用相同的源和目的主机及端口发送数据包到某台机器的攻击。通常存在漏洞的被攻击主机陷入死循环，降低了系统性能。

（4）电子邮件轰炸。

电子邮件轰炸是最早的一种拒绝服务攻击，也是一种针对 SMTP 服务端口（25 号端口）的攻击方式。其表现形式是在很短时间内发送大量无用的电子邮件，导致服务器瘫痪。

防范电子邮件轰炸的办法有：识别邮件炸弹的源头，配置路由器或者防火墙，不让源头数据通过。

3．DoS、DDoS、LDoS

（1）拒绝服务（Denial of Service，DoS）：利用大量合法的请求占用大量网络资源，以达到瘫痪网络的目的。例如，驻留在多个网络设备上的程序在短时间内同时产生大量的请求消息，冲击某 Web 服务器，导致该服务器不堪重负，无法正常响应其他合法用户的请求，这类形式的攻击就称为 DoS 攻击。

（2）分布式拒绝服务攻击（Distributed Denial of Service，DDoS）：很多 DoS 攻击源一起攻击某台服务器就形成了 DDoS 攻击。

DDoS 攻击的特点有：

1）被攻击主机上有大量等待的 TCP 连接。

2）大量 TCP、UDP 数据分组不是现有服务连接，往往指向机器的任意端口。

3）网络中充斥着大量无用数据包，源地址是假冒地址。

4）网络出现大流量无用数据，造成网络拥塞。

5）利用受害主机上的服务和协议缺陷，反复发出服务请求，使受害主机无法及时处理正常请求。

防范 DDoS 和 DoS 的措施有：根据 IP 地址对特征数据包进行过滤，寻找数据流中的特征字符串，统计通讯的数据量，IP 逆向追踪，监测不正常的高流量，使用更高级别的身份认证。由于 DDoS 和 DoS 攻击并不植入病毒，因此安装防病毒软件无效。

（3）低速率拒绝服务攻击（Low-rate DoS，LDoS）：LDoS 最大特点是不需要维持高频率攻击，耗尽被攻击者所有可用资源，而是利用网络协议或应用服务机制（如 TCP 的拥塞控制机制）中所存在的安全漏洞，通过周期性地在一个特定的短暂时间间隔内突发性地发送大量攻击数据包，从而降低被攻击端服务性能。防范 LDoS 攻击的方法有：基于协议的防范、基于攻击流特征检测的防范。

5.1.6 漏洞攻击

漏洞是在硬件、软件、策略上的缺陷，攻击者利用缺陷在未授权的情况下访问或破坏系统。Exploit 的英文意思就是利用，它在黑客眼里就是漏洞利用。

1. 缓冲溢出

缓冲溢出攻击的基本原理是向缓冲区中写入超长的预设内容，导致缓冲区溢出，覆盖其他正常的程序或数据，然后计算机转而运行该预设内容，达到执行非法操作的目的。

（1）定义。

缓冲区：应用程序保存用户的输入数据、临时数据的内存空间。

缓冲区溢出：用户的输入数据**超出**了程序为其分配的内存空间，那么超出部分数据就会**覆盖**其他内存空间，造成缓冲区溢出。

缓冲溢出攻击：往缓冲区写入超长、预设内容，从而引发缓冲区溢出，覆盖正常的程序或数据，然后导引计算机系统运行该预设内容，执行非法操作。

（2）攻击后果。缓冲区攻击可能的结果：

- 引发系统崩溃。过长的数据覆盖了相邻的存储单元，引起程序运行失败，严重的导致系统崩溃；

- 利用缓冲区漏洞执行命令，甚至取得 root 权限。最常见的结果是通过缓冲区溢出使程序运行一个 shell 程序，再通过 shell 执行其他命令。如果程序具有 root 权限，攻击者 shell 也有 root 权限，就可任意操作系统。

（3）内存结构，内存结构如图 5-1-2 所示。

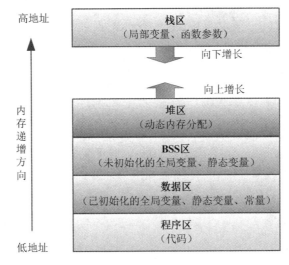

图 5-1-2　内存结构

1）**程序区**：放置程序代码。

2）**数据区**：包含初始的全局变量和静态变量（static 变量）。

3）**BSS**（Block Started by Symbol）**区**：存放未初始化的全局变量。

4）**堆区**：存储函数动态内存分配，堆区地址空间"向上增长"，即堆保存数据越多，堆地址越高。堆数据结构类似于树。C、C++语言中的 malloc、calloc、realloc、new、free 等函数所操作的内存就是放于堆区。堆内存一般由程序员释放，也可以在程序结束时由操作系统释放。

5）**栈区**：函数的局部变量、函数参数（不包括 static 变量）及返回值。栈区地址空间"向下增长"。栈数据结构属于"**后进先出**"（Last In First Out，LIFO），即最后进栈的数据，最先离栈。

下面给出了一段 C 语言程序，并标记各变量在内存中的位置。

```
#include <stdio.h>
int         g_B= 20;        //数据区
static int  g_C= 30;        //数据区
static int  g_D;            //BSS 区
int         g_E;            //BSS 区
char        *p1;            //BSS 区

void main( )
{
    int         local_A;        //栈区
    int         local_B;        //栈区
    static int  local_C = 0;    //数据区
    static int  local_D;        //数据区
    char        *p3 = "123456"; //123456 在数据区，p3 在栈区
    p1 = (char *)malloc( 10 );  //分配得来得 10 字节的区域在堆区
```

```
        strcpy( p1, "123456" );              //123456 在数据区，编译器可能会将它与 p3 所指向的"123456"优化成一块
......
}
```

（4）函数调用过程。每个函数都有独立的栈空间，当前正在运行的函数的栈总在栈顶。Windows 系统提供三个寄存器帮助定位栈和进行函数调用。

- ESP：栈顶指针，指向栈区中最上一个栈帧的栈顶。
- EBP：栈底指针（基址寄存器），指向栈区中最上一个栈帧的栈底。
- IP：指令寄存器，函数调用返回后下一个执行语句的地址。

函数调用步骤大致如下：①参数入栈：把参数依次压入栈区。②返回地址入栈：将当前代码区调用指令的下一条指令地址压入栈区，这样函数返回时可继续执行。③旧 EBP 入栈：保存当前栈块的底值，以备恢复当前栈帧时使用。④更新 EBP 值：将 ESP 值赋值给 EBP，更新栈帧底部。⑤给新栈分配空间：ESP 减去所需空间大小，扩展新栈帧的容量。

具体函数调用过程如图 5-1-3 所示。

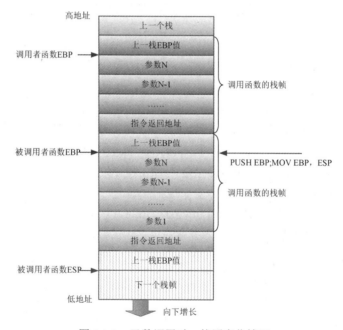

图 5-1-3　函数调用时，栈区变化情况

（5）缓冲区溢出原理。函数的局部变量在栈中是一个紧接一个的排列。如果局部变量中有数组变量，而程序中没有对数组越界操作的判断，那么越界的数组元素就可能破坏栈中的相邻变量、EBP、返回地址的值。

注：绝大多数情况下，局部变量在栈中是相邻的，但实际中具体编译器可能会优化调整局部变量的位置。

例 1 描述了数组赋值越界，并修改了返回地址的过程：

【例 1】

```
void copy(char *str)
{
    char buffer[16];
    strcpy(buffer，str);
}
void main()
{
  int i;
  char buffer[128];
  for(i=0；i<=127；i++)
    buffer[i]='A';
  copy (buffer);
  print("This is a test\n");
}
```

图 5-1-4 中可以看到执行函数 copy()时的堆栈的变化。

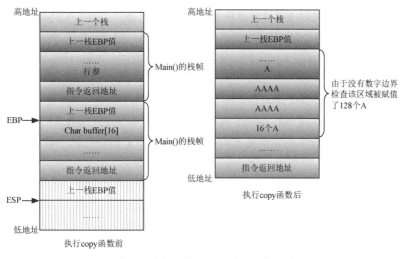

图 5-1-4　执行函数 copy()时的堆栈的变化

由于程序编写问题，strcpy()执行前，没有进行对数组 buffer[]的越界检查。因此指令返回地址被写入了 4 个 A，而 A 的 ASCII 符为 0x41，则子程序的返回地址变成了 0x41414141。

如果地址 0x41414141 处，正好是攻击者部署的 shell 程序调用地址，那么攻击者就可以运行 shell 程序来实现攻击。

（6）防范缓冲区溢出策略。常用的函数 strcpy()、sprintf()、strcat()、vsprintf()、gets()、scanf()以及在循环内的函数 getc()、fgetc()、getchar()等都非常容易导致缓冲区溢出。

防范缓冲溢出的策略有：

● 系统管理防范策略：关闭不必要特权程序、及时打好系统补丁。

- 软件开发的防范策略：正确编写代码、使用工具检查代码、缓冲区不可执行、改写 C 语言函数库、静态分析进行程序指针完整性检查、堆栈向高地址方向增长等。

2. 系统漏洞

系统漏洞是指应用软件或操作系统软件在逻辑设计上的缺陷或错误，被不法者利用，通过网络植入木马、病毒等方式来攻击或控制整个电脑，窃取电脑中的重要资料和信息，甚至破坏系统。

5.1.7 僵尸网络

僵尸网络（Botnet）：是指采用一种或多种手段（主动攻击漏洞、邮件病毒、即时通信软件、恶意网站脚本、特洛伊木马）使大量主机感染 bot 程序（僵尸程序），从而在控制者和被感染主机之间所形成的一个可以一对多控制的网络。

比较流行的僵尸网络防御方法主要有：使用蜜网（多个蜜罐）技术、网络流量研究以及 IRCserver 识别技术。

5.1.8 网络钓鱼

网络钓鱼（Phishing）是通过大量发送声称来自于银行或其他知名机构的欺骗性垃圾邮件，意图引诱收信人给出敏感信息（如用户名、口令、信用卡详细信息等）的一种攻击方式。它是"社会工程攻击"的一种形式。网络钓鱼攻击的常用手段：社会工程学、假冒电商网站、假冒网银、假冒证券网站。

5.1.9 网络欺骗

网络欺骗就是使入侵者相信信息系统存在有价值的、可利用的安全弱点，并具有一些可攻击窃取的资源（当然这些资源是伪造的或不重要的），并将入侵者引向这些错误的资源。常见的网络欺骗有 ARP 欺骗、DNS 欺骗、IP 欺骗、Web 欺骗、E-mail 欺骗。

5.1.10 网站安全威胁

常见的网络安全威胁有如下几种：

（1）SQL 注入。

SQL 注入就是把 SQL 命令插入到 Web 表单提交、域名输入栏、页面请求的查询字符串中，最终达到欺骗服务器执行恶意的 SQL 命令。

```
SELECT * FROM users WHERE name = ' " + userName + " '
```

这条语句的目的是获取用户名。如果此时输入的用户名被恶意改造，语句的作用就发生了变化。例如，将用户名设置为 a' or 't'='t 之后，执行的 SQL 语句就变为：

```
SELECT * FROM users WHERE name = 'a' or 't'='t'
```

由于该语句因为't'='t'恒成立，因此可以做到不用输入正确用户名和密码，达到登录的目的。

另外的注入形式用于获取数据的一些重要信息，如数据库名、表名、用户名等。如典型的"xxx and user>0"，因为 user 是 SQL Server 的一个内置变量，其值是当前连接的用户名，类型为 nvarchar。当构造一个 nvarchar 的值与 int 类型的值 0 比较时，系统会进行类型转换，并在转换过程中出错，显示在网页上，从而获得当前用户的信息。

使用自带的安全 API、加强用户输入认证、避免特殊字符输入等方式可以避免 SQL 注入攻击。

（2）跨站攻击。

跨站攻击（Cross Site Script Execution，XSS）：恶意攻击者往 Web 页面里插入恶意 html 代码，当用户浏览该页时，嵌入 Web 中的 html 代码会被执行，从而达到恶意用户的特殊目的。

避免跨站攻击的方法有：过滤特殊字符，限制输入字符的长度，限制用户上传 Flash 文件，使用内容安全策略（CSP）、增强安全意识个防范措施等。

（3）旁注攻击。

旁注攻击即攻击者在攻击目标时，对目标网站"无从下手"，找不到漏洞时，攻击者就可能会通过同一服务器上的其他网站渗透到目标网站，从而获取目标网站的权限。这一过程就是旁注攻击的过程。

避免旁注攻击的方法有：提升同一服务器上的其他网站的安全性。

（4）失效的身份认证和会话管理。

身份认证常用于系统登录，形式一般为用户名和密码登录方式；在安全性要求更高的情况下，还有验证码、客户端证书，物理口令卡等方式。

会话管理：HTTP 利用会话机制来实现身份认证。HTTP 身份认证的结果往往是获得一个令牌并放在 cookie 中，之后的身份识别只需读授权令牌，而无须再次进行登录认证。

用户身份认证和会话管理属于应用系统的最关键过程，有缺陷的用户身份认证和会话管理的设计会产生退出、密码管理、超时、账户更新等漏洞。在程序中，如果没有设置会话超时限制，密码找回功能过于简单，用户修改密码不验证用户等，那么这样的程序都会存在上述相关漏洞。

例如，应用程序超时设置问题。用户在网吧访问网站后离开时，没有退出登录而是直接关闭浏览器。攻击者在一定时间内可以使用同一浏览器访问网站，而无须再次进行身份认证。

防止失效的身份认证和会话管理有下面几种方法：

（1）区分公共区域和受限区域。站点的公共区域允许任何用户进行匿名访问。受限区域只能接受特定用户的访问，而且用户必须通过站点的身份验证。例如，浏览零售网站可以使用匿名方式。当添加商品到购物车中时，就需要使用会话标志来验证身份。

（2）对 cookie 内容进行加密。

（3）可以禁用和锁定账户：多次登录账户失败，可以在一段时间内禁用该账户；当系统受到攻击时，可以禁用账户。

（4）设置密码和会话的有效期，并使用强密码。

5.1.11　社会工程

社会工程学是利用社会科学（心理学、语言学、欺诈学）并结合常识，将其有效地利用（如人性的弱点），最终获取机密信息的学科。

信息安全定义的社会工程是使用非计算机手段（如欺骗、欺诈、威胁、恐吓甚至实施物理上的盗窃）得到敏感信息的方法集合。

5.2　恶意代码

恶意代码（Unwanted Code）是指没有作用却会带来危险的代码。恶意代码的特点如下：

● 恶意的目的；

● 本身是计算机程序；

● 通过执行发生作用。

最常见的恶意代码有病毒、木马、蠕虫、后门、逻辑炸弹、广告软件、间谍软件、恶意共享软件等。

5.2.1　恶意代码命名规则

恶意代码的一般命名格式为：恶意代码前缀.恶意代码名称.恶意代码后缀。

恶意代码前缀是根据恶意代码特征起的名字，具有相同前缀的恶意代码通常具有相同或相似的特征。常见的前缀名如表 5-2-1 所示。

表 5-2-1　常见的前缀名

前缀	含义	解释	例子
Boot	引导区病毒	通过感染磁盘引导扇区进行传播的病毒	Boot.WYX
DOSCom	DOS 病毒	只通过 DOS 操作系统进行复制和传播的病毒	DosCom.Virus.Dir2.2048（DirII 病毒）
Worm	蠕虫病毒	通过网络或漏洞进行自主传播，向外发送带毒邮件或通过即时通讯工具（QQ、MSN）发送带毒文件	Worm.Sasser（震荡波）、WannaCry
Trojan	木马	木马通常伪装成有用的程序诱骗用户主动激活，或利用系统漏洞侵入用户计算机。计算机感染特洛伊木马后的典型现象是有未知程序试图建立网络连接	Trojan.Win32.PGPCoder.a（文件加密机）、Trojan.QQPSW
Backdoor	后门	通过网络或者系统漏洞入侵计算机并隐藏起来，方便黑客远程控制	Backdoor.Huigezi.ik（灰鸽子变种IK）、Backdoor.IRCBot
Win32、PE、Win95、W32、W95	文件型病毒或系统病毒	感染可执行文件（如.exe、.com）、.dll 文件的病毒。 若与其他前缀连用，则表示病毒的运行平台	Win32.CIH，Backdoor.Win32.PcClient.al，表示运行在 32 位 Windows 平台上的后门
Macro	宏病毒	宏语言编写，感染办公软件（如 Word、Excel），并且能通过宏自我复制的程序	Macro.Melissa、Macro.Word、Macro.Word.Apr30
Script、VBS、JS	脚本病毒	使用脚本语言编写，通过网页传播、感染、破坏或调用特殊指令下载并运行病毒、木马文件	Script.RedLof（红色结束符）、Vbs.valentin（情人节）
Harm	恶意程序	直接对被攻击主机进行破坏	Harm.Delfile（删除文件）、Harm.formatC.f（格式化 C 盘）

续表

前缀	含义	解释	例子
Joke	恶作剧程序	不会对计算机和文件产生破坏，但可能会给用户带来恐慌和麻烦，如做控制鼠标	Joke.CrayMourse（疯狂鼠标）
Binder	捆绑机病毒	将病毒与一些应用程序（如 QQ、IE）捆绑起来，表面上看是一个正常的文件，实则隐蔽运行病毒程序	Binder.killsys（系统杀手）
Dropper	病毒种植程序病毒	这类病毒运行时会释放出一个或几个新的病毒到系统目录下，从而产生破坏	Dropper.BingHe2.2C（冰河播种者）

5.2.2　CARO 命名规则

CARO 是一个计算机反病毒研究组织，其创始人制定了一套病毒的命名规则。如今，该命名规则已经过时。

5.2.3　计算机病毒

计算机病毒是一段附着在其他程序上的、可以自我繁殖的、有一定破坏能力的程序代码。复制后的程序仍然具有感染和破坏的功能。

计算机病毒具有传染性、破坏性、隐蔽性、潜伏性、破坏性、不可预见性、可触发性、非授权性等特点。

计算机病毒的生命周期一般包括潜伏阶段、传播阶段、触发阶段、发作阶段四个阶段。

计算机病毒的引导过程一般包括以下三方面：

（1）驻留内存。驻留内存病毒若要起作用，首要驻留内存。因此，需要开辟新内存空间或覆盖系统占用的部分内存空间。有的病毒不驻留内存。

（2）取代或扩充系统的原有功能，并窃取系统的控制权。之后病毒依据其设计逻辑，隐蔽自己，等待时机，在满足设定条件时，进行传染和破坏。

（3）恢复系统功能。病毒为隐蔽自己，在驻留内存后需要恢复系统，这样可以使系统不会死机，这样可以确保时机成熟后，进行感染和破坏。

5.2.4　蠕虫

蠕虫是一段可以借助程序自行传播的程序或代码。

5.2.5　木马

木马不会自我繁殖，也并不刻意地去感染其他文件，它通过伪装自己来吸引用户下载执行，向施种木马者提供打开被种主机的门户，使施种者可以任意毁坏、窃取被种者的文件，甚至远程操控被种主机。

目前常见的木马有两种：正向连接木马和反向连接木马。

- 正向连接木马：所谓正向，就是在中马者的机器上开个端口，让攻击者去连接该端口。这种方式需要被攻击者具备公网 IP，而且对方网络防火墙开启链接。
- 反向连接木马：反向连接木马，就是让被攻击者主动连接到外部的机器。由于防火墙对内连接规则较为宽松，所以这种方式能较好地突破防火墙。

5.2.6　恶意代码的防治

发现恶意代码的措施如下：

（1）使用杀毒软件查杀。

（2）分析启动项、进程、配置、日志等找到异常。

（3）分析系统异常点（异常 CPU 使用率、网络利用率等）从而发现异常。

清除恶意代码的步骤如下：

（1）停止恶意代码的行为（包括停止进程、停止服务、卸载 DLL 等）。

（2）删除恶意代码的所有新建文件（包括 EXE、DLL、驱动等）。

（3）清理启动选项。

（4）清除被感染文件的病毒。

5.2.7　计算机取证

计算机取证是将计算机调查和分析技术应用于对潜在的、有法律效应的确定和提取。计算机取证在打击计算机和网络犯罪中作用十分关键，它的目的是将犯罪者留在计算机中的"痕迹"作为有效的诉讼证据提供给法庭。

计算机取证的特点是：

（1）取证是在犯罪进行中或之后开始收集证据。

（2）取证需要重构犯罪行为。

（3）为诉讼提供证据。

（4）网络取证困难，且完全依靠所保护信息的质量。

1. 电子证据

计算机取证主要是围绕**电子证据**进行的。电子证据也称为计算机证据，是指在计算机或计算机系统运行过程中产生的，以其记录的内容来证明案件事实的电磁记录。随着多媒体技术的发展，电子证据综合了文本、图形、图像、动画、音频及视频等多种类型的信息。

电子证据具有高科技性、无形性和易破坏性等特点。

《民事诉讼法》的证据中，暂未考虑电子证据。

2. 电子证据的合法性认定

以下情况属于不具有合法性的证据，应不予采纳：

- 通过窃录方式获得的电子证据。

- 通过非法搜查、扣押等方式获得的电子证据。
- 通过非核证程序得来的电子证据。
- 通过非法软件得来的电子证据。

3．电子取证步骤

计算机取证的通常步骤包括：**准备工作、保护目标计算机系统（保护现场）、确定电子证据、收集电子证据、保全电子证据**。具体如表 5-2-2 所示。

表 5-2-2　计算机取证步骤

步骤	具体措施	注意事项
准备工作	准备软件工具集	尽量准备跨平台的取证工具；尽量避免使用 GUI 程序；保证所有的调查工具的完整性；对各种介质进行镜像
	准备硬件工具集	预处理存放证据的存储介质，用可靠软件擦除介质，避免残余数据影响证据的分析与公信力
	记录具体工作流程	保留相关问询表格
保护目标计算机系统（保护现场）	隔离目标系统，避免证据被破坏。避免出现系统设置更改、硬件损坏、数据被破坏或被病毒感染等	现场计算机处理原则：已开机的不要关机，已关机的不要开机
确定电子证据	区分出有用的电子证据及无用的数据。分析犯罪相关的电子证据，存储位置和方式	安全事件类型不同，该工作步骤不同。取证要征求计算机系统所有者的意见
收集电子证据	尽早生成规范的鉴定副本	尽量避免在被调查的计算机上进行工作
保全电子证据	封存被调查的各类设备，并连同鉴定副本加入"证据保管链"	

4．计算机取证常用工具

常见的计算机取证常用工具有：

- X-Ways Forensics：综合的取证、分析软件。
- X-Ways Trace：追踪和分析浏览器上网记录、Windows 回收站的删除记录。
- X-Ways Capture：获取正在运行的操作系统系统下硬盘、文件和 RAM 数据。
- FTK：能自动文件分类，自动定位嫌疑文件，是电子邮件分析的优秀取证工具。
- FBI：可用于电子邮件关联性分析。
- Guidance Software：实现完整的取证版解决方案，其工具可以构建独立的硬盘镜像、从物理层阻断操作系统向硬盘上写数据。

5.3　安全防御

网络安全的威胁层出不穷，完全消除安全威胁才能确保安全，但要做到这一点是很困难的。因此，需要采取积极的防御措施，具体的途径有保证通信链路安全、保证信息安全、使用全面检测、及时响应、及时恢复等。

无论网络扫描的目的是什么，其作用都是发现待扫描系统潜在的漏洞。

常见的端口扫描如表 5-3-1 所示。

表 5-3-1　常见的端口扫描

方法	特点
TCP connect 扫描	使用本机操作系统提供的 connect()函数来连接目标端口，与目标系统完成一次完整的三次握手过程。如果目标端口正在监听 connect()就成功返回；否则，说明该端口不可访问
TCP SYN 扫描 又称"半打开扫描（Half-open Scanning）"	客户端首先向服务器发送 SYN 连接，如果收到一个来自服务器的 SYN/ACK 应答，那么可以推断该端口处于监听状态。如果收到一个 RST/ACK 分组则认为该端口不在监听。然后客户端不管收到什么分组，均向服务器发送一个 RST/ACK 分组，这样不会建立一个完整的 TCP 连接，不会在目标系统上产生日志
TCP FIN 扫描	向目标端口发送一个 FIN 分组，如果目标主机该端口处于关闭状态，则返回一个 RST 分组；否则不回复。该方法仅限于 UNIX 系统
TCP Xmas 扫描	该方法向目标端口发送 FIN、URG 和 PUSH 分组。目标系统端口如果是关闭的，则发回一个 RST 分组
TCP 空扫描	该方法关闭掉所有标志向目标端口发送一个 TCP 分组。目标系统端口如果是关闭的，则发回一个 RST 分组
TCP ACK 扫描	发送一个只有 ACK 标志的 TCP 分组给主机，如果主机存在则反馈一个 RST 分组。它用来判断防火墙过滤规则的设计
UDP 扫描	向目标主机的一个关闭的 UDP 端口发送一个分组时，根据 ICMP 协议，目标主机返回"ICMP 端口不可达"（ICMP_PORT_UNREACH）错误

常见的安全扫描工具有 Nessus、Burp Suite、WVS、AppScan、NMap、X-Scan 等。

NMap 是一个网络连接端扫描软件，用来扫描网上电脑开放的网络连接端。确定哪些服务运行在哪些连接端，并且推断计算机运行哪个操作系统。

Nmap 是一个命令界面的扫描器。其使用格式为 nmap [Scan Type(s)] [Options] {target specification}。

其中，Scan Type(s)表示扫描类型，常见的扫描类型参数如表 5-3-2 所示；Options 表示扫描选项；target specification 表示扫描目标地址。

表 5-3-2　常见的扫描类型参数

参数	含义	参数	含义
-sT	TCP connect()扫描	-sU	UDP 扫描
-sS	TCP SYN 扫描	-sN; -sF; -sX	TCP Null，FIN，Xmas 扫描
-sP	Ping 扫描	-sA	TCP ACK 扫描

5.3.1　安全扫描

安全扫描是发现系统脆弱性的手段，是风险评估的前提条件。安全扫描可以分为漏洞扫描、端口扫描、密码扫描。

常见的安全扫描工具有 Nessus、Burp Suite、WVS、AppScan、NMap、X-Scan 等。

5.3.2　网络隔离

网络隔离技术的目标是确保把有害的攻击隔离，在保证可信网络内部信息不外泄的前提下，完成网络间数据的安全交换。Mark Joseph Edwards 对协议隔离进行了归类，他将现有的隔离技术从理论上分为了以下五类。

（1）第一代隔离技术——完全的隔离。

此方法使得网络处于信息孤岛状态，做到了完全的物理隔离。这种方式需要至少两套网络和系统，更重要的是信息交流的不便和成本的提高，给维护和使用带来了极大的不便。

（2）第二代隔离技术——硬件卡隔离。

在客户端增加一块硬件卡，客户端硬盘或其他存储设备首先连接到该卡，然后再转接到主板上，通过该卡能控制客户端硬盘或其他存储设备。而在选择不同的硬盘时，同时选择了该卡上不同的网络接口以连接到不同的网络。但是，这种隔离产品在大多数情况下仍然需要网络布线为双网线结构，产品存在着较大的安全隐患。

（3）第三代隔离技术——数据转播隔离。

利用转播系统分时复制文件的途径来实现隔离，切换时间非常久，甚至需要手工完成，不仅明显地减缓了访问速度，更不支持常见的网络应用，失去了网络存在的意义。

（4）第四代隔离技术——空气开关隔离。

它是通过使用单刀双掷开关，使得内外部网络分时访问临时缓存器来完成数据交换的，但在安全和性能上存在许多问题。

（5）第五代隔离技术——安全通道隔离。

此技术通过专用通信硬件和专有安全协议等安全机制来实现内外部网络的隔离和数据交换，不仅解决了以前隔离技术存在的问题，并有效地把内外部网络隔离开来，而且高效地实现了内外网数据的安全交换，透明地支持多种网络应用，成为当前隔离技术的发展方向。

常见的网络隔离应用技术有以下五种：

（1）防火墙。

通过 ACL 进行网络数据包的隔离是最常用的隔离方法。控制局限于传输层以下的攻击，对于病毒、木马、蠕虫等应用层的攻击毫无办法。适合小网络隔离，不合适大型、双向访问业务网络隔离。

（2）多重安全网关。

多重安全网关称为统一威胁管理（Unified Threat Management，UTM），被称为新一代防火墙，能做到从网络层到应用层的全面检测。UTM 的功能有 ACL、防入侵、防病毒、内容过滤、流量整形、防 DOS。

（3）VLAN 划分。

VLAN 划分技术避免了广播风暴，解决了有效数据传递问题，通过划分 VLAN 隔离各类安全性部门。

（4）人工策略。

断开网络物理连接，使用人工方式交换数据，这种方式安全性最好。

（5）网闸。

网闸借鉴了船闸的概念，设计上采用"代理+摆渡"的方式。摆渡的思想是内外网进行隔离，分时对网闸中的存储进行读写，间接实现信息交换；内外网之间不能建立网络连接，不能通过网络协议互相访问。网闸的代理功能是数据的"拆卸"，把数据还原成原始的部分，拆除各种通信协议添加的"包头包尾"，在内外网之间传递净数据。

大部分的攻击需要客户端和服务器之间建立连接并进行通信，而网闸从原理实现上就切断了所有的 TCP 连接，包括 UDP、ICMP 等其他各种协议。网闸只传输纯数据，因此可以防止未知和已知的攻击。

依据信息流动方向，网闸可以分为单向网闸和双向网闸。

● 单向网闸：数据只能从一个方向流，不能从另一个方向流。
● 双向网闸：数据是双向可流动的。

依据国家安全要求，涉密网络与非涉密网络互联时，需要进行网闸隔离；非涉密网络与互联网连通时，采用单向网闸；非涉密网络与互联网不连通时，采用双向网闸。

5.3.3　网络蜜罐

蜜罐（Honeypot）是一个安全资源，它的价值在于被探测、攻击和损害。蜜罐是网络管理员经过周密布置而设下的"黑匣子"，看似漏洞百出却尽在掌握之中，它收集的入侵数据十分有价值。网络蜜罐技术是一种主动防御技术。

根据蜜罐主机的技术类型，蜜罐可以分为三种基本类型：牺牲型蜜罐、外观型蜜罐和测量型蜜罐。

（1）**牺牲型蜜罐**：就是一台简单的为某种特定攻击设计的计算机，放置在易受攻击的地方，为攻击者提供了极好的攻击目标。牺牲型蜜罐提取攻击数据比较麻烦，并且容易被人利用攻击其他机器。

（2）**外观型蜜罐**：仿真网络服务而不会导致机器真正被攻击，蜜罐本身是安全的。外观型蜜罐可以迅速收集入侵者的信息。

（3）**测量型蜜罐**：结合了牺牲型蜜罐和外观型蜜罐的优点。攻击者非常容易访问测量型蜜罐，但很难绕过，可以避免被人利用攻击其他机器。

蜜罐有四种不同的配置方式：

（1）**诱骗服务**：侦听特定端口，当出现请求时做出响应。例如，侦听 25 号端口，则响应邮件系统 Sendmail 或者 Qmail 的版本号。

（2）**弱化系统**：配置一个已知弱点的操作系统，让攻击者进入系统，方便收集攻击数据。

（3）**强化系统**：弱化系统的改进，既可以收集攻击数据，又可以进行取证。

（4）**用户模式服务**：模拟运行应用程序的用户操作系统，从而迷惑攻击者，并记录其攻击行为。

5.3.4　匿名网络

匿名网络（The Onion Router，TOR）是第二代洋葱路由的一种实现，用户通过 TOR 可以在因特网上进行匿名交流。TOR 专门防范流量过滤、嗅探分析，让用户免受其害。

它是一种点对点的代理软件，依靠网络上的众多计算机运行的 TOR 服务来提供代理。TOR 代理网络是自动连接并随机安排访问链路的，这样就没有了固定的代理服务器，也不需要去费劲寻找代理服务器地址了。而且 TOR 的代理一般在 2～5 层左右，加密程度也比较高。

针对 TOR 的攻击有：时间攻击和通信流攻击。

5.3.5　网络存储与备份

存储可以有 DAS、NAS、SAN 三种形式，其中 NAS 和 SAN 属于网络存储。

（1）直接附加存储（Direct Attached Storage，DAS）：这种方式中，存储设备是通过电缆（通常是 SCSI 接口电缆）直接连接服务器。

（2）网络附属存储（Network Attached Storage，NAS）：这种方式采用独立的服务器，单独为网络数据存储而开发的一种文件存储服务器。数据存储至此不再是服务器的附属设备，而成为网络的一个组成部分。NAS 直接与网络介质相连，设备都分配 IP 地址，NAS 设备可以通过数据网关来访问 NAS。

（3）存储区域网络（Storage Area Network，SAN）：这种方式是采用高速的光纤通道为传输介质的网络存储技术。SAN 可以被看作是负责存储传输的后端网络，而前端的数据网络负责正常的TCP/IP 传输。SAN 可以分为 FC SAN 和 IP SAN。

SAN 特点：高可扩展性、高可用性、简单管理、优化资源和服务共享。

备份与恢复是一种数据安全策略，通过备份软件把数据备份到备用存储设备上；当原始数据丢失或遭到破坏的情况下，利用备份数据把原始数据恢复出来，使系统能够正常工作。备份方式有三种：

● 全备份：将系统中所有的数据信息全部备份。

● 差分备份：每次备份的数据是相对于上一次全备份之后新增加的和修改过的数据。

● 增量备份：备份自上一次备份（包含完全备份、差异备份、增量备份）之后所有变化的数据（含删除文件信息）。

渐进式备份（又称只有增量备份、连续增量备份）：如图 5-3-1 所示，渐进式备份只在初始时做全备份，以后只备份变化（新建、改动）的文件，比上述三种备份方式具有更少的数据移动，更好的性能。

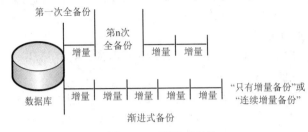

图 5-3-1 渐进式备份

备份时要注意"一个三"和"三个不原则"，必须备份到 300 公里以外，并且不能在同一地震带，不能在同地电网，不能在同一江河流域。这样即使发生大灾大难，也可以在异地进行数据回退。

5.4 安全设备

重要的网络安全设备有防火墙、入侵检测与入侵防护、VPN、网络协议分析工具等。

5.4.1 防火墙

防火墙（FireWall）是网络关联的重要设备，用于控制网络之间的通信。外部网络用户的访问必须先经过安全策略过滤，而内部网络用户对外部网络的访问则无须过滤。现在的防火墙还具有隔离网络、提供代理服务、流量控制等功能。

1. 常见的三种防火墙技术

常见的三种防火墙技术：包过滤防火墙、代理服务器式防火墙、基于状态检测的防火墙。

（1）包过滤防火墙。

包过滤防火墙主要针对 OSI 模型中的网络层和传输层的信息进行分析。通常包过滤防火墙用来控制 IP、UDP、TCP、ICMP 和其他协议。包过滤防火墙对通过防火墙的数据包进行检查，只有满足条件的数据包才能通过，对数据包的**检查内容**一般包括**源地址、目的地址和协议**。包过滤防火墙通过规则（如 ACL）来确定数据包是否能通过。配置了 ACL 的防火墙可以看成包过滤防火墙。

（2）代理服务器式防火墙。

代理服务器式防火墙对**第四层到第七层的数据**进行检查，与包过滤防火墙相比，需要更高的开销。用户经过建立会话状态并通过认证及授权后，才能访问到受保护的网络。压力较大的情况下，代理服务器式防火墙工作很慢。ISA 可以看成是代理服务器式防火墙。

（3）基于状态检测的防火墙。

基于状态检测的防火墙检测每一个 TCP、UDP 之类的会话连接。基于状态的会话包含特定会话的源地址、目的地址、端口号、TCP 序列号信息以及与此会话相关的其他标志信息。基于状态检测的防火墙工作基于数据包、连接会话和一个基于状态的会话流表。基于状态检测的防火墙的性能比包过滤防火墙和代理服务器式防火墙要高。思科 PIX 和 ASA 属于基于状态检测的防火墙。

2. 防火墙体系结构

防火墙按安全级别不同，可划分为内网、外网和 DMZ 区，具体结构如图 5-4-1 所示。

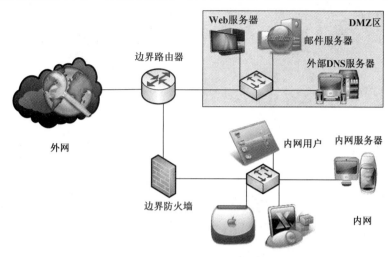

图 5-4-1　防火墙区域结构

（1）内网。内网是防火墙的重点保护区域，包含单位网络内部的所有网络设备和主机。该区域是可信的，内网发出的连接较少进行过滤和审计。

（2）外网。外网是防火墙重点防范的对象，针对单位外部访问用户、服务器和终端。外网发起的通信必须按照防火墙设定的规则进行过滤和审计，不符合条件的则不允许访问。

（3）DMZ 区（Demilitarized Zone）。**DMZ 又称为周边网络**，DMZ 是一个逻辑区，从内网中划分出来，包含向外网提供服务的服务器集合。DMZ 中的服务器有 Web 服务器、邮件服务器、FTP 服务器、外部 DNS 服务器等。DMZ 区保护级别较低，可以按要求放开某些服务和应用。

防火墙体系结构中的常见术语有堡垒主机、双重宿主主机。

（1）堡垒主机：堡垒主机处于内网的边缘，并且暴露于外网用户的主机系统。堡垒主机可能直接面对外部用户攻击。

（2）双重宿主主机：至少拥有两个网络接口，分别接内网和外网，能进行多个网络互联。

经典的防火墙体系结构如表 5-4-1 与图 5-4-2 所示。

表 5-4-1　经典的防火墙体系结构

体系结构类型	特点
双重宿主主机	以一台双重宿主主机作为防火墙系统的主体，分离内外网
被屏蔽主机	一台独立的路由器和内网堡垒主机构成防火墙系统，通过包过滤方式实现内外网隔离和内网保护
被屏蔽子网	由 DMZ 网络、外部路由器、内部路由器以及堡垒主机构成防火墙系统。外部路由器保护 DMZ 和内网、内部路由器隔离 DMZ 和内网

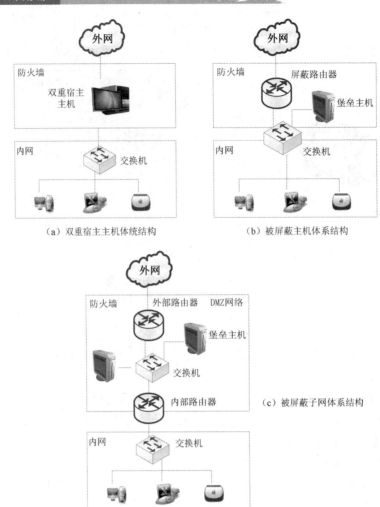

（a）双重宿主主机体统结构　　　　　　（b）被屏蔽主机体系结构

（c）被屏蔽子网体系结构

图 5-4-2　经典的防火墙体系结构

3. 防火墙规则

防火墙的安全规则由匹配条件和处理方式构成。

（1）匹配条件，即逻辑表达式。如果表达式结果为真，说明规则匹配成功，则依据规则处理数据。

当防火墙工作在网络层时，依据 IP 报头进行规则匹配。匹配条件包含：

● IP 源地址：发送 IP 报文的主机地址。地址为 "*" 时，表示所有地址。

● IP 目的地址：接受 IP 报文的主机地址。

● 协议：IP 报文的封装协议，例如 TCP、UDP、ICMP 等。

当防火墙工作在传输层时，匹配条件除了 IP 源地址、IP 目的地址、协议外，还包括如下内容：

● 源端口：源 TCP 或者 UDP 端口。这里对端口运算可以允许 "="、">"、"<" 等。端口为 "*"

时，表示所有端口。

- 目的端口：目的 TCP 或者 UDP 端口。
- ACK 码字：TCP 报文标志字段的 ACK 位。

（2）安全规则的处理方式主要有三种。

- Accept：允许数据报文通过。
- Reject：拒绝数据报文通过，并且通知信息源。
- Drop：直接丢弃数据报文，并且不通知信息源。

通常除了设置特定的安全规则外，还需在防火墙最后设置缺省规则，处理网络流量。缺省规则包含两种。

（1）默认拒绝：未被允许的就是被禁止的。处理方式为 Accpet。

（2）默认允许：未被禁止的就是允许的。处理方式可以是 Reject，也可以是 Drop。

防火墙访问控制包含四个方面（层次）内容：

（1）服务控制：控制内部或者外部的服务哪些可以被访问。服务常对应 TCP/IP 协议中的端口，例如 110 就是 POP3 服务，80 就是 Web 服务，25 是 SMTP 服务。

（2）方向控制：决定特定方向发起的服务请求可以通过防火墙。需确定服务是在内网还是在外网。可以限制双向的服务。

（3）用户控制：决定内网或者外网用户可以访问哪些服务。用户可以使用用户名、IP 地址、mac 地址标示。

（4）行为控制：进行内容过滤。如过滤网络流量中的病毒、木马或者垃圾邮件。

4．ACL

访问控制列表（Access Control Lists，ACL）是目前使用最多的访问控制实现技术。访问控制列表是路由器接口的指令列表，用来控制端口进出的数据包。ACL 适用于所有的被路由协议，如 IP、IPX、AppleTalk 等。访问控制列表可以分为**标准访问控制列表**和**扩展访问控制列表**。ACL 的默认执行顺序是自上而下，在配置时要遵循最小特权原则、最靠近受控对象原则及默认丢弃原则。

（1）标准访问控制列表。

标准访问控制列表**基于 IP 地址**，列表取值为 1～99，分析数据包的源地址决定允许或拒绝数据报通过。

- 标准访问控制表配置。

```
Router> enable
Router # config terminal                准备进入全局配置模式
Router（config）#access-list access-list_num {permit|deny} source_ip source_wildcard_mask
access-list_num 取值为 1～99；permit 表示允许，deny 表示拒绝，source_wildcard_mask 表示反掩码
```

access-list 可以配置多条，但用这种方式时，如果列表要插入或删除一行，就必须删除所有 ACL 并重新配置。这种方式容易出错，建议使用文本方式编辑 ACL，通过 TFTP 上传或拷贝+粘贴方式到路由器。在配置 ACL 时，如果删除一项 ACL 条目，就会删除所有 ACL。

- 启动标准访问控制表。

进入需要应用的接口时，使用 access-group 命令启动标准访问控制表。

Router> **enable**
Router # **config terminal**   准备进入全局配置模式
Router（config）# **interface** *port_num*   进入要配置标准访问控制表的接口
Router（config-if）# **ip access-group** *access-list_num* **in|out**
在指定接口上启动标准访问控制表，标明方向是 in 还是 out

这里 in 和 out 是针对防火墙接口而言的，部署方式如图 5-4-3 所示。

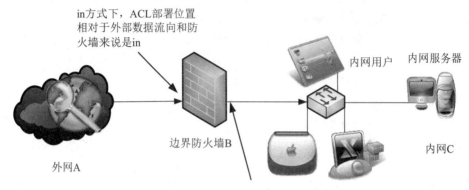

图 5-4-3 ACL 的 in 和 out 方式

假设网络管理员拒绝外网黑客 A 通过防火墙 B 访问内网 C，网络管理员可以使用 in 方式或 out 方式启动 ACL。

- 使用 in 方式，外网黑客 A 甚至不能进入 B。
- 使用 out 方式，外网黑客 A 虽然不能进入内网 C，但是可以进入防火墙 B，而且消耗了防火墙 B 的运算资源。

（2）扩展访问控制列表。

- 通用扩展访问控制列表配置。

Router> **enable**
Router # **config terminal**   准备进入全局配置模式
Router（config）# **access-list** *access-list_num* {**permit|deny**} *IP_protocol   source_ip source_wildcard_mask destionation_ip destionation_wildcard_mask*
access-list_num 取值为 100～199，**permit** 表示允许，**deny** 表示拒绝
IP_protocol 包括 IP、ICMP、TCP、GRE、UDP、IGRP、EIGRP、IGMP、NOS、OSPF
source_ip source_wildcard_mask 表示源地址及其反掩码
destionation_ip destionation_wildcard_mask 表示目的地址及其反掩码

- 针对 TCP 和 UDP 的扩展访问控制列表配置。

Router> **enable**
Router # **config terminal**   准备进入全局配置模式
Router（config）# **access-list** *access-list_num* {**permit|deny**} *IP_protocol   source_ip source_wildcard_mask[operator source_port] destionation_ip destionation_wildcard_mask [operator destination_port]* [**established**]

access-list_num 取值为 100～199；**permit** 表示允许，**deny** 表示拒绝

IP_protocol 包括 IP、ICMP、TCP、GRE、UDP、IGRP、EIGRP、IGMP、NOS、OSPF

source_ip source_wildcard_mask 表示源地址及其反掩码

destionation_ip destionation _wildcard_mask 表示目的地址及其反掩码

[operator source_port] 和 *[operator destination_port]* 是操作符+端口号方式，操作符可以是 lt（小于）、gt（大于）、neq（不等于）、eq（等于）、range（端口号范围）

关键词 **established** 仅用于 TCP 连接，此关键词可以允许（拒绝）任何 TCP 数据段报头中 RST 或 ACK 位设置为 1 的 TCP 流量

- 针对 ICMP 的扩展访问控制列表配置。

Router> **enable**

Router # **config terminal**　　　　　　　　　准备进入全局配置模式

Router（config）# **access-list** *access-list_num* {**permit|deny**} *IP_protocol　source_ip source_wildcard_mask destionation_ip destionation _wildcard_mask [icmp_message]*

access-list_num 取值为 100～199；**permit** 表示允许，**deny** 表示拒绝

source_ip source_wildcard_mask 表示源地址，及其反掩码

destionation_ip destionation _wildcard_mask 表示目的地址及其反掩码

icmp_message 可以是以下几类：

·*Administratively-prohibited* 表示分组被过滤的消息

·*Echo* 表示 ping 命令消息

·*Echo-reply* 对 ping 命令产生的 Echo 消息回应

·*Host-unreachable* 子网可达，但主机不可达

·*Net-unreachable* 子网不可达

·*traceroute* 表示 traceroute 上的过滤信息

- 启动扩展访问控制表。

进入需要应用的接口，使用 access-group 命令启动扩展访问控制表。

Router> **enable**

Router # **config terminal**　　　　　　　　　准备进入全局配置模式

Router（config）# **interface** *port_num*　　　　进入要配置扩展访问控制表的接口

Router（config-if）# **ip access-group** *access-list_num* **in|out**

在指定接口上启动扩展访问控制表，标明方向是 in 还是 out

5.4.2　入侵检测与入侵防护

1. 入侵检测

入侵检测（Intrusion Detection System，IDS）是从系统运行过程中产生的或系统所处理的各种数据中查找出威胁系统安全的因素，并可对威胁做出相应的处理，一般认为 **IDS 是被动防护**。入侵检测的软件或硬件称为入侵检测系统。入侵检测被认为是防火墙之后的第二道安全闸门，它在不影响网络性能的情况下对网络进行监测，从而提供对内部攻击、外部攻击和误操作的实时保护。常见的 IDS 有 Snort、Portsentry、Lids 等。其中，Snort 是一款开源的网络入侵检测系统，它能够执行实时流量分析和 IP 协议网络的数据包记录。Snort 的配置有 3 个主要模式：嗅探、包记录和网络入侵检测。

入侵检测基本模型是 PDR 模型，是最早体现主动防御思想的一种网络安全模型。PDR 模型包括**防护、检测、响应**三个部分。

（1）防护：采用一切措施保护网络、信息以及系统的安全。包含的措施有加密、认证、访问控制、防火墙以及防病毒等。

（2）检测：了解和评估网络和系统的安全状态，为安全防护和响应提供依据。检测技术主要包括入侵检测、漏洞检测以及网络扫描等技术。

（3）响应：发现攻击企图或者攻击之后，系统及时地进行反应。响应在模型中占有相当重要的地位。

P^{2}DR 模型（如图 5-4-4 所示）是基于静态模型之上的动态安全模型，该模型包含**防护、检测、响应**三个部分之外，还包含**安全策略**。该模型中检测和响应部分，不再被动地保护网络和系统的安全，已经具有监测和检测功能，同时对不安全的因素进行响应，并采取适当的防御措施。

图 5-4-4　P^{2}DR 模型

入侵检测系统的体系结构大致可以分为**基于主机型、基于网络型和基于主体型**三种。

入侵检测系统常用的两种检测技术是异常检测和误用检测。

（1）异常检测（也称基于行为的检测）：把用户习惯行为特征存入特征库，将用户当前行为特征与特征数据库中存放的特征比较，若偏差较大，则认为出现异常。

（2）误用检测：通常由安全专家根据对攻击特征、系统漏洞进行分析，然后手工的编写相应的检测规则、特征模型。误用检测假定攻击者会按某种规则、针对同一弱点进行再次攻击。

入侵检测包括两个步骤：**信息收集和数据分析**。入侵检测就是分析攻击者留下的痕迹，而这些痕迹会与正常数据混合。入侵检测就是收集这些数据并通过匹配模式、数据完整性分析、统计分析等方法找到痕迹。

入侵检测设备可以部署在 DMZ 中，这样可以查看受保护区域主机被攻击的状态，可以检测防火墙系统的策略配置是否合理和 DMZ 中被黑客攻击的重点。部署在路由器和边界防火墙之间可以审计来自 Internet 上对受保护网络的攻击类型。

2．入侵防护

入侵防护（Intrusion Prevention System，IPS）：一种可识别潜在的威胁并迅速地做出应对的网络安全防范办法。一般认为 **IPS 是主动防护**。

5.4.3　VPN

虚拟专用网络（Virtual Private Network，VPN）是在公用网络上建立专用网络的技术。由于整个 VPN 网络中的任意两个节点之间的连接并没有传统专网所需的端到端的物理链路，而是架构在公用网络服务商所提供的网络平台，所以称之为虚拟网。

按应用，VPN 可以分为如下三种：

（1）Access VPN（远程接入 VPN）：通过互联网传输 VPN 数据。该 VPN 方式可以满足企业内部人员移动或远程办公，公司提供 B2C 的安全访问服务等需求。

（2）Intranet VPN（内部 VPN）：该 VPN 方式可以连接企业总部、远程办事处和分支机构。

（3）Extranet VPN（外联网 VPN）：该 VPN 方式可以将合作伙伴连接到企业内部网。

VPN 建立网络连接一般由三个部分组成：客户机、传输介质和服务器。

实现 VPN 的关键技术主要有隧道技术、加/解密技术、密钥管理技术和身份认证技术。

1. VPN 隧道技术

实现 VPN 的最关键部分是在公网上建立虚信道，而建立虚信道是利用隧道技术实现的，IP 隧道的建立可以在链路层和网络层。

VPN 主要隧道协议有 PPTP、L2TP、IPsec、SSL VPN、TLS VPN、GRE VPN。

（1）PPTP（点到点隧道协议）。

PPTP 是一种用于让远程用户拨号连接到本地的 ISP，是通过因特网安全访问内网资源的技术。它能将 PPP 帧封装成 IP 数据包，以便能够在基于 IP 的互联网上进行传输。PPTP 使用 TCP 连接创建、维护、终止隧道，并使用 GRE（通用路由封装）将 PPP 帧封装成隧道数据。被封装后的 PPP 帧的有效载荷可以被加密、压缩或同时被加密与压缩。该协议是第 2 层隧道协议。

（2）L2TP 协议。

L2TP 是 PPTP 与 L2F（第二层转发）的一种综合，是由思科公司推出的一种技术。该协议是第 2 层隧道协议。L2TP 的封装格式为 PPP 帧封装 L2TP 报头，再封装 UDP 报头，再封 IP 头。具体如下：

IP	UDP	L2TP	PPP

（3）IPSec 协议。

IPSec 协议在隧道外面再封装，保证了隧道在传输过程中的安全。该协议是第 3 层隧道协议。

（4）SSL VPN、TLS VPN。

两类 VPN 使用了 SSL 和 TLS 技术，在传输层实现 VPN 的技术。该协议是第 4 层隧道协议。由于 SSL 需要对传输数据加密，因此 SSL VPN 的速度比 IPSec VPN 慢。SSL VPN 的配置和使用又比其他 VPN 简单。

2. IPSec

Internet 协议安全性（Internet Protocol Security，IPSec）是通过对 IP 协议的分组进行加密和认证来保护 IP 协议的网络传输协议簇（一些相互关联的协议的集合）。IPSec 工作在 TCP/IP 协议栈的网络层，为 TCP/IP 通信提供访问控制机密性、数据源验证、抗重放、数据完整性等多种安全服务。

IPSec 是一个协议体系，由建立安全分组流的密钥交换协议和保护分组流的协议两个部分构成，前者即为 IKE 协议，后者则包含 AH 和 ESP 协议。

（1）IKE 协议。

Internet 密钥交换协议（Internet Key Exchange Protocol，IKE）属于一种混合型协议，由 Internet 安全关联和密钥管理协议（Internet Security Association and Key Management Protocol，ISAKMP）与两种密钥交换协议（OAKLEY 与 SKEME）组成，即 IKE 由 ISAKMP 框架、OAKLEY 密钥交换模式以及 SKEME 的共享和密钥更新技术组成。IKE 定义了自己的密钥交换方式（**手工密钥交换和自动 IKE**）。

注意：ISAKMP 只对认证和密钥交换提出了结构框架，但没有具体定义，因此支持多种不同的密钥交换。

IKE 使用了两个阶段的 ISAKMP：①协商创建一个通信信道（IKE SA）并对该信道进行验证，为双方进一步的 IKE 通信提供机密性、消息完整性及消息源验证服务；②使用已建立的 IKE SA 建立 IPSec SA。

（2）AH。

认证头（Authentication Header，AH）是 IPSec 体系结构中的一种主要协议，它为 IP 数据报提供完整性检查与数据源认证，并防止重放攻击。AH 不支持数据加密。AH 常用摘要算法（单向 Hash 函数）MD5 和 SHA1 实现摘要和认证，确保数据完整。

（3）ESP。

封装安全载荷（Encapsulating Security Payload，ESP）可以同时提供数据完整性确认和数据加密等服务。ESP 通常使用 DES、3DES、AES 等加密算法实现数据加密，使用 MD5 或 SHA-1 来实现摘要和认证，确保数据完整。

（4）IPSec VPN 应用场景。

IPSec VPN 应用场景分为站点到站点、端到端、端到站点三种模式。

1）站点到站（Site-to-Site）。站点到站点又称为网关到网关，多个异地机构利用运营商网络建立 IPSec 隧道，将各自的内部网络联系起来。

2）端到端（End-to-End）。端到端又称为 PC 到 PC，即两个 PC 之间的通信由 IPSec 完成。

3）端到站点（End-to-Site）。端到站点，两个 PC 之间的通信由网关和异地 PC 之间的 IPSec 会话完成。

（5）IPSec 工作模式。

IPSec 的两种工作模式分别是**传输模式**和**隧道模式**，具体如图 5-4-5 所示。

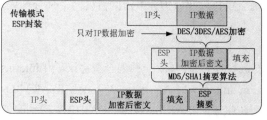
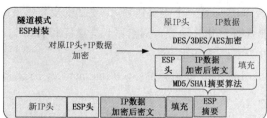

图 5-4-5　IPSec 工作模式

传输模式下的 AH 和 ESP 处理后的 IP 头部不变，而隧道模式下的 AH 和 ESP 处理后需要新封装一个新的 IP 头。AH 只作摘要，因此只能验证数据完整性和合法性；而 ESP 既做摘要，也做加密，因此除了验证数据完整性和合法性之外，还能进行数据加密。

3. MPLS

多协议标记交换（Multi-Protocol Label Switching，MPLS）是核心路由器利用含有边缘路由器在 IP 分组内提供的前向信息的标签（Label）或标记（Tag）实现网络层交换的一种交换方式。

MPLS 技术主要是为了提高路由器转发速率而提出的，其核心思想是利用标签交换取代复杂的路由运算和路由交换。该技术实现的核心就是把 **IP 数据报**封装在 **MPLS** 数据包中。MPLS 将 IP 地址映射为简单、固定长度的标签，这和 IP 中的包转发、包交换不同。

MPLS 根据标记对分组进行交换。以以太网为例，MPLS 包头的位置应插入到以太帧头与 IP 头之间，是属于二层和三层之间的协议，也称为 2.5 层协议。

注意：考试中应填 2.5 层。

MPLS 标签结构与具体承载结构如图 5-4-6 所示。

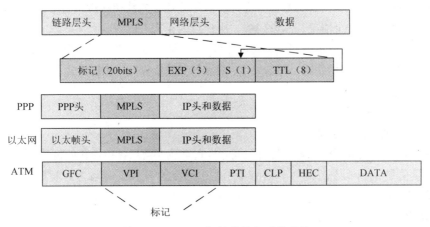

图 5-4-6 MPLS 标签结构与承载结构

（1）MPLS 流程。

当分组进入 MPLS 网络时，由边缘路由器（Label Edge Router，LER）划分为不同的转发等价类（FEC）并打上不同标记，该标记定长且包含了目标地址、源地址、传输层端口号、服务质量、带宽、延长等信息。分类建立，分组被转发到标记交换通路（Label Switch Path，LSP）中，由标签交换路由器（Label Switch Router，LSR）根据标记作转发。在出口 LER 上去除标记，使用 IP 路由机制将分组向目的地转发。

（2）MPLS VPN。

MPLS VPN 承载平台由 **P 路由器、PE 路由器和 CE 路由器**组成。

1）P（Provider）路由器。

P 路由器是 MPLS 核心网中的路由器，在运营商网络中，这种路由器只负责**依据 MPLS 标签完成数据包的高速转发**，P 路由器只维护到 PE 路由器的路由信息，而不维护 VPN 相关的路由信息。

P 路由器是不连接任何 CE 路由器的骨干网路由设备，相当于标签交换路由器（LSR）。

2）PE（Provider Edge）路由器。

PE 路由器是 MPLS 边缘路由器，负责待传送数据包的 **MPLS 标签的生成和去除**，还负责发起根据路由**建立交换标签的动作**，相当于标签边缘路由器（LER）。PE 路由器连接 CE 路由器和 P 路由器，是最重要的网络节点。用户的流量通过 PE 路由器流入用户网络，或者通过 PE 路由器流到MPLS 骨干网。

3）CE（Customer Edge）路由器。

CE 路由器是用户边缘设备，是直接与电信运营商相连的用户端路由器，该设备上不存在任何带有标签的数据包。CE 路由器通过连接一个或多个 PE 路由器为用户提供服务接入。CE 路由器通常是一台 IP 路由器，它与连接的 PE 路由器建立邻接关系。

5.4.4 网络协议分析与流量监控工具

网络协议分析与流量监控工具是一个能帮助网络管理者捕获和解析网络中的数据，从而得到网络现状（性能、负载、安全情况、流量趋势、用户行为模式）的工具。

对网络流量状况（流量、吞吐量、延迟、流量故障、带宽）的监控，可以方便管理员实现网络负载监控、网络性能分析、网络纠错、网络优化、网络业务质量分析、流量计费、入侵检测等功能。

1. 网络流量监控技术

常用的流量监测技术如下：

（1）基于硬件探针的监测。

硬件探针是一种获取网络流量的硬件设备，将它串接在需要监控流量的链路上，分析链路信息从而得到流量信息。一个硬件探针可以监听单个子网的流量信息，全网流量分析则需部署多个探针。这种方式受限于探针接口速率，因此适合作单链路流量分析。

（2）基于流量镜像协议分析。

基于流量镜像协议分析方式是把网络设备的某个端口或者链路流量镜像给协议分析仪，通过 7 层协议解码对网络流量进行监测。这种方式特别适合网络故障分析。缺点是只针对单条链路，不适合全网监测。

（3）基于 SNMP 的流量监测。

基于 SNMP 的流量监测，实质上是通过提取网络设备 Agent 提供的 MIB 中收集的具体设备及流量信息有关的变量。

基于 SNMP 收集的网络流量信息包括：输入字节数、输入非广播包数、输入广播包数、输入包丢弃数、输入包错误数、输入未知协议包数、输出字节数、输出非广播包数、输出广播包数、输出包丢弃数、输出包错误数、输出队长等。

由于 SNMP 技术的广泛应用，因此支持设备众多，使用也非常方便，但是存在信息不够全面、准确等问题。该方式常与其他监控方式结合使用。

（4）基于 NetFlow 的流量监测。

　　NetFlow 的流量监测方式由思科提出，其他厂商逐步支持，并已经标准化。这种方式手机路由器、交换机设备的流量数据，并进行统计分析结果。NetFlow 能获得流量的分类或优先级，因此可以提供 QoS 的基准数据。

　　NetFlow 属于中央部署级方案，部署简单、升级方便，可以进行全网流量的采集，并且网络规模越大，部署成本越低。NetFlow 的缺点是不能分析物理层、数据链路层信息。

　　2．协议分析

　　流量监控的基础是协议分析。主要的方法有端口识别、DPI、DFI。

　　（1）端口识别：根据 IP 包头中 "五元组" 的信息（源地址、目的地址、源端口、目的端口以及协议类型）进行分析，从而确定流量信息。随着网上应用类型的不断丰富，仅从 IP 的端口信息并不能判断流量中的应用类型，更不能判断开放端口、随机端口甚至采用加密方式进行传输的应用类型。

　　（2）深度包检测（Deep Packet Inspection，DPI）：DPI 技术在分析包头的基础上，增加了对应用层的分析，是一种基于应用层的流量检测和控制技术。当 IP 数据包、TCP 或 UDP 数据流经过安装 DPI 的系统时，该系统通过深入读取 IP 包载荷的内容来对 OSI 七层协议中的应用层信息进行重组，从而得到应用所使用的协议和特点。

　　DPI 识别技术的分析方法有：

- 特征字识别技术：不同的协议具有特定的 "指纹"，而这些 "指纹" 可能是特定的端口、字符串、位串。
- 应用层网关识别技术：某业务的控制流和业务流是分离的，而其业务流并没有任何特征。应用层网关先识别出控制流，并根据控制流的协议识别出相应的业务流。
- 行为模式识别技术：分析已实施的行为，从而判断出正在进行的或即将实施的动作。

　　（3）深度流检测（Deep/Dynamic Flow Inspection，DFI）：DFI 采用的是基于流量行为的应用识别技术，即不同的应用类型体现在会话连接或数据流上的状态各有不同。例如，IP 语音流量特点是：一般在 130～220byte，连接速率较低，同时会话持续时间较长；P2P 下载应用的流量特点：平均包长都在 450byte 以上、下载时间长、连接速率高、首选传输层协议为 TCP 等。

　　依据流量的特点，DFI 建立了流量特征模型，通过分析会话连接流的包长、连接速率、传输字节量、包与包之间的间隔等信息来与流量模型对比，从而识别应用类型。

　　深度流检测技术主要组成部分有，流特征选择、流特征提取、分类器。

　　3．常见的网络协议分析与流量监控工具

　　常见的网络协议分析与流量监控工具有 Sniffer、Wireshark、MRTG、NBAR、网御 SIS-3000等。国内知名安全厂商华为、启明星辰也提供了自己的网络协议分析与流量监控工具。

5.5　无线网络安全

　　随着无线网络的逐渐流行，再加上无线网络的开放性，决定了无线网络天生便是一种不安全的网络，所以经常成为入侵者的攻击目标。因此无线网络需要根据自身特点，制定特有的保护措施。

在我国，2006 年国家密码管理局专门针对无线网络做出了一系列的要求，其中要求无线局域网产品须使用的系列密码算法有：

（1）对称密码算法：SMS4。

（2）密钥协商算法：ECDH，必须采用指定的椭圆曲线和参数。

（3）数字签名算法：ECDSA，必须采用指定的椭圆曲线和参数。

（4）杂凑算法：SHA-256。

5.5.1　WPKI

公钥基础设施（PKI）是一个有线网络环境下，利用公钥理论和技术建立的提供信息安全服务的基础设施。

无线公钥基础设施（Wireless Public Key Infrastructure，WPKI），则将 PKI 安全机制引入到无线网络环境中，在移动网络环境中使用的公开密钥和数字证书。WPKI 采用了优化的 ECC 椭圆曲线加密和压缩的 X.509 数字证书；采用证书管理公钥，通过第三方的可信任机构——认证中心（CA）验证用户的身份，从而实现信息的安全传输。

WPKI 包含 RA 注册中心、CA 认证中心、PKI 目录、EE（端实体应用）。其中，与 PKI 不同的是，EE 和 RA 的实现不同并且需要 PKI 门户。

（1）EE：WAP 终端的优化软件。可以实现的功能有：对用户公钥管理（生成、存储和访问）；证书应用、证书更新请求、证书撤消请求的操作（查找、生成、签名、提交）；生成和验证数字签名。

（2）PKI 门户：具有 RA 功能，负责转换 WAP 客户给 PKI 中 RA 和 CA 发送的请求。

一次完整的 WPKI 操作流程如下：

（1）EE 用户向 PKI 门户提出证书申请。

（2）PKI 门户审核该申请，如果批准，则向 CA 发证书申请。

（3）CA 发行证书，并列入有效证书目录。

（4）PKI 门户创建证书 URL（LDAP URL 或者 HTTP URL 两种格式），并发送给 EE 用户。

（5）应用服务器取回证书。

（6）使用证书和密钥，EE 用户和 WAP 网关，应用服务器和 WAP 网关两两间建立安全的 SSL/TLS 会话。

（7）EE 用户用私钥证书对会话内容签名，结合使用加密技术，实现数据安全传输。

5.5.2　WEP

IEEE 802.11b 定义了无线网的安全协议（Wired Equivalent Privacy，WEP）。有线等效保密（WEP）协议对两台设备间无线传输的数据进行加密，以防止非法窃听或侵入。WEP 加密和解密使用同样的算法和密钥。WEP 采用的是 RC4 算法，使用 40 位或 64 位密钥，有些厂商将密钥位数扩展到 128 位（WEP2）。标准的 64 位标准流 WEP 使用的密钥和初始向量长度分别是 40 位和 24 位。

由于科学家找到了 WEP 的多个弱点，于是 WEP 在 2003 年被淘汰。

5.5.3　IEEE 802.11i

2004 年 7 月，IEEE 为了弥补 WEP 脆弱性制定了 IEEE 802.11i。

IEEE 802.11i 包含 WPA 和 WPA2 两个标准。

（1）Wi-Fi 网络安全接入（Wi-Fi Protected Access，WPA）：WPA 是 IEEE 802.11i 的子集，并向前兼容 WEP。WPA 使用了加强的生成加密密钥的算法，并加入了 WEP 中缺乏的用户认证。WPA 中的用户认证是结合了 IEEE 802.1x 和扩展认证协议（Extensible Authentication Protocol，EAP）来实现的。

（2）WPA2：WPA2 则是 WPA 的升级，使用了更为安全的加密算法 CCMP。

WPA 认证方式有 WPA、WPA-PSK、WPA2、WPA2-PSK。在数据保密方面，IEEE 802.11i 定义了三种加密机制，具体如表 5-5-1 所示。

表 5-5-1　WPA 的三种加密机制

简写	全称	特点
TKIP	Temporal Key Integrity Protocol	临时密钥完整性技术使用 WEP 机制的 **RC4 加密**，可通过升级硬件或驱动方式来实现
CCMP	Counter-Mode/CBC-MAC Protocol	使用 **AES**（Advanced Encryption Standard）加密和 CCM（Counter-Mode/CBC-MAC）认证，该算法对硬件要求较高，需要更换硬件
WRAP	Wireless Robust Authenticated Protocol	使用 **AES 加密**和 **OCB 加密**

5.5.4　WAPI

无线局域网鉴别和保密基础结构（Wireless LAN Authentication and Privacy Infrastructure，WAPI），是一种安全协议，同时也是中国无线局域网安全强制性标准。WAPI 是一种认证和私密性保护协议，其作用类似于 WEP，但是能提供更加完善地安全保护。

WAPI 结合了椭圆曲线密码和分组密码，实现了设备的身份鉴别、链路验证、访问控制和用户信息在无线传输状态下的加密保护。

WAPI 鉴别及密钥管理的方式有两种，即基于证书方式和基于预共享密钥 PSK 方式。

5.5.5　无线个域网安全

1. 蓝牙安全

由于蓝牙通信标准是以无线电波作为媒介，第三方可能轻易截获信息，所以蓝牙技术必须采取一定的安全保护机制，尤其在电子交易应用时。

蓝牙的安全结构如图 5-5-1 所示。蓝牙安全体系结构的关键部分是安全管理器，主要完成如下关键任务：

- 存储和安全性相关的服务和设备信息。
- 决定是否应答各个协议层的访问请求。
- 对应用程序连接请求前的链路进行认证和加密。
- 初始化匹配和查询 PIN。

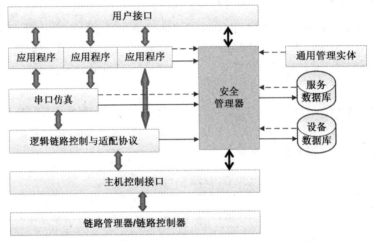

图 5-5-1　蓝牙的安全结构

蓝牙设备和服务有以下几种不同的安全等级。

（1）安全模式。

蓝牙有 3 种安全模式。

- 安全模式 1：无安全模式
- 安全模式 2：服务级安全模式。这种模式下，信道建立之后才启动安全管理进程，即在较高的协议层次（L2CAP 层以上）实现。
- 安全模式 3：链路级安全模式。在信道建立之前要进行认证或者数据加密，即在较低的协议层次实现。

（2）设备信任级别。

从安全角度看，蓝牙设备的信任级别可以分为如下三级：

- 可信任设备：通过认证，存储了链路密钥，并在设备数据库中被标识为"可信任设备"。
- 不可信任设备：通过认证，存储了链路密钥，但在设备数据库中没有被标识为"可信任设备"。
- 未知设备：没有设备的安全性信息。

设备信息存储在设备数据库中，由安全管理器维护。

（3）安全服务。

蓝牙提供的服务可以分为如下三类：

- 需授权服务：只允许可信任设备访问，或者经过授权的不可信任设备访问。

- 需认证服务：要求在使用服务前，远程设备必须经过认证。
- 需加密服务：在使用设备前，链路必须改为加密模式。

这些服务信息保存在服务数据库中，由安全管理器维护。

（4）密钥管理。

在蓝牙系统中，有四种类型的密钥来确保安全的传输：

- 单一密钥 K_A：单一密钥由单个设备生成；适用于存储空间少或有大量用户访问的设备。
- 组合密钥 K_{AB}：一对设备组合就能生成一个新的组合密钥，组合密钥在需要更高的安全性时使用。
- 主设备密钥 K_{master}：只适用于当前会话，它临时代替原始链路密钥。
- 初始密钥 K_{inic}：适用于初始化过程。

（5）PIN。

蓝牙单元提供的 1~16 位的数字，可以固定或者由用户选择。设备可以任意设置 PIN 值，用户对应设置才能进入设备，这样就增加了系统的安全性。

2. ZigBee 安全

ZigBee 技术是一种先进的近距离、低复杂度、低功耗、低数据速率、低成本、高可靠性、高安全性的双向无线通信技术。

ZigBee 的安全性由链接密钥、网络密钥、主密钥提供保证。ZigBee 的安全特点如下：

（1）提供刷新功能，可以阻止转发攻击。

（2）提供数据包完整性检查功能，可以避免篡改。

（3）提供认证功能，保证数据的发起源真实，避免伪造合法设备的攻击。

（4）提供加密功能，避免数据被侦听。

3. RFID 安全

射频识别（Radio Frequency IDentification，RFID）是一种无线通信技术，可通过无线电信号识别特定目标并读写相关数据，而无须识别系统与特定目标之间建立机械或光学接触。

RFID 存在以下三个方面的安全问题：

（1）截获 RFID 标签：RFID 标签是应用的核心，如果被截获，则可以进行各种非授权使用。

（2）破解 RFID 标签：破解 RFID 标签过程不复杂，40 位密钥的产品，通常 1 小时便能破解。

（3）复制 RFID 标签：大多数情况下，复制的 RFID 标签就能对系统进行欺骗。

RFID 系统的安全需求有以下几个：

（1）授权访问。

标签需要对阅读器进行认证。只有合法的读写器才能获取或者更新相应的标签的状态。

（2）标签的认证。

阅读器需要对标签进行认证。只有合法的标签才可以被合法的读写器获取或者更新状态信息。

（3）标签匿名性。

信息要经过加密。标签用户的真实身份、当前位置等敏感信息，在通信中应该保密。

（4）可用性。

RFID 系统可以抵御拒绝式攻击。RFID 系统的安全解决方案有：

- 物理安全机制：具体有法拉弟笼（屏蔽电信号，避免标签窃取）、主动干扰、标签销毁等。
- 逻辑安全机制：具体有基于加密算法的安全协议、基于 CRC 的安全协议等。

4．NFC 安全

NFC 近场通信（Near Field Communication，NFC），又称近距离无线通信，是一种短距离的高频无线通信技术，允许电子设备之间进行非接触式点对点数据传输（在十厘米内）交换数据。这个技术由 RFID 演变而来，并向下兼容 RFID。

目前 NFC 技术在安全性上主要有窃听、数据损坏、克隆等问题。但 NFC 属于近距离通信，在通信距离上有着不易被窃听和不易被损害数据的优势，加上其他安全问题还需要一定的技术手段才能破解，因此日常使用的安全性还是较高的。

5.6　网络安全协议

常见的网络安全协议有 RADIUS、SSL、TLS、HTTPS、S-HTTP、S/MIME、SSH、IEEE 802.1x、IPSec、WEP、WPA、PGP、Kerberos、X.509 等。由于一些协议在其他章节中已经讲到，那么相关知识在本节中就跳过不涉及了。

5.6.1　RADIUS

远程用户拨号认证系统（Remote Authentication Dial In User Service，RADIUS）是目前应用最广泛的授权、计费和认证协议。

RADIUS 基本交互步骤如图 5-6-1 所示。

（1）用户输入用户名和口令。

（2）客户端根据获取的用户名和口令向 RADIUS 服务器发送认证请求包（Access-Request）。

（3）RADIUS 服务器将该用户信息与 users 数据库信息进行对比分析，如果认证成功，则将用户的权限信息以认证响应包（Access-Accept）发送给 RADIUS 客户端；如果认证失败，则返回 Access-Reject 响应包。

（4）RADIUS 客户端根据接收到的认证结果接入/拒绝用户。如果可以接入用户，则 RADIUS 客户端向 RADIUS 服务器发送计费开始请求包（Accounting-Request），status-type 取值为 start。

（5）RADIUS 服务器返回计费开始响应包（Accounting-Response）。

（6）此时用户可以访问资源。

（7）RADIUS 客户端向 RADIUS 服务器发送计费停止请求包（Accounting-Request），status-type 取值为 stop。

（8）RADIUS 服务器返回计费结束响应包（Accounting-Response）。

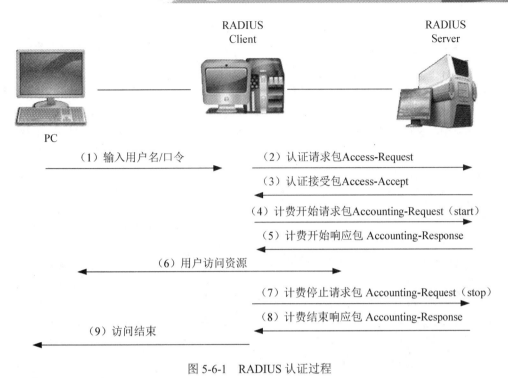

图 5-6-1　RADIUS 认证过程

（9）通知访问结束。

5.6.2　SSL、TLS

安全套接层（Secure Sockets Layer，SSL）协议是一个安全传输、保证数据完整的安全协议，之后的传输层安全（Transport Layer Security，TLS）是 SSL 的非专有版本。SSL 协议结合了对称密码技术和公开密码技术，提供秘密性、完整性、认证性服务。

1. SSL 协议

SSL 处于应用层和传输层之间，是一个两层协议。SSL 协议栈如图 5-6-2 所示。

SSL 握手协议	SSL 修改密文协议	SSL 告警协议	HTTP
SSL 记录协议			
TCP			
IP			

图 5-6-2　SSL 协议栈

SSL 记录协议（SSL Record Protocol）为高层协议提供基本的安全服务，提供实际的数据传输。SSL 记录协议将数据流分割成一系列的片段并加以传输，其中每个片段都单独进行保护和传输；接收方，对每条记录进行解密、验证。

SSL 协议的三个高层协议：SSL 握手协议、SSL 修改密文协议、SSL 告警协议。

- SSL 握手协议：在 SSL 协议中，客户端和服务器首先通过握手过程来获得密钥，此后在 SSL 记录协议中使用该密钥加密客户端和服务器间的通信信息。
- SSL 修改密文协议：SSL 协议要求客户端或服务器端每隔一段时间必须改变其加解密参数。SSL 修改密文协议由一条消息组成，可由客户端或服务器发送，通知接收方后面的记录将被新协商的密码说明和密钥保护；接收方获得此消息后，立即指示记录层把即将读状态变成当前读状态；发送方发送此消息后，应立即指示记录层把即将写状态变成当前写状态。
- SSL 告警协议：为对等实体传递 SSL 的相关警告。

2. SSL 协议的工作流程

SSL 协议的工作流程如图 5-6-3 所示。

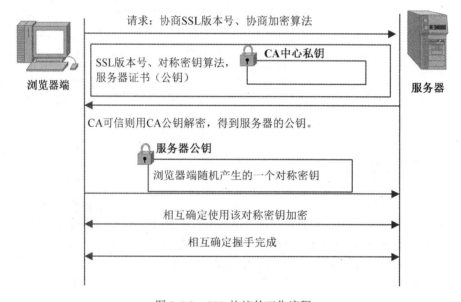

图 5-6-3　SSL 协议的工作流程

（1）浏览器端向服务器发送请求信息（包含协商 SSL 版本号、询问选择何种对称密钥算法），开始新会话连接。

（2）服务器返回浏览器端请求信息，附加生成主密钥所需的信息，包含确定 SSL 版本号和对称密钥算法，某个 CA 中心私钥加密后的服务器证书（证书包含服务器 RSA 公钥）。

（3）浏览器端对照自己的可信 CA 表判断服务器证书是否在可信 CA 表中。如果不在，则通信中止；如果在，则使用 CA 表中对应的公钥解密，得到服务器的公钥。

（4）浏览器端随机产生一个对称密钥，使用服务器公钥加密并发送给服务器。

（5）浏览器端和服务器相互发一个报文，确定使用此对称密钥加密；再相互发一个报文，确定浏览器端和服务器端握手过程完成。

（6）握手完成，双方使用该对称密钥对发送的报文加密。

5.6.3　HTTPS 与 S-HTTP

超文本传输协议（Hypertext Transfer Protocol over Secure Socket Layer，HTTPS），是以安全为目标的 HTTP 通道，简单讲是 HTTP 的安全版。**它使用 SSL 来对信息内容进行加密**，使用 TCP 的443 端口发送和接收报文。其使用语法与 HTTP 类似，使用"HTTPS://＋URL"形式。

安全超文本传输协议（Secure Hypertext Transfer Protocol，S-HTTP）是一种面向安全信息通信的协议，是 EIT 公司结合 HTTP 设计的一种消息安全通信协议。S-HTTP 可提供通信保密、身份识别、可信赖的信息传输服务及数字签名等。

5.6.4　S/MIME

S/MIME（Secure/Multipurpose Internet Mail Extension）使用了 RSA、SHA-1、MD5 等算法，是互联网 E-mail 格式标准 MIME 的安全版本。

S/MIME 用来支持邮件的加密。基于 MIME 标准，S/MIME 提供认证、完整性保护、鉴定及数据加密等服务。

4

再接再厉，深入实践

第4天学习的知识点包括系统安全、应用安全、信息系统安全、安全配置。

第6章 系统安全

本章考点知识结构图如图6-0-1所示。

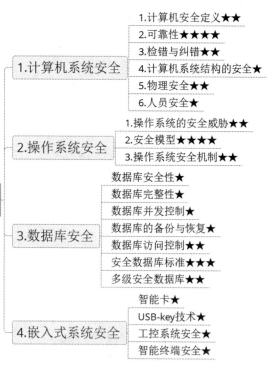

图 6-0-1 考点知识结构图

6.1　计算机系统安全

6.1.1　安全的基本要素

安全的基本要素主要包括以下 5 个方面：

（1）机密性：保证信息不泄露给未经授权的进程或实体，只供授权者使用。

（2）完整性：信息只能被得到允许的人修改，并且能够被判别该信息是否已被篡改过。同时一个系统也应该按其原来规定的功能运行，不被非授权者操纵。

（3）可用性：只有授权者才可以在需要时访问该数据，而非授权者应被拒绝访问数据。

（4）可控性：可控制数据流向和行为。

（5）可审查性：出现问题有据可循。

另外，有人将五要素进行了扩展，增加了可鉴别性、不可抵赖性、可靠性。

（6）可鉴别性：网络应对用户、进程、系统和信息等实体进行身份鉴别。

（7）不可抵赖性：数据的发送方与接收方都无法对数据传输的事实进行抵赖。

（8）可靠性：系统在规定的时间、环境下，持续完成规定功能的能力，就是系统无故障运行的概率。

6.1.2　可靠性

1. 系统可靠性涉及的概念

（1）平均无故障时间（Mean Time To Failure，MTTF）。

MTTF 指系统无故障运行的平均时间，取所有从系统开始正常运行到发生故障之间的时间段的平均值。

（2）平均修复时间（Mean Time To Repair，MTTR）。

MTTR 指系统从发生故障到维修结束之间的时间段的平均值。

（3）平均失效间隔（Mean Time Between Failure，MTBF）。

MTBF 指系统两次故障发生时间之间的时间段的平均值。

三者关系如图 6-1-1 所示。

平均失效间隔：$MTBF=\sum(T2+T3+T1)/N$

平均无故障时间：$MTTF=\sum T1/N$

平均修复时间：$MTTR =\sum(T2+T3)/N$

三者之间的关系：$MTBF= MTTF+ MTTR$

（4）失效率。单位时间内失效元件和元件总数的比率，用 λ 表示。

$$MTBF=1/\lambda$$

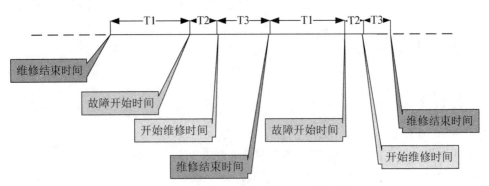

图 6-1-1　MTTF、MFBF 和 MTTR 关系图

2. 系统可靠性

系统可靠性是系统正常运行的概率，通常用 R 表示，可靠性和失效率的关系如下：

$$R=e^{-\lambda}$$

系统可以分为串联系统、并联系统和模冗余系统。

（1）串联系统：由 n 个子系统串联而成，一个子系统失效，则整个系统失效。具体结构如图 6-1-2（a）所示。

（2）并联系统：由 n 个子系统并联而成，n 个系统互为冗余，只要有一个系统正常，则整个系统正常。具体结构如图 6-1-2（b）所示。

（3）模冗余系统：由 n 个系统和一个表决器组成，通常表决器是视为永远不会坏的，超过 n+1 个系统多数相同结果的输出作为系统输出。具体结构如图 6-1-2（c）所示。

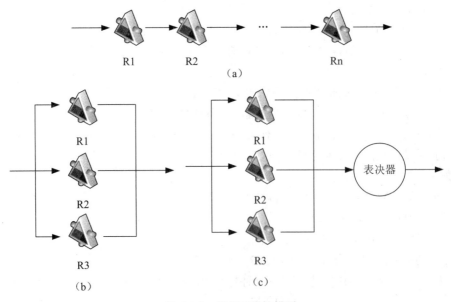

图 6-1-2　系统可靠性模型

系统可靠性和失效率如表 6-1-1 所示。

表 6-1-1　可靠性和失效率计算

	可靠性	失效率
串联系统	$\prod_{i=1}^{n} R_i$	$\sum_{i=1}^{n} \lambda_i$
并联系统	$R = 1 - \prod_{i=1}^{n}(1 - R_i)$	$\dfrac{1}{\dfrac{1}{\lambda} \sum_{j=1}^{n} \dfrac{1}{j}}$
模冗余系统	$R = \sum_{i=n+1}^{m} C_m^i \times R^i \times (1 - R)^{m-i}$	

3. 容错技术

容错是提高系统出现部件问题时，能保证数据完整，持续提供服务的能力。容错技术通常是增加冗余资源来解决故障造成的影响。常用的容错技术如表 6-1-2 所示。

表 6-1-2　常见的容错技术

容错技术	具体应用技术	备注
硬件容错	双 CPU 容错	一个 CPU 出错，另一个 CPU 继续运行
	双机热备	可以分为备份机 Online 和 Standby 两种方式
	三机表决	两个以上的表决视为正确结果
	集群系统	可以实现负载均衡的多机系统
软件容错	恢复块（RcB）	建立还原点，可接受测试，可进行后向恢复
	N 版本程序设计（NVP）	系统由 N 个独立的队列（不同的算法、编程语言、环境工具甚至平台）执行，通过表决得到正确结果
	模糊选举（Fuzzy Voting）	从冗余软件版本的不同输出中选出正确结果
	复制指令错误探测（EDDI）	EDDI 在同步点插入源指令与复制指令（两个指令存在不同的内存和寄存器）并比较执行结果是否一致
	SWIFT	改进的一种编译器容错技术，基本思想与 EDDI 一致
数据容错	数据备份	完全备份、差分备份、增量备份
	数据恢复	全盘恢复、数据库和邮件系统恢复、个别文件恢复和重定向恢复
	容灾技术	数据容灾、应用容灾
	数据纠错	奇偶校验码、汉明码等

4. 容灾

容灾系统是指在相隔较远的异地，建立两套以上功能相同的系统，各系统互相之间相互监视健康状态以便进行切换，当一处的系统因意外（如火灾、地震等）停止工作时，整个应用系统可以切换到另一处，使得该系统功能可以继续正常工作。

容灾的目的和实质是保持信息系统的业务持续性。

6.1.3 检错与纠错

通信链路都不是完全理想的。比特在传输的过程中可能会产生**比特差错**，即 1 可能会变成 0，0 也可能变成 1。

一帧包含 m 个数据位（即报文）和 r 个冗余位（校验位）。假设帧的总长度为 n，则有 n=m+r。包含数据和校验位的 n 位单元通常称为 n 位**码字**（codeword）。

海明码距（码距）是两个码字中不相同的二进制位的个数；**两个码字的码距**是一个编码系统中任意两个合法编码（码字）之间不同的二进数位数；**编码系统的码距**是整个编码系统中任意两个码字的码距的最小值。**误码率**是传输错误的比特占所传输比特总数的比率。

例 1：如图 6-1-3 所示给出了一个编码系统，用两个比特位表示 4 个不同信息。任意两个码字之间不同的比特位数从 1 到 2 不等，但最小值为 1，故该编码系统的码距为 1。

	二进码字	
	a2	a1
0	0	0
1	0	1
2	1	0
3	1	1

图 6-1-3　码距为 1 的编码系统

如果任何码字中的一位或多位被颠倒或出错了，则结果中的码字仍然是合法码字。例如，如果传送信息 10，而被误收为 11，因 11 是合法码字，所以接收方仍然认为 11 是正确的信息。

然而，如果用 3 个二进位来编 4 个码字，那么码字间的最小距离可以增加到 2，如图 6-1-4 所示。

	二进码字		
	a3	a2	a1
0	0	0	0
1	0	1	1
2	1	0	1
3	1	1	0

图 6-1-4　改进后码距为 2 的编码系统

这里任意两个码字相互间最少有两个比特位的差异。因此，如果任何信息中的一个比特位出错，那么将成为一个不用的码字，接收方能检查出来。例如信息是 001，因出错成为了 101，101 不是合法码字，这样接收方就能发现出错了。

海明研究发现，**检测 d 个错误**，则编码系统**码距≥d+1**；**纠正 d 个错误**，则编码系统**码距>2d**。

1. 海明码

海明码是一种多重奇偶检错系统，它具有检错和纠错的功能。海明码中的全部传输码字是由原来的信息和附加的奇偶校验位组成的。每一个这种奇偶校验位和信息位被编在传输码字的特定位置上。这种系统组合方式能找出错误出现的位置，无论是原有信息位，还是附加校验位。

设海明码校验位为 k，信息位为 m，则它们之间的关系应满足 $m+k+1 \leq 2^k$。

2. CRC 编码

纠错码广泛用于无线通信中，因为无线线路比有线噪声更多、更容易出错。有线线路上的错误率非常低，所以对于偶然的错误，利用错误检测和重传机制更为有效。数据链路层广泛使用循环冗余校验码（Cyclical Redundancy Check，CRC）进行错误检测。CRC 编码又称为多项式编码（polynomial code）。CRC 的基本思想是把位串看成系数为 0 或 1 的多项式，一个 k 位的帧看成是一个 k–1 次多项式的系数列表，该多项式有 k 项，从 x^{k-1} 到 x^0。这样的多项式就是 k–1 阶多项式，该多项式形为 $A_1x^{k-1}+A_2x^{k-2}+\cdots+A_{n-2}x^1+A_{n-1}x^0$。例如，1101 有 4 位，可以代表一个 3 阶多项式，系数为 1、1、0、1，即 x^3+x^2+1。

使用 CRC 编码，需要先商定一个**生成多项式（generator polynomial）G(x)**。生成多项式的最高位和最低位必须是 1。假设原始信息有 m 位，则对应多项式 M(x)。生成校验码思想就是在原始信息位后追加若干校验位，使得追加的信息能被 G(x)整除。接收方接收到带校验位的信息，然后用 G(x)整除。余数为 0，则没有错误；反之则发生错误。

（1）生成 CRC 校验码。

这里用一个例题讲述 CRC 校验码生成的过程。假设原始信息串为 10110，CRC 的生成多项式为 $G(x)=x^4+x+1$，求 CRC 校验码。

1）原始信息后“添 0”。

假设生成多项式 G(x)的阶为 r，则在原始信息位后添加 r 个 0，新生成的信息串共 m+r 位，对应多项式设定为 $x^rM(x)$。

$G(x)=x^4+x+1$ 的阶为 4，即 10011，则在原始信息 10110 后添加 4 个 0，新信息串为 10110 0000。

2）使用生成多项式除。

利用模 2 除法，用对应的 G(x)位去除串 $x^rM(x)$对应的位串，得到长度为 r 位的余数。除法过程如图 6-1-5 所示。得到余数 1111。

```
10011 ) 101100000
        10011
        ---------
          1010000
          10011
          -------
            11100
            10011
            -----
             1111
```

图 6-1-5　CRC 计算过程

注意：余数不足 r，则余数左边用若干个 0 补齐。如求得余数为 11，r=4，则补两个 0 得到 0011。

3）将余数添加到原始信息后。

上例中，原始信息为 10110，添加余数 1111 后，结果为 10110 1111。

（2）CRC 校验。

CRC 校验过程与生成过程类似，接收方接收了带校验和的帧后，用多项式 G(x) 来除。余数为 0，则表示信息无错；否则要求发送方进行重传。

注意：收发信息双方需使用相同的生成多项式。

（3）常见的 CRC 生成多项式。

CRC–16=$x^{16}+x^{15}+x^2+1$。该多项式用于 FR、X.25、HDLC、PPP 中，用于校验除帧标识位外的全帧。

CRC–32=$x^{32}+x^{26}+x^{23}+x^{22}+x^{16}+x^{12}+x^{11}+x^{10}+x^8+x^7+x^5+x^4+x^2+x+1$。该多项式用于校验以太网（IEEE 802.3）帧（不含前导和帧起始符）、令牌总线（IEEE 802.4）帧（不含前导和帧起始符）、令牌环（IEEE 802.5）帧（从帧控制字段到 LLC 层数据）、FDDI 帧（从帧控制字段到 INFO）和 ATM 全帧和 PPP 除帧标识位外的全帧。

6.1.4　计算机系统结构的安全

计算机系统安全是指：为了保证计算机信息系统安全可靠运行，确保计算机信息系统在对信息进行采集、处理、传输、存贮过程中，不致受到人为（包括未授权使用计算机资源的人）或自然因素的危害，而使信息丢失、泄漏或破坏，对计算机设备、设施（包括机房建筑、供电、空调等）、环境人员等采取适当的安全措施。

计算机系统安全涉及的知识有数学、通信、计算机、法律、心理学、社会学等。计算机系统安全研究方向可以分为基础理论研究、应用技术研究、安全管理研究等。

6.1.5　物理安全

物理安全为了保证计算机系统安全、可靠地运行，确保系统在对信息进行采集、传输、存储、处理、显示、分发和利用的过程中不会受到人为或自然因素的危害而使信息丢失、泄漏和破坏，对计算机系统设备、通信与网络设备、存储媒体设备和人员所采取的安全技术措施。

物理安全技术是指对计算机及网络系统的环境、场地、设备、通信线路等采取的安全技术措施。

1. 物理安全

物理安全包括环境安全、设备安全和介质安全三个方面。

（1）环境安全：系统所在环境（主要指场地、机房）的安全。相关标准有《电子信息系统机房设计规范》（GB50174－2008）、《计算站场地技术条件》（GB/T2887－2000）等。

- 机房安全考虑的因素有：供配电、防雷接地、门禁、保安监控等。
- 场地安全应避免的威胁有：场地温度、湿度、灰尘、有害气体、电源波动、火灾、水患、地震等。

（2）设备安全：主要指设备的防盗、防毁、防电磁信息泄露、防线路截获、抗电磁干扰、电源保护等。

（3）介质安全：指介质数据和介质本身的安全。

2. 《电子信息系统机房设计规范》

《电子信息系统机房设计规范》（GB50174－2008）重要条文有：

3　机房分级与性能要求

3.1　机房分级

3.1.1　**电子信息系统机房应划分为 A、B、C 三级**。设计时应根据机房的使用性质、管理要求及其在经济和社会中的重要性确定所属级别。

3.1.2　符合下列情况之一的电子信息系统机房应为 A 级：

1 电子信息系统运行中断将造成重大的经济损失；

2 电子信息系统运行中断将造成公共场所秩序严重混乱。

3.1.3　符合下列情况之一的电子信息系统机房应为 B 级：

1 电子信息系统运行中断将造成较大的经济损失；

2 电子信息系统运行中断将造成公共场所秩序混乱。

3.1.4　不属于 A 级或 B 级的电子信息系统机房应为 C 级。

3.2　性能要求

3.2.1　A 级电子信息系统机房内的场地设施应按容错系统配置，在电子信息系统运行期间，场地设施不应因操作失误、设备故障、维护和检修而导致电子信息系统运行中断。

3.2.2　B 级电子信息系统机房内的场地设施应按冗余要求配置，在系统需要运行期间，其场地设备在冗余能力范围内，不应因设备故障而导致电子信息系统运行中断。

3.2.3　C 级电子信息系统机房内的场地设施应按基本需求配置，在场地设备正常运行情况下，应保证电子信息系统运行不中断。

4　机房位置与设备布置

4.2　机房组成

4.2.1　电子信息系统机房的组成应根据系统运行特点及设备具体要求确定，宜由主机房、辅助区、支持区、行政管理区等功能区组成。

4.2.2　主机房的使用面积应根据电子信息设备的数量、外形尺寸和布置方式确定，并应预留今后业务发展需要的使用面积。在对电子信息设备外形尺寸不完全掌握的情况下，主机房的使用面积可按下式确定：

1 当电子信息设备已确定规格时，可按下式计算：

$$A=K\times\sum S$$

式中，A 为主机房使用面积；K 为系数，可取 5～7；S 为电子设备的投影面积。

2 当电子信息设备尚未确定规格时，可按下式计算：

$$A=F\times N$$

式中，F 为单台设备占用面积，可取 3.5～5.5（/台）；N 为主机房内所有设备（机柜）的总台数。

4.2.3　辅助区的面积宜为主机房面积的 0.2～1 倍。

4.2.4　用户工作室的面积可按 3.5～4/人计算；硬件及软件人员办公室等有人长期工作的房间

面积，可按 5～7/人计算。

4.3 设备布置

4.3.1 电子信息系统机房的设备布置应满足机房管理、人员操作和安全、设备和物料运输、设备散热、安装和维护的要求。

4.3.2 产生尘埃及废物的设备应远离对尘埃敏感的设备，并宜布置在有隔断的单独区域内。

4.3.3 当机柜内或机架上的设备为前进风/后出风方式冷却时，机柜或机架的布置宜采用面对面、背对背方式。

4.3.4 主机房内通道与设备间的距离应符合下列规定：

1 用于搬运设备的通道净宽不应小于 1.5m；

2 面对面布置的机柜或机架正面之间的距离不宜小于 1.2m；

3 背对背布置的机柜或机架背面之间的距离不宜小于 1m；

4 当需要在机柜侧面维修测试时，机柜与机柜、机柜与墙之间的距离不宜小于 1.2m；

5 成行排列的机柜，其长度超过 6m 时，两端应设有出口通道；当两个出口通道之间的距离超过 15m 时，在两个出口通道之间还应增加出口通道。出口通道的宽度不宜小于 1m，局部可为 0.8m。

6 建筑与结构

6.2 人流、物流及出入口

6.2.1 主机房宜设置单独出入口，当与其他功能用房共用出入口时，应避免人流和物流的交叉。

6.2.3 电子信息系统机房内通道的宽度及门的尺寸应满足设备和材料的运输要求，建筑入口至主机房的通道净宽不应小于 1.5m。

6.2.4 电子信息系统机房可设置门厅、休息室、值班室和更衣间。更衣间使用面积可按最大班人数的 $1\sim3m^2$/人计算。

6.3 防火和疏散

6.3.2 电子信息机房的耐火等级不应低于二级。

6.3.4 面积大于 $100m^2$ 的主机房，安全出口不应少于两个，且应分散布置。面积不大于 $100m^2$ 的主机房可设置一个安全出口，并可通过其他相邻房间的门进行疏散。门应向疏散方向开启，且应自动关闭，并应保证在任何情况下均能从机房内开启。走廊、楼梯间应畅通，并应有明显的疏散指示标志。

6.3.5 主机房的顶棚、壁板（包括夹芯材料）和隔断应为不燃烧体。

6.4 室内装修

6.4.6 A 级和 B 级电子信息系统机房的主机房不宜设置外窗。

当主机房设有外窗时，应采用双层固定窗，并应有良好的气密性。

不间断电源系统的电池室设有外窗时，应避免阳光直射。

7.4.8 空调系统的新风量应取下列两项中的最大值：

1 按工作人员计算，每人 $40m^3$/h。

2 维持室内正压所需风量。

8　电气

8.2　照明

8.2.9　电子信息系统机房内的照明线路宜穿钢管暗敷或在吊顶内穿钢管明敷。

8.3　静电防护

8.3.4　电子信息系统机房内所有设备的金属外壳、各类金属管道、金属线槽、建筑物金属结构等必须进行等电位联结并接地。

9　电磁屏蔽

9.3　屏蔽件

9.3.4　所有进入电磁屏蔽室的信号电缆应通过信号滤波器或进行其他屏蔽处理。

9.3.5　进出电磁屏蔽室的网络线宜采用光缆或屏蔽缆线，光缆不应带有金属加强芯。

9.3.6　截止波导通风窗内的波导管宜采用等边六角形,通风窗的截面积应根据室内换气次数进行计算。

9.3.7　非金属材料穿过屏蔽层时应采用波导管,波导管的截面尺寸和长度应满足电磁屏蔽的性能要求。

12　给水排水

12.2　管道敷设

12.2.2　穿越主机房的给水排水管道应暗敷或采取防漏保护的套管。管道穿过主机房墙壁和楼板出应设置套管，管道与套管之间应采取密封措施。

13　消防

13.2　消防设施

13.2.1　主机房是电子信息系统的核心，在确定消防措施时，应同时保证人员和设备的安全，避免灭火系统误动作造成损失。只有当两种火灾探测器同时发出报警后，才能确认为真正的灭火信号。两种火灾探测器可采用感烟和感温、感烟和离子或感烟和光电探测器的组合，也可采用两种不同灵敏度的感烟探测器。对于含有可燃物的技术夹层（吊顶内和活动地板下），也应同时设置两种火灾探测器。

6.1.6　人员安全

人员安全管理是提高系统安全的最为有效的一种手段。人员安全管理首先应建立正式的安全管理组织机构，然后委任并授权安全管理机构负责人负责安全管理的权力，负责安全管理工作的组织和实施。人员安全管理按受聘前、在聘中、离职三个时间段来实施。

（1）受聘前：考察教育、工作、信用记录、犯罪记录等背景。

（2）在聘中：签订保密协议，并实施访问控制、进行定期考核和评价。

（3）离职：离职谈话，收回权限，签订离职协议。

6.2 操作系统安全

操作系统是用户与计算机硬件之间的桥梁,用户通过操作系统管理和使用计算机的硬件来完成各种运算和任务。

安全操作系统除了要实现操作系统的功能外,还需要保证它所管理资源的安全性(包含保密性、完整性和可用性等)。安全操作系统等级划分可以参见《可信计算机系统安全评价准则》(TCSEC)。

根据美国国防部和国家标准局的《可信计算机系统评测标准》(TCSEC),可将系统分成 4 类,共 7 级。

(1)D 级:级别最低,保护措施少,没有安全功能;

(2)C 级:自定义保护级,属于自由选择性安全保护。安全特点是系统的对象可由系统的主题自定义访问权。

- C1 级:自主安全保护级(选择性保护级),能够实现对用户和数据的分离,进行自主存取控制,数据保护以用户组为单位。
- C2 级:受控访问级,实现了更细粒度的自主访问控制,通过登录规程、审计安全性相关事件以隔离资源。

(3)B 级:强制式保护级(标识安全保护级)。其安全特点在于由系统强制的安全保护。

- B1 级:标记安全保护级。对系统的数据进行标记,并对标记的主体和客体实施强制存取控制。
- B2 级:结构化安全保护级。建立形式化的安全策略模型,并对系统内的所有主体和客体实施自主访问和强制访问控制;
- B3 级:安全域。能够满足访问监控器的要求,提供系统恢复过程。

(4)A 级:可验证的保护(验证设计级)。

A1 级:与 B3 级类似,但拥有正式的分析及数学方法。

6.2.1 操作系统的安全威胁

操作系统的安全威胁是指这样一种可能性,即对于一定的输入,经过系统处理,产生了危害系统安全的输出。

常见的安全威胁分类详见表 6-2-1。

表 6-2-1 常见的安全威胁

分类方式	具体分类
安全威胁的途径	不合理的授权机制、不恰当的代码执行、不恰当的主体控制、不安全的进程间通信(IPC)、网络协议的安全漏洞、服务的不当配置
安全威胁的表现形式	计算机病毒、逻辑炸弹、特洛伊木马、后门、隐蔽通道
威胁的行为方式	切断、截取、篡改、伪造

6.2.2　安全模型

安全模型用于精确和形式地描述信息系统的安全特征，以及用于解释系统安全相关行为的理由。

安全模型的作用如下：

- 能准确地描述安全的重要方面与系统行为的关系。
- 能提高对成功实现关键安全需求的理解层次。
- 可开发一套安全性评估准则和关键的描述变量。

常见的安全模型如表 6-2-2 所示。

表 6-2-2　常见的安全模型

模型名称		特点
状态机模型		状态机模型是用状态语言将安全系统描绘成抽象的状态机，用状态变量表示系统的状态，用转换规则描述变量变化的过程。典型的状态机模型有访问控制矩阵
	BLP 模型（Bell-LaPadula 模型）	最早、最常用的多级安全模型，也属于状态机模型。BLP 形式化地定义了系统、系统状态以及系统状态间的转换规则；定义了安全概念；制定了一组安全特性，并用于对系统状态和状态转换规则的限制。如果系统初始状态安全，并且所经过的一系列转换规则都保持安全，那么该系统是安全的
信息流模型		主要着眼于对客体之间的信息传输过程的控制。模型根据客体的安全属性决定主体对信息的存取操作是否可行。可用于寻找隐蔽通道
无干扰模型		设有使用某一命令集的两组用户，一组用户使用这些命令所得到的结果，不影响另一组用户能访问的数据
不可推断模型		低安全等级用户无法推断出高安全等级用户的行为
完整性模型	Biba 模型	Biba 采用 BLP 类似的规则保护信息完整。能够防止数据从低完整性级别流向高完整性级别
	Clark-Wilson 模型	模型采用良构事务和职责分散两类处理机制来保护数据完整性。 ● 良构事务处理机制：不让用户随意修改数据。 ● 职责分散：需将任务分解多步，并由多人完成。验证某一行为的人不能同时是被验证行为人
	DTE 模型	域类型增强（Domain and Type Enforcement）模型通过赋予文件不同的类型、赋予进程不同的域来进行有一定策略的访问控制。DTE 模型作为实现信息完整性保护的模型
中国墙模型		允许主体访问，该主体所拥有的信息不发生冲突的信息

6.2.3　访问控制

安全模型按机制可以分为：访问控制模型、信息流模型等。具体分类参见图 6-2-1。

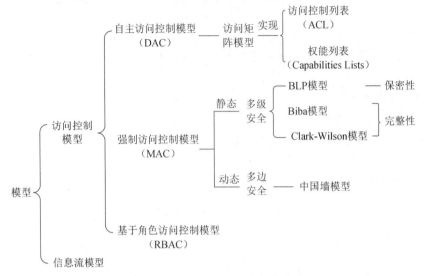

图 6-2-1　按机制分类的安全模型

访问控制模型是从访问控制的角度描述安全系统,主要针对系统中主体对客体的访问及其安全控制。信息流模型根据客体的安全属性决定主体对它的存取操作是否可行。访问是使信息在主体和对象间流动的一种交互方式。

访问控制的手段包括用口令、登录控制、户识别、资源授权、授权核查、日志、审计等。

访问控制的类型有:防御型、矫正型、探测型、技术型、管理型、操作型控制。

1. 访问控制基本概念

访问控制的三个基本概念如下:

● 主体:改变信息流动和系统状态的主动方。主体可以访问客体。主体可以是进程、用户、用户组、应用等。

● 客体:包含或者接收信息的被动方。客体可以是文件、数据、内存段、字节等。

● 授权访问:决定谁能访问系统,谁能访问系统的哪种资源以及如何使用这些资源。方式有读、写、执行、搜索等。

2. 访问控制机制概念模型

访问控制机制是为检测和防止系统中的未经授权访问,为保护资源所采取的软件措施、硬件措施及管理措施等。

(1)访问控制矩阵(Access Control Matrix)。

访问控制矩阵是最初实现访问控制机制的概念模型,它利用二维矩阵规定了任意主体和任意客体间的访问权限。访问控制列表形式如表 6-2-3 所示。

(2)访问控制表(Access Control Lists)。

很多时候,访问控制矩阵是一个稀疏矩阵,因此访问控制可以按行或按列分解存储。访问控制矩阵按列分解,就生成了访问控制列表。访问控制列表实例如图 6-2-2 所示。

表 6-2-3　访问控制列表形式

	文件 1	文件 2	文件 3
用户 A	RWX	X	W
用户 B	W		R
用户 C	R		R

注：R 代表可读；W 代表可写；X 代表可执行；空代表没有权限。

（3）权能表（Capabilities Lists）。

访问控制矩阵按行分解，就生成了权能表。权能表实例如图 6-2-3 所示。

图 6-2-2　访问控制列表实例　　　　图 6-2-3　权能表实例

3．自主访问控制

自主访问控制（Discretionary Access Control，DAC）是目前计算机系统中实现最多的访问控制机制。DAC 允许合法用户以用户或用户组的身份访问策略规定的客体，同时阻止非授权用户访问客体，某些用户还可以自主地把自己所拥有的客体的访问权限授予其他用户。在实现上，首先要对用户的身份进行鉴别，然后就可以按照**访问控制列表**所赋予用户的权限允许和限制用户使用客体的资源。

自主访问控制的特点就是控制自主，具有灵活性；缺点是能控制主体对客体的直接访问，但不能控制对客体的间接访问（间接访问：假如 A 可访问 B，B 可访问 C，则 A 可访问 C）。

自主访问控制模型的典型代表有 HRU 模型（Harrison、Ruzzo、Ullman 访问控制矩阵模型）、Jones 取予模型（Take-Grant 模型）、动作-实体模型等。

4．强制访问控制

强制访问控制（Mandatory Access Control，MAC）在 TESEC 中被用作 B 级安全系统的主要评价标准之一。强制访问控制的典型代表有 BLP 模型、基于角色的存取控制模型、Clark-Wilson 模型、BN 模型（Brewer Nash Chinese Wall 模型）等。

MAC 的主要特点是系统对访问主体和受控客体实行强制访问控制，系统事先给访问主体和受控对象分配不同的安全级别属性，系统严格依据安全级别和属性觉得是否能够进行访问。该模式下，用户不能随意修改访问控制表。

（1）多级安全模型。

对用户和数据做相应的安全标记的系统，称为多级安全系统。多级安全模型把密级由**低到高分为开放级、秘密级、机密级和绝密级**，不同的密级包含不同的信息。它确保每一密级的信息仅能让那些具有高于或等于该级权限的人使用。

多级安全模型中主体对客体的访问主要有四种方式：

1）向下读（read down）：主体级别高于客体级别时允许读操作；

2）向上读（read up）：主体级别低于客体级别时允许读操作；

3）向下写（write down）：主体级别高于客体级别时允许执行或写操作；

4）向上写（write up）：主体级别低于客体级别时允许执行或写操作。

分级的安全标签实现了信息的单向流通。

- BLP 模型特点：只允许主体只向下读，不能上读（简单安全特性规则）；主体只能向上写，不能向下写（*特性规则）。既不允许低信任级别的主体读高敏感度的客体，也不允许高敏感度的客体写入低敏感度区域，禁止信息从高级别流向低级别。这样保证了数据的机密性。

- Biba 模型特点：与 BLP 相反，只允许向上读、向下写。仅当主体的完整级大于或等于客体的完整级时，才允许该主体写该客体；主体的完整级不高于客体完整级时，才允许该主体读该客体。这样可以有效地保护数据的完整性。BLP 和 Biba 模型对比如图 6-2-4 所示。

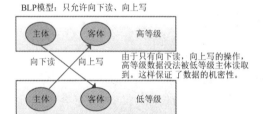

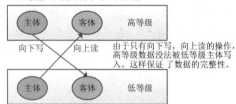

图 6-2-4　BLP 和 Biba 模型对比

（2）多边安全模型。

多边安全模型访问数据不是受限于数据的密级，而是受限于主体已经获得了对哪些数据的访问权限。该模型下主体只能访问那些与已经拥有的信息不冲突的信息。

5．基于角色的访问控制

基于角色的访问控制（Role Based Access Control，RBAC）通过分配和取消角色来完成用户权限的授予和取消，并且提供角色分配规则。安全管理人员根据需要定义各种角色，并设置合适的访问权限，而用户根据其责任和资历再被指派为不同的角色。

6.2.4　操作系统安全机制

操作系统安全机制除了包含访问控制之外，还有鉴别、最小特权管理、运行保护、存储保护、可信通路、文件保护、安全审计等机制。

1. 鉴别

鉴别就是系统身份认证，用户在访问安全系统之前，首先经过身份认证系统识别身份，然后系统根据用户的身份和授权信息决定用户是否能够访问某个资源。鉴别的方法有口令鉴别、USB Key鉴别、生物特征鉴别。

2. 最小特权管理

最小特权管理一方面给予主体"必不可少"的权力，确保主体能在所赋予的特权之下完成所任务或操作；另一方面，给予主体"必不可少"的特权，限制了主体的操作。这样可以确保可能的事故、错误、遭遇篡改等原因造成的损失最小。

3. 运行保护机制

安全操作系统进行了分层设计，最内层拥有最高特权，一个系统至少 3～4 个环。环内进程能有效控制和利用该环和外环。这种保护环机制就是运行保护机制，进程隔离是机制的核心。

4. 存储保护机制

存储器是系统核心资源。存储器保护主要是指保护存储器中的数据，防止泄漏或被篡改。存储保护机制方法有存储器隔离和存储器保护。

- 存储器隔离：存储器隔离主要有进程的存储区域相互隔离、进程间的隔离、用户空间与内核空间的隔离。存储器隔离可以使用虚拟化技术来实现。
- 存储器保护：存储器保护主要有存储器外存资源保护、调入内存内容完整性保护。

5. 可信通路机制

在计算机系统中，用户是通过不可信的中间应用层和操作系统相互作用的。但在进行用户登录、定义用户的安全属性、改变文件的安全级等操作时，用户必须确定是与安全内核通信，而不是与一个特洛伊木马打交道。

可信通路（Trusted Path）就是为用户和操作系统间构建的一条安全通道。构建可信通路的方法有发信号（例如发送"Ctrl+Alt+Del"）给安全内核。

6. 文件保护

文件保护就是防止文件被非法用户窃取、篡改、破坏。保护文件的方法有备份、恢复、加密。进行文件保护的方法主要有**文件备份、文件恢复、文件加密**。

常见的加密文件系统如表 6-2-4 所示。

表 6-2-4　常见的加密文件系统

操作系统	加密文件系统	特点
Linux	CFS	使用 DES 加密系统，只加密目录内容，但文件属性（名称、大小、目录结构等）为明文，效率低下
	TCFS	受 CFS 影响，具有更大透明度，用户甚至不会体会到文件被加密。TCFS 的数据加密、解密操作在核心层完成。TCFS 过于依赖用户登录密码，而且加密密钥存放在磁盘上也降低了系统的安全性

续表

操作系统	加密文件系统	特点
	AFS	分布式加密文件系统，客户无须关心数据具体存放在哪台服务器上。目录访问控制列表比较详细，文件属性（名称、大小、目录结构等）得到较好保护。但数据在服务器端是明文存储，一台服务器被入侵，则整个系统安全性就会被破坏
Windows	EFS	基于公钥的数据加/解密，使用标准 X.509 证书。一个用户要访问一个已加密的文件或要实时、透明地对其进行加密，就必须拥有与文件加密公钥对应的私钥

审计是产生、记录并检查按时间顺序排列的系统事件记录的过程。C2 及以上安全级别的计算机系统，必须具有审计功能。

审计记录并监控用户使用的信息资源、使用的时间，以及如何操作。审计与监控能够再现原有的进程和问题，是责任追查和数据恢复的重要手段。

审计跟踪记录按事件从始至终的途径，顺序检查、审查和检验每个事件的环境及活动。该方法可以发现违反安全策略的活动、影响运行效率的问题以及程序中的错误。审计跟踪不但能帮助系统管理员确保系统及其资源免遭非法授权用户的侵害，同时还能帮助恢复数据。

审计系统包含三大功能模块：审计事件的收集及过滤、审计事件的记录及查询、审计事件分析及响应报警。

审计事件是系统审计用户操作的最基本单位。系统将所有要求审计或可以审计的用户动作都归纳成一个个可区分、可识别、可标志用户行为和可记录的审计单位。审计机制对系统、用户主体、客体（包括文件、消息、信号量、共享区等）都可以定义为要求被审计的事件集。

审计机制针对系统定义了固定审计事件集（必须审计事件的集合）。

7. 安全审计

操作系统的安全审计是指对系统中有关安全的活动进行记录、检查和审核。审计是对访问控制的必要补充，它的主要目的就是检测和阻止非法用户对系统的入侵，并找出合法用户的误操作。

6.2.5 安全操作系统

安全的操作系统能保证用户行为得到合适的权限控制，能为合法用户提供稳定的、合法的服务。

提高操作系统安全的方法如下：

（1）虚拟机法：在操作系统与硬件之间增加一个新分层，实现硬件的虚拟化。

（2）改进/增强法：对内核和应用程序进行安全分析，然后加入安全机制，经开发改造后，保持了原操作系统的用户接口界面。具体方法有增强用户身份鉴别、增强访问控制、安全管理增强、多管理员增强、审计增强、自动化辅助管理等。

（3）仿真法：对现有操作系统的内核进行面向安全策略的分析和修改以形成安全内核，然后在安全内核与原来操作系统用户接口界面中间再编写一层仿真程序。

6.3　数据库安全

《中华人民共和国公共安全行业标准》（GA/T389－2002）给出的数据安全的定义是：数据库安全就是保证数据库信息的保密性、完整性、一致性和可用性。

当前数据库系统面临的最常见的安全问题如下：

（1）数据库的物理安全：能从硬件或环境方面保护数据库的安全。具体防护手段有保障掉电时数据不丢失不破坏、存储介质损坏时数据的可利用性、能防止各种灾害（如火灾、地震等）对数据库造成不可弥补的损失，具有灾后数据库快速恢复能力。

（2）数据库的逻辑完整性：能保持数据库逻辑结构的完整性，严格控制数据库的创立与删除，库表的建立、删除和更改的操作，这些操作只能允许具有数据库拥有者或系统管理员权限的人才能够进行。尽量减少字段与字段之间、库表与库表之间不必要的关联，减少不必要的冗余字段，防止发生修改一个字段的值影响其他字段的情况。

（3）元素完整性：保持数据字段内容的正确性与准确性。元素完整性需要由 DBMS、应用软件的开发者和用户共同完成。

（4）可审计性：为了能够跟踪对数据库的访问，及时发现对数据库的非法访问和修改，需要对访问数据库的一些重要事件进行记录，利用这些记录可以协助维护数据库的完整性，还可以帮助事后发现是哪一个用户在什么时间影响过哪些值。通过审计日志可以寻找到黑客访问数据库敏感数据的踪迹和攻击敏感数据的步骤。

（5）推理控制：数据库、库表、记录与字段是相互关联的，字段与字段的值之间、记录与记录之间也是具有某种逻辑关系的，存在通过推理从已知的记录或字段的值间接获取其他记录或字段值的可能。

（6）多级保护：将数据、同一记录中的不同字段、同一字段的不同值划分为不同的安全等级，从而实现安全等级划分以及用户依据相应等级安全策略进行等级访问。

（7）访问控制：确保只有授权用户能够且只能访问被允许访问的数据元素。

数据库系统面临的安全问题还有可用性、身份认证、消除隐通道等。

6.3.1　数据库安全性

数据库系统由于具有数量多、数据多、用户多等特性，安全问题就变得更加突出。数据库安全性是保护数据库避免不合法的使用造成数据破坏、篡改、泄露。

数据库安全可分为两个方面：

（1）系统安全性：在系统级控制数据库的使用、存取的机制。

（2）数据安全性：在对象级控制数据库的使用、存取的机制。

提高数据库安全性的手段如下：

（1）用户身份认证：通过核对用户的名字或身份（ID），决定该用户对系统的使用权。

（2）存取控制：定义和控制用户对数据库数据的存取访问权限，以确保只授权给有资格的用户访问数据库，并防止和杜绝对数据库中数据的非授权访问。

（3）视图机制：设计数据库系统时，针对不同用户定义不同视图，让用户视图只出现应该出现的数据。通过视图可以选择授权，将用户、组或角色限制在不同的数据子集内。

（4）加密存储：利用加密技术提高数据库安全性。加密可以提高系统安全性，但是会降低系统性能和灵活性。数据库中不能加密的部分包括：索引字段、关系运算的比较字段、表间的连接码字段。

6.3.2 数据库完整性

数据库的完整性是指数据的正确性和相容性（语义上的合理性），是防止数据库中存在不符合语义的数据。

保证数据库完整性手段如下：

（1）设置触发器：检查取值类型与范围，为数据库完整性设置限制，依据业务要求限制数据库的修改。

（2）两阶段更新：为了避免出现数据更新错误或者程序中断，保证数据更新的正确性，采用两阶段更新。

- 第一阶段是准备阶段。
- 第二阶段永久性修改阶段。

（3）纠错与恢复：主要采用冗余的方法。主流的冗余方法有：附加校验码和纠错码；镜像或者备份数据；数据恢复技术。

6.3.3 数据库并发控制

数据库系统一般支持多用户同时访问数据库，当多用户同时读写同一字段时，会存取不了一致的数据。

数据不一致情况包括：丢失修改、不可重复读、读"脏"数据。

6.3.4 数据库的备份与恢复

数据库备份可分为物理备份（冷备份和热备份）和逻辑备份。数据库恢复技术一般有四种策略：基于数据转储的恢复、基于日志的恢复、基于检测点的恢复和基于镜像数据库的恢复。

6.3.5 数据库访问控制

数据库访问控制要比操作系统访问控制的难度大很多。具体不同点如表 6-3-1 所示。

由于访问数据库的**用户的安全等级是不同的**，分配给他们的权限是不一样的，为了保护数据的安全，**数据库被逻辑地划分为不同安全级别数据的集合。**

- 在 DBMS 中，用户有数据库的创建、删除，库表结构的创建、删除与修改，对记录的查询、增加、修改、删除，对字段的值的录入、修改、删除等权限。
- DBMS 必须提供安全策略管理用户这些权限。

表 6-3-1   数据库和操作系统访问控制的对比

	操作系统	数据库
关联性	文件间没有关联	库、表、表内的记录和字段相互关联
访问控制表的复杂性	不复杂	复杂
访问控制表的数量	较小	庞大
推理泄漏	文件不关联，所以没有	数据库数据库、库表、记录与字段是相互关联，存在推理泄露的可能

DBMS 是作为操作系统的一个应用程序运行的，数据库中的数据不受操作系统的用户认证机制的保护，也没有通往操作系统的可信路径。这要求 DBMS 必须建立自己的用户认证机制。DBMS 的认证是在操作系统认证之后进行的，也就是说，用户进入数据库，需要进行操作系统和 DBMS 两次认证，这增加了数据库的安全性。

1．数据库安全模型

数据库安全领域通用模型有自主访问控制（DAC）、强制访问控制（MAC）、角色控制（RBAC）等，特定模型有 Wood、Smith Winslett 等。

2．数据库安全策略

数据库的安全策略是组织、管理、保护和处理敏感信息的法律、规章及方法的集合。数据库的安全策略包括安全管理、访问控制、信息控制等方面。

数据库安全策略满足的主要原则如下：

（1）最小特权原则：用户有且仅能访问其必要的信息。

（2）最大共享原则：尽可能地给用户所需信息的访问权限。

（3）开放系统原则：只要不是明确禁止的操作，一般的存取访问都是允许的。

（4）封闭系统原则：只有明确许可的访问操作，才允许进行存取访问。

6.3.6   安全数据库标准

为了提高数据库的安全性，世界各国制定了一系列的安全标准。

1．TDI

1991 年 4 月，美国 NCSC（国家计算机安全中心）颁布了《可信计算机系统评估标准关于可信数据库系统的解释》（Trusted Database Management System Interpretation of the Trusted Computer Evaluation Criteria，TDI）。TDI 将 TCSEC 扩展到了数据库管理系统。其定义了数据库管理系统的设计与实现中需满足和用以进行安全性级别评估的标准。

TDI 分为技术背景、需求解释、附录 A、附录 B 四个部分。

● 技术背景：该部分描述了如何由多个可信部件或产品构造成一个可信系统的问题。

● 需求解释：如何依据 TCSEC 的安全要求，对由可信计算基（TCB）构成的系统进行评估。

● 附录 A：如何依据 TCSEC 对 DBMS 进行详细的分级。

- 附录 B：TDI 颁布时，一些仍在研究的数据库安全问题。

2. CC

通用安全评估准则（CC）发布后，数据库安全标准便从 TCSEC 向 CC 过渡。CC 的重点就是研究和颁布各类产品和系统的保护轮廓（Protection Profile，PP）。Oracle 公司推出了通用数据库管理系统的保护轮廓 DBMS.PP。

3. 我国数据库管理系统安全评估标准

我国的数据库安全相关的评估标准有《军用数据库安全评估准则》《计算机信息系统安全等级保护数据库管理系统技术要求》（GA/T389－2002）、《信息安全技术数据库管理系统安全评估准则》（GB/T20009－2005）。

6.3.7 多级安全数据库

多级安全数据库是将数据库中的重要数据进行安全等级划分，通过访问控制、加密等技术实施的综合保障技术来实现符合标准规范的安全数据库。

6.4 嵌入式系统安全

嵌入式系统（Embedded system）是一种完全嵌入受控器件内部，为特定应用而设计的专用计算机系统。

6.4.1 智能卡

智能卡（Smart Card）：内嵌有微芯片的塑料卡的通称。智能卡通常包含微处理器、I/O 接口及内存，提供了资料的运算、存取控制及储存功能。智能卡的分类方式见表 6-4-1。

表 6-4-1　智能卡的分类

分类方式	具体类别
有无电源	主动卡（内含电源）、被动卡（外部供电）
数据传输方式	接触式、非接触式、混合式
镶嵌集成电路的不同	存储器卡（只有 EEPROM）、逻辑加密卡（具有加密逻辑+EEPROM）、CPU 卡（包含 CPU+EEPROM+RAM+固化在 ROM 中的片内操作系统（Chip Operation System，COS））
应用领域	金融卡、非金融卡

智能卡的片内操作系统（COS）一般由通信管理模块、安全管理模块、应用管理摸块和文件管理模块四个部分组成。

针对智能卡的常用攻击手段如下：

（1）**物理篡改**：想办法使卡中的集成电路暴露出来，直接用微探针读取存储器的内容。

（2）**时钟抖动**：在某一精确计算的时间间隔内突然注入高频率脉冲，导致处理器丢失一两条指令。

（3）**超范围电压探测**：通过调整电压，使处理器出错。

针对上述的攻击手段，可采取的防范措施有总线分层、使芯片平坦化、平衡能耗、随机指令冗余等。

6.4.2　USB Key

USB Key 是一种 USB 接口的硬件设备。它内置单片机或智能卡芯片，有一定的存储空间，可以存储用户的私钥以及数字证书。它采用软硬件相结合、一次一密的强双因子认证模式，很好地解决了安全性与易用性之间的矛盾。

USB Key 并不绝对安全，其中的数字证书存在被复制的可能；交互操作存在漏洞，可能被远程控制；无法防止数据被篡改。

针对上述问题，可采取的防范措施有增加新硬件、改变认证策略，这些方法正在研发中。

6.4.3　工控系统安全

工业控制主要是指使用计算机技术、微电子技术、电气手段，使工厂的生产和制造过程更加自动化、效率化、精确化，并具有可控性及可视性。

随着计算机技术、通信技术和控制技术的发展，工控制系统的结构从 CCS（计算机集中控制系统）到 DCS（分散控制系统），再到 FCS（现场总线控制系统）。

工业控制面临的安全问题有：外部黑客攻击、内部人为风险、安全策略和管理流程漏洞、病毒与恶意代码、操作系统安全漏洞、网络通信协议安全漏洞等。

针对上述问题，可采取的防范措施有：部署安全方案、实施风险评估、加强制度和人员管理、部署防火墙、杀毒软件、物理隔离、实施产品认证、工控系统入侵检测与防护等。

6.4.4　智能终端安全

智能终端是一类嵌入式计算机系统设备；智能终端作为嵌入式系统的一个应用方向，其应用场景设定较为明确，因此，其体系结构比普通嵌入式系统结构更加明确，粒度更细。

常见的智能终端有 PDA 智能终端、平板电脑、移动智能终端、车载智能终端、智能电视、可穿戴设备等。

常见的智能终端的软件系统有 Windows CE、Plam OS、Pocket PC、Windows Phone、安卓（Android）、iOS 等。

安卓的系统架构从上层到下层包括应用程序层、应用程序框架层、系统库和安卓运行时、Linux 内核。安卓的核心系统服务，如安全性、内存管理、进程管理、网路协议以及驱动模型都依赖于 Linux 内核。

智能终端面临的安全问题有：

- 终端硬件层面安全威胁：终端丢失、器件损坏、SIM 卡克隆、电磁辐射监控窃听、芯片安全等。
- 系统软件层面安全威胁：包括操作系统漏洞、操作系统 API 滥用、操作系统后门等。
- 应用软件层面安全威胁：用户信息泄露、恶意订购业务、恶意消耗资费、通话被窃听、病毒入侵、僵尸网络等。

针对上述问题，可采取的防范措施有采用可信智能终端系统的体系结构、采用可信智能终端的操作系统安全增强、构建可信智能终端的信任链、构建可信的保密通信和可信的网络连接。

第 7 章　应用安全

本章考点知识结构图如图 7-0-1 所示。

图 7-0-1　考点知识结构图

7.1　Web 安全

由于各类新一代的 Web 应用产品诞生，Web 应用与业务越来越广泛，黑客利用网站操作系统漏洞、应用系统漏洞、SQL 注入漏洞、网络钓鱼、僵尸网络、键盘记录程序等方法获取服务器控制权，从而可以进行篡改网页、窃取数据、植入木马等非法活动。

7.1.1　Web 安全威胁的防护技术

1. Web 安全威胁

目前主要的 Web 安全威胁有：SQL 注入、跨站攻击、旁注攻击、失效的身份认证和会话管理等。具体威胁介绍参见"网站安全威胁"部分。

2．Web 访问安全

确保 Web 访问安全的技术有 Web 访问控制技术、单点登录技术。

（1）Web 访问控制。Web 访问控制就是确保网站资源不被非法访问。Web 访问控制常用的方法有：使用"IP、子网或域名"来进行访问控制；使用"用户名+密码"方式来进行访问控制；使用"公钥加密体系 PKI+智能认证卡"。

（2）单点登录。单点登录（Single Sign On，SSO）用户只需要登录一次就可以访问所有相互信任的应用系统。单点登录有不同的实现方法和模型，常见的模型如表 7-1-1 所示。

表 7-1-1　常见 SSO 模型

名称	特点
基于网关的 SSO 模型	该模型由客户端、应用服务器以及认证服务器组成。用户访问资源首先到认证服务器进行认证，通过认证的用户会得到认证服务器返回的身份标志，用户使用该标志可以访问授权的任何应用服务器
基于验证代理的 SSO 模型	该模型中代理服务器分担了用户的认证任务，是服务器和客户端之间认证方式的"翻译"
基于 Kerberos 的 SSO 模型	该模型基于 Kerberos 集中进行用户认证和发放身份标识。用户初始登录后，用户名和密码长期保存在内存中，用户登录新应用（申请新票据）时，系统会自动提取用户名和密码，用户不再需要做任何输入

具体的模型结构如图 7-1-1 所示。

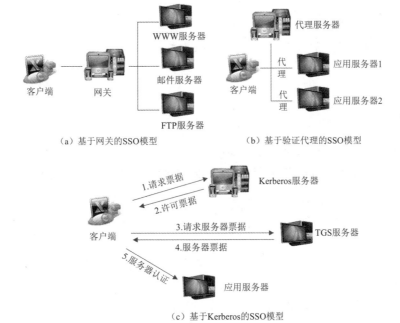

（a）基于网关的 SSO 模型　　　（b）基于验证代理的 SSO 模型

（c）基于 Kerberos 的 SSO 模型

图 7-1-1　具体的模型结构

7.1.2 网页防篡改

网站存在两种被篡改的方式，一种是网站被入侵后页面被篡改，另一种是网站被劫持。网页防篡改的技术如表 7-1-2 所示。

表 7-1-2 网页防篡改技术

防篡改技术名称	特点
时间轮询	用程序轮询读出要监控的网页，并与真实的网页进行完整性对比，发现篡改就会报警和恢复。该技术轮询时间较长，只适合网页访问较少、占用资源较少的情况
核心内嵌＋事件触发技术	事件触发技术就是利用 Web 服务器的操作系统接口对正被修改的文件，进行合法性检查，发现非法操作就会报警和恢复。核心内嵌技术就是利用密码水印，对网页进行完整性检查
文件过滤驱动＋事件触发技术	将篡改监测核心程序通过微软文件底层驱动技术应用到 Web 服务器中，通过事件触发方式进行自动监测。 对检测所有文件和文件夹，经过内置算法生成文件属性，对照其底层文件属性，进行实时监测；若发现文件属性变更，即有网页被篡改，立即删除被篡改网页，停止 Web 服务，同时通过非协议方式，安全拷贝备份文件。 由于使用底层文件驱动技术，整个文件复制过程为毫秒级，使得用户无法看到被篡改页面，因此运行性能和监测实时性可达极高的标准

7.1.3 内容安全

内容安全是保障企业内部重要信息不被泄密或者丢失，内容安全的主要技术有电子邮件过滤、网页过滤、反间谍软件。

7.2 电子商务安全

电子商务是以信息网络技术为手段，以商品交换为中心的商务活动；也可理解为在互联网、企业内部网上以电子交易方式进行交易活动和相关服务的活动，是传统商业活动各环节的电子化、网络化、信息化。

7.2.1 电子商务的定义及安全需求

电子商务系统的安全问题除了包含计算机系统本身存在的安全隐患外，还包含了电子商务中数据的安全隐患和交易的安全隐患。

要保证电子商务的安全性，就要满足下列安全需求：

（1）信息保密性需求。

（2）信息完整性需求。

（3）交易信息不可抵赖性需求。

（4）交易对象身份可认证性需求。

（5）服务有效性需求。

（6）访问控制需求。

7.2.2　电子商务体系结构

电子商务系统是支持商务活动的技术手段集合，涵盖企业内部的信息管理系统 MIS、生产制造系统（MES）、企业资源规划（ERP）、供应链管理（SCM）、客户管理（CRM）、门户网站、电子支付与结算平台以及其他各类组件与接口。

电子商务系统是支撑企业运营的基础平台，是企业资源运行系统；电子商务系统是优化企业业务流程、降低经营成本的重要手段；电子商务系统对实时性、安全性要求较高。

典型的电子商务系统体系结构如图 7-2-1 所示。典型的电子商务系统安全架构如图 7-2-2 所示。

图 7-2-1　典型的电子商务系统体系结构

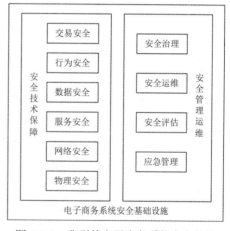

图 7-2-2　典型的电子商务系统安全架构

7.2.3　SET 协议

目前电子商务在线支付中，两种安全在线支付协议被广泛采用，即 SSL 协议和 SET 协议。本小节重点讲述 SET 协议。

在网上购物环境中，持卡人希望在交易中保密自己的账户信息，使之不被盗用；商家则希望客户的定单不可抵赖，并且在交易过程中，交易双方都希望验明其他方的身份，以防止被欺骗。针对这种情况，美国 Visa 和 MasterCard 两大信用卡组织联合多家机构，共同制定了应用于 Internet 上的以信用卡为基础进行在线交易的安全标准，这就是安全电子交易（Secure Electronic Transaction，

SET）。它采用公钥密码体制和 X.509 数字证书标准，主要用于保障网上购物信息的安全性。SET 协议是应用层的协议，是一种基于消息流的协议。

由于 SET 协议提供了消费者、商家和银行之间的认证，确保了交易数据的安全性、完整可靠性和交易的不可否认性，特别是保证不将消费者的银行卡号暴露给商家等优点，因此成为了目前公认的信用卡/借记卡网上交易的国际安全标准。

SET 协议本身比较复杂，设计比较严格，安全性高，它能保证信息传输的机密性、真实性、完整性和不可否认性。SET 协议是 PKI 框架下的一个典型实现。SET 协议目标：保证付款安全、确保应用互通性、全球市场可接受。

SET 协议的工作流程如图 7-2-3 所示。

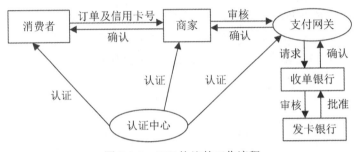

图 7-2-3　SET 协议的工作流程

基于 SET 协议的购物流程如下：

（1）消费者浏览商品、选择、下订单并选择支付方式。

此时 SET 开始介入

（2）消费者必须对订单和付款指令进行**数字签名**，同时利用**双重签名**技术确保商家**看不到**消费者的账号信息，银行看不到订购信息。

（3）商店接受订单后，向消费者所在银行**请求支付认可**。信息通过支付网关到收单银行，再到发卡银行确认。批准交易后，返回确认信息给在线商店。

（4）商店发货或提供服务，并通知收单银行将钱从消费者的账号转移到商店账号，或通知发卡银行请求支付。

SET 协议安全程度很高，它结合了 DES、RSA、SSL、S-HTTP 等技术，提高了交易的安全性。还使用了如下技术：

（1）秘密密钥：金融机构用来加密个人识别号（Personal Identification Numbers，PINs）。

（2）公共密钥：商家与客户交往时使用。公钥给客户，私钥在商家。

（3）数字信封：报文数据先使用一个随机产生的对称密钥加密，该密钥再用报文接收者的公钥进行加密，这称为报文的数字信封（digital envelope）。然后将加密后的报文和数字信封发给接收者。数字信封技术能够保证数据在传输过程中的安全性。

（4）多密钥对：每个 SET 的参与者都有两个密钥对。一个称为交换密钥对，用于加密和解密；

另一个是签名密钥对，用于产生和验证数字签名。

（5）**双重签名**：SET 中引入的一个重要创新，它可以巧妙地把发送给不同接收者的两条消息联系起来，而又很好地保护了消费者的隐私。

双重签名的流程如表 7-2-1 所示。

表 7-2-1　双重签名的流程

1）双重签名生成过程

- 客户对订购信息和支付信息进行 Hash 处理，分别得到**"订购信息的消息摘要"**和**"支付信息的消息摘要"**
- 将两个消息摘要连接起来再进行 Hash 处理，得到**"支付订购消息摘要"**。
- 客户用自己的私钥加密**"支付订购消息摘要"**，最后得到的就是经过双重签名的信息

2）双重签名使用和验证过程

- 客户将**"订购信息+支付信息的消息摘要+双重签名"**发给商家，将**"支付信息+订购信息的消息摘要+双重签名"**发给银行；
- 商家和银行对各自收到的信息生成摘要，再与收到的摘要连接起来，并与用客户公钥解密后的**"支付订购消息摘要"**进行对比。如果比对结果一致，就可确定消息的真实性

在验证过程中，商家看不到顾客账户信息、银行不知道客户的购买信息，但都可确认另一方是真实的

7.3　信息隐藏

信息隐藏（Information Hiding）主要研究如何将某一机密信息秘密隐藏于另一公开的载体（Cover）信息（如图像、声音、文档文件）中，然后通过公开信息的传输来传递机密信息。信息隐藏和提取模型如图 7-3-1 所示。

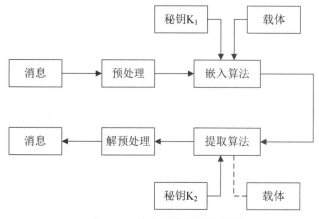

图 7-3-1　信息隐藏和提取模型

信息隐藏不同于传统的密码学，信息隐藏强调隐蔽，而密码学则强调加/解密。

信息往往隐藏在多媒体信息之中，这是因为多媒体信息具有很大的冗余性，同时人的眼睛和耳朵对信息有一定的掩蔽效应（如人眼对灰度分辨率不高；对边沿附近的信息不敏感等）。

7.3.1 信息隐藏技术

信息隐藏技术的特性如表 7-3-1 所示：

表 7-3-1 信息隐藏技术的特性

特性名称	特性简述
透明性	隐藏信息加入后，隐藏信息不能轻易被感知，没有明显变化
鲁棒性	不因载体的某种变换，而导致隐藏信息的丢失
安全性	隐藏信息能抵抗一定程度的人为攻击，而不被损坏
不可检测性	隐藏信息与载体具有一致特性，例如都具有一致的统计噪声分布、非法拦截者无法判断是否包含隐藏信息
对称性	信息隐藏和提取过程（包含编码、加密）具有对称性，对称性可以降低存取难度

具体的信息隐藏技术分类如表 7-3-2 所示。

表 7-3-2 信息隐藏技术分类

技术名	特点	备注
隐写术	把秘密信息隐藏于其他信息之中,其中消息的存在形式较为隐秘	通信方式：点对点
		健壮性要求：较高
		隐藏信息与载体关系：无关联
		隐写术的秘密信息需隐藏
数字水印	嵌在数字产品中的数字信号，可以是图像,文字,符号，数字等一切可以作为标识和标记的信息,其目的是进行版权保护、所有权证明、指纹（追踪发布多份拷贝）和完整性保护等	通信方式：一点对多点
		健壮性要求：高于隐写术
		隐藏信息与载体关系：密切关联
		水印不一定需要隐藏,可分为不可见和可见水印
隐蔽通道	在公开信道中建立的一种实现隐蔽通信的信道	略

常见的信息隐藏算法有空域算法、频域算法、压缩域算法等。

7.3.2 数字水印技术

数字水印（Digital Watermark）利用人类的听觉、视觉系统的特点，在图像、音频、视频中加入特定的信息，使人很难觉察，而通过特殊方法和步骤又能提取所加入的特定信息。

1. 数字水印原理

数字水印技术，是指在数字化的源数据（如图像、音频、视频等）内容中嵌入隐藏记号，并与源数据成为不可分离的一部分。隐藏记号通常不可见，但可被计算机检测或提取。

数字图像的内嵌水印的特点有：

（1）透明性：加入水印不会降低图像质量，很难发现与原图像的差别。

（2）鲁棒性：图像变换操作（D/A 或 A/D 转换、加入噪声、滤波，有损压缩等）时，不会丢失水印，提取水印信息后仍然有效。

（3）安全性：能在抵抗各种攻击后还能唯一标识图像，第三方不能伪造他人带水印的图像。

嵌入水印的方法包含两个基本的系统：水印嵌入和水印恢复系统。

（1）水印嵌入系统：输入是水印、载体是原始数据、私钥或公钥（可选）；输出是嵌入了水印的数据。

（2）水印恢复系统：输入是嵌入了水印的数据，私钥或公钥，原始数据和（或）原始水印；输出的是水印。

数字水印分类见表 7-3-3。

表 7-3-3　数字水印分类

分类方法	具体分类
按水印的载体分类	文本水印、图像水印、音频水印、视频水印
按水印的用途分类	版权保护可见水印、隐藏标识水印
按健壮性分类	鲁棒水印、易损水印
按嵌入位置分类	空域/时域水印、变换域水印
按检测分类	盲水印、非盲水印
按输入输出的种类分类	秘密水印（非盲化水印）：验证至少需要原始的数据。 半秘密水印（半盲化水印）：验证不用原始数据，但需要水印拷贝。 公开水印（盲化或健忘水印）：验证数据不需要原始秘密信息，也不需要水印，从已嵌入水印的数据中提取水印

2. 数字水印算法

常见的数字水印算法如表 7-3-4 所示。

表 7-3-4　常见的数字水印算法

算法名	概述	特点
空间域算法	将信息嵌入到随机选择的图像点中最不重要的像素位（Least Significant Bits，LSB）上，这可保证嵌入的水印是不可见的	实现容易，隐藏信息量相对较大。但算法鲁棒性差，水印信息很容易被滤波、图像量化、剪切等操作破坏

算法名	概述	特点
	利用像素的统计特征将信息嵌入像素的亮度值中。例如 Patchwork 算法	对 JPEG 压缩、FIR 滤波以及图像裁剪有一定的抵抗力。但嵌入的信息量有限。 如果对图像分块，再对每个图像块进行嵌入操作，可以加入更多信息
频域算法	先将图像进行分块，再进行离散余弦变换（DCT），将水印信息嵌入到 DCT 域中幅值最大的前 K 个系数上。 还可以对图像进行离散傅里叶变换（DFT）或离散小波变换（DWT），得到相应的频域系数	算法的隐藏和提取信息操作复杂，隐藏信息量不大。但是算法抗攻击能力强，适合数字作品版权保护
压缩域算法	基于 JPEG、MPEG 标准的压缩域数字水印算法	避免了大量的编解码过程，在数字电视广播及 VOD 中应用广泛。但是该算法复杂，容易出现误差、误差积累，从而引起听觉、视觉变形
NEC 算法	首先以密钥（通常为作者标识码+图像的哈希值）为种子来产生伪随机序列，该序列具有高斯 N（0,1）分布，其次对图像做 DCT 变换，最后用伪随机高斯序列来叠加该图像除直流分量外的 1000 个最大的 DCT 系数	有较强的鲁棒性、安全性、透明性等
生理模型算法	生理模型包括视觉系统和听觉系统。该模型可以用于数据压缩，也可用于数字水印。 利用视觉模型的基本思想是推导最小可辨差异，得到容忍的数字水印信号的最大强度，从而能避免破坏视觉质量	具有好的鲁棒性、透明性

3. 视频水印

视频信息可以分为原始视频和压缩视频，由于实际应用中视频往往需要压缩，所以仅仅讨论压缩视频域的水印技术。

（1）压缩视频编码标准。常见的压缩视频编码标准如表 7-3-5 所示。

（2）视频水印技术。视频水印应满足基本透明性、鲁棒性、安全性等要求，还要能经受各种非恶意的视频处理，能抵御实时攻击和共谋攻击。

典型的水印攻击方式有：鲁棒性攻击、表达攻击、解释攻击和法律攻击。

● 鲁棒性攻击：不损害信息使用价值的前提下，减少或消除数字水印。具体方法有像素值失真攻击、梯度下降攻击、敏感性分析攻击等。

● 表达攻击：通过数据操作和处理，让水印变形使得检测器不能检测到水印存在。具体方法有置乱攻击、同步攻击等。

● 解释攻击：这种攻击面对检测出的水印，试图证明其无效。具体方法有拷贝攻击、可逆攻击等。

- 法律攻击：利用法律漏洞，让水印不能成为电子证据。

常见的视频水印算法主要分为空间域算法和变换域算法。

表 7-3-5　常见的压缩视频编码标准

标准	关键特性	应用
MPEG-1	数字存储介质中实现对活动图像和声音的压缩编码，传输速率 1.5Mb/s，具有 CD 音质，质量与 VHS 相当	VCD
MPEG-2	针对标准数字电视和高清晰度电视在各种应用下的压缩方案和系统层的详细规定，传输速率 3～10Mb/s	提供广播级视像和 CD 级音质，SDTV 和 HDTV 的编码标准
MPEG-3	画面有轻度扭曲，被抛弃	仅用于 MP3 音频
MPEG-4	利用帧重建技术、压缩和传输数据，以求用最少的数据达到最佳的图像质量。传输速率 4800～64000b/s。最大的不同在于提供了更强的交互能力	WMV 9、Quick Time、DivX、Xvid
H.261	算法类似于 MPEG，但实时编码时比 MPEG 的 CPU 占用小，剧烈运动的图像要比相对静止的图像的质量差	ISDN 上的可视电话、视频会议等业务
H.263	视频会议用的低码率视频编码标准。基于 DCT（离散余弦变换）和可变长编码的算法	RTSP（流式媒体传输系统）和 SIP（基于因特网的视频会议）

4.《中华人民共和国电子签名法》

《中华人民共和国电子签名法》是为了规范电子签名行为，确立电子签名、数字水印应用提供法律依据，维护有关各方的合法权益而制定的法律。

《中华人民共和国电子签名法》于 2004 年 8 月 28 日，由中华人民共和国第十届全国人民代表大会常务委员会第十一次会议通过，自 2005 年 4 月 1 日起施行。当前版本为 2015 年 4 月 24 日第十二届全国人民代表大会常务委员会第十四次会议修正。

7.4　隐私保护

隐私就是个人、机构等实体不愿意被外部世界知晓的信息。隐私可以分为个人隐私、通信内容隐私、行为隐私。

7.4.1　隐私保护技术

造成隐私泄露的原因有联网服务、智能终端漏洞、黑客攻击、监听等。从数据挖掘的角度，隐私保护技术主要可以分为以下三类：

（1）基于数据失真的技术：使敏感数据失真，但同时保持某些关键数据或数据属性不变的方法。例如，采用添加噪声、交换等技术对原始数据进行扰动处理，但要求保证处理后的数据仍然可以保持某些统计方面的性质，以便进行数据挖掘等操作。

（2）基于数据加密的技术：采用加密技术在数据挖掘过程中隐藏敏感数据的方法。

（3）基于数据匿名化的技术：根据具体情况有条件地发布数据。如不发布数据的某些域值、数据泛化。

7.4.2　隐私保护技术度量

隐私保护效果的度量有披露风险和信息缺损。

（1）披露风险。

披露风险表示根据所发布的数据和背景知识，可能被攻击者披露隐私的概率。通常，关于隐私数据的背景知识越多，披露风险越大。

（2）信息缺损。

信息缺损表示隐私保护技术处理之后原始数据丢失量。

一般可利用隐私保护度、时间复杂度、可扩展性、数据有效性对隐私保护算法进行度量。

7.4.3　位置隐私保护

位置服务是与用户当前位置相关的增值服务，包括基于位置的紧急救援服务、基于位置的信息娱乐服务和基于位置的广告服务等。人们在享受各种位置服务的同时，位置隐私和安全受到了威胁。

位置隐私保护的目标有：用户身份、空间信息、时态信息。

位置隐私保护的方法有：假名技术、信息加密、模糊空间和坐标变换、混合区、k-匿名等。

7.5　网络舆情

网络舆情是指在互联网上流行的对社会问题不同看法的网络舆论，是社会舆论的一种表现形式，是通过互联网传播的公众对现实生活中某些热点、焦点问题所持的有较强影响力、倾向性的言论和观点。

网络舆情的诱发因素有：社会突发公共事件、虚假信息和不良信息等。

网络舆情的关键技术有：网络舆情采集与提取技术、网络舆情话题发现与追踪技术、网络舆情倾向性分析技术、多文档自动文摘技术。

第8章　信息系统安全

本章考点知识结构图如图 8-0-1 所示。

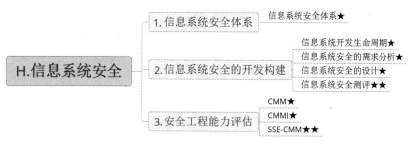

图 8-0-1　考点知识结构图

8.1　信息系统安全体系

信息系统安全体系框架（Information Systems Security Architecture，ISSA）的基本框架如图 8-1-1 所示。

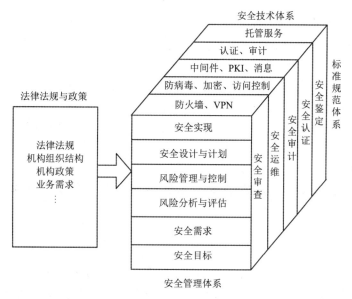

图 8-1-1　信息系统安全体系框架

8.2　信息系统安全的开发构建

8.2.1　信息系统开发生命周期

SP 800（Special Publications 800）开始于 1990 年，是 NIST 发布的一系列关于信息安全的技术

指南文件，SP 800 只提供一种供参考的方法或经验，不具有强制性。

其中，NIST SP 800－64《信息安全开发生命周期中的安全考虑指南》给出了信息系统开发生命周期（Systems Development Life Cycle，SDLC）的概念。SDLC 是由任务分解结构和任务优先级结构组成，基于瀑布模型的系统开发生命周期法。SDLC 可以分为 6 个主要阶段，分别是安全依据、初始阶段、设计阶段、实施阶段、运维阶段、最终处理阶段。

8.2.2　信息系统安全的需求分析

信息系统安全需求分析是构建安全信息系统的基础。信息系统安全需求分析是指针对安全的目标，发现信息系统中可能存在的风险和潜在威胁并进行分析，并以此为依据进行安全分类，利用不同技术制定保护措施应对风险。信息系统安全需求分析是解决"做什么"的问题。

信息系统安全需求分析重要方法有企业架构（Enterprise Architecture，EA）方法，**多视角（信息、业务、技术、解决方案）**分析安全信息系统构建的基础和目标，获取组织和业务的安全需求。

8.2.3　信息系统安全的设计

信息系统安全需求分析之后就是信息系统安全设计。信息系统安全设计就是解决"做什么"的问题。

信息系统安全设计应该遵循的原则有：确认安全风险并将安全需求具体化，应用中通过实现安全机制来满足安全需求，安全机制被正确设计。

信息系统由开放式系统和封闭式系统组成，因此信息系统安全设计可以分为开放式系统安全设计和封闭系统安全设计。

（1）**开放式系统安全设计**：开放式系统很难保证绝对安全。依据木桶原理，系统的不安全程度由最薄弱的部分决定，只要某一组成部分存在漏洞，系统就容易被入侵者从此处攻破。该部分的设计应在安全、代价、方便中找到平衡点。

（2）**封闭系统安全设计**：实现封闭式系统安全的途径有两个特点：一是多防火墙组成封闭系统；二是使用入侵检测对封闭系统进行实施监控。

8.2.4　信息系统安全测评

信息系统安全测评是信息系统安全保障的基础。通过信息系统安全测评，能确定系统的安全现状与安全需求，并在此基础上对信息安全保障系统建设进行有序的规划，提高系统的安全性。

信息系统安全测评依据的概念模型是一种合理的和自我包容的整体安全保障模型，该模型包含**对象、生命周期、信息特征**三个方面。

1. 信息系统安全测评的原则

信息系统安全测评的原则包含：标准性原则、关键业务原则、可控原则（服务、人员与信息、过程、工具可控）。

2. 信息系统安全测评的方法

信息系统安全测试的方法有模糊测试和代码审计。

（1）模糊测试：属于软件测试中的黑盒测试，是一种通过向目标系统提供非预期的输入并监视异常结果来发现软件漏洞的方法。模糊测试不需要程序的代码就可以发现问题。

（2）代码审计：顾名思义，就是检查源代码中的缺点和错误信息，分析并找到这些问题引发的安全漏洞，并提供代码修订措施和建议。

3. 信息系统安全测评程序

信息系统安全评测由安全评估、安全认证、持续监督三个阶段组成。

8.3　安全工程能力评估

目前，业界提出了不下 30 种成熟度模型。这些模型中比较知名的有：美国卡内基·梅隆大学软件研究院（SEI）从软件过程能力的角度提出的 CMM（Capability Maturity Model for Software，全称为 SW-CMM，软件能力成熟度模型）、美国项目管理学会（PMI）等。

1. CMM

CMM 项目基于全面质量管理思想和产品质量管理思想。TQM 在制造业取得了巨大成功，就职于 IBM 公司的 Watts S.Humphrey 将"过程管理""持续改进"的思想应用于软件开发。他退休后加入 SEI，把全面质量管理带入 CMM 中。

CMM 是应美国政府要求所开发的，一种能提高软件产品质量的软件模型。CMM 分为以下五个等级：

（1）初始级（Initial）：该级别的组织，软件开发是临时、混乱的。

（2）可重复级（Repeatable）：该级别的组织，构建基本的管理过程、管理软件项目。组织管理过程、方法、经验可重复使用。

（3）定义级（Defined）：软件过程文档化、标准化，可根据需要改进开发过程，用评审保证质量。可借助 CASE 工具提高质量和效率。

（4）已管理级（Managed）：企业针对性，制定质量、效率目标，并收集、测量相应指标。利用统计工具和方法分析进行定量的质量、效率度量，并持续改进引发偏差的问题。

（5）优化级（Optimizing）：基于统计质量和过程控制工具，持续改进软件过程。质量和效率稳步改进。

2. CMMI

能力成熟度模型集成（Capability Maturity Model Integration，CMMI）：属于 CMM 模型的最新版。CMMI 所追求的过程改进目标包括保证产品或服务质量、控制项目时间、控制成本。

CMMI 也分为五个成熟度级别：

（1）完成级：企业项目的目标清晰。

（2）管理级：企业在项目实施上能够遵守既定的计划与流程，对整个流程有监测与控制，并与上级单位对项目与流程进行审查。已管理级包含七个过程域：需求管理、项目规划、项目跟踪和控制、供应商协议管理、度量与分析、过程与产品质量保证、配置管理。

（3）定义级：企业不仅有完整的项目实施管理体系，还能够根据自身情况，将管理体系与流程制度化。企业不仅能实施同类项目，也能实施不同类项目。

（4）量化管理级。企业的项目管理不仅形成了一种制度，而且要实现数字化的管理。

（5）优化级。企业的项目管理达到了最高的境界。

3. SSE-CMM

SSE-CMM 是 CMM 在系统安全工程领域的一个分支，主要用于评估实施者在信息安全建设过程中的能力和水平，可以为产品开发商改进安全产品、系统和服务的开发提供帮助，并为安全工程原则的应用提供了一个衡量和改进的途径。

SSE-CMM 描述了一个组织的安全工程过程必须包含的基本特性，这些特性是完善安全工程的保证，也是信息安全工程实施的度量标准，同时还是一个易于理解的评估系统安全工程的框架。

SSE-CMM 将安全工程划分为风险、工程、保证三个过程域组，如图 8-3-1 所示。

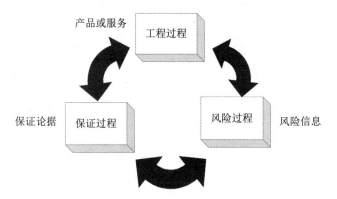

图 8-3-1　SSE-CMM 三个过程域组

（1）风险过程域组：包含 4 个过程域（如图 8-3-2 所示），分别是评估影响、评估安全风险、评估威胁、评估脆弱性。其中"评估风险"要在其他 3 个域完成。

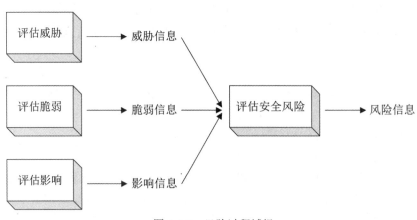

图 8-3-2　风险过程域组

（2）工程过程域组：包含 5 个过程域（如图 8-3-3 所示），分别是实施安全控制、协调安全、监视安全态势、提供安全输入、确定安全需求。

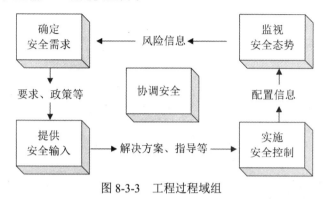

图 8-3-3　工程过程域组

（3）保证过程域组：包含 2 个过程域（如图 8-3-4 所示），分别是建立保证论据、校验和确认安全。

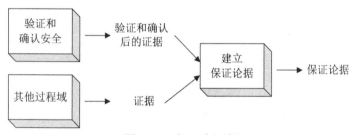

图 8-3-4　保证过程域组

SSE-CMM 模型是二维的，分别称为"域"和"能力"。

● 域维：汇集了定义安全工程的所有实践活动——基本实施（BP）。

● 能力维：代表了组织能力，由过程管理和制度化能力构成，即一系列通用实施（GP）过程。通用实施表现了一个基本实施中应当完成的活动。

SSE-CMM 五个能力水平如表 8-3-1 所示。

表 8-3-1　SSE-CMM 五个能力水平

能力级别	特点
非正式执行级	过程域中的基本实施通常已得到了执行。但这类执行没有严格的计划和跟踪，而是基于个人的知识和努力
计划和跟踪级	基本实施的执行要经过规划并被跟踪管理
充分定义级	基本实施应按照充分定义（标准化）的过程来执行
量化控制级	对过程执行情况的详细测量将在本级中进行收集和分析。此时过程能力可以量化，这样机构有能力预测过程的执行
持续改进级	基于对过程变化效果的量化理解，工程中既定过程和标准过程将得到不断的改进和提高

第 9 章　安全配置

本章考点知识结构图如图 9-0-1 所示。

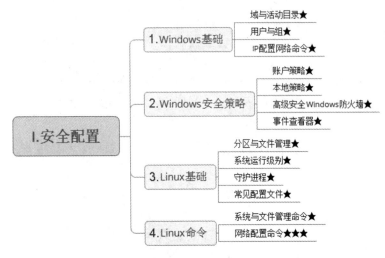

图 9-0-1　考点知识结构图

9.1　Windows 基础

本书采用 Windows Server 2003 和 Windows Server 2008 作为蓝本，阐述 Windows 相关知识点。

9.1.1　域与活动目录

域与活动目录基本概念如下。

1. 域

域（Domain）是 Windows 网络中共享公共账号数据库和数据安全策略的一组计算机的逻辑集合，其中有一台服务器可以为集合内的计算机提供登录验证服务，并且这个逻辑集合拥有唯一的域名与其他的域区别。这个逻辑集合可以看作一个资源的集合体，通过服务器控制网络上的其他计算机能否加入这个组合。

在没有使用域的工作组上，所有计算机的相关设置都是存储在本机上的，不涉及网络中的其他计算机。而在域模式下，至少有一台服务器为域中的每一台计算机或用户提供验证，这台服务器就是本域的域控制器（Domain Controller，DC）。

域控制器上包含了这个域的所有账号、密码以及属于本域的计算机信息的数据库。一旦某台计算机要加入到域中，其访问网络的各种策略都是由域控制器统一设置，其用户名和密码等都要发送到网络中的域控制器上进行验证。这是域模式与工作组的一个最大区别。

2. 活动目录

活动目录（Active Directory）使用了一种结构化的数据存储方式存储有关网络对象的信息，并且让管理员和用户能够轻松地查找和使用这些信息，同时也能对目录信息进行灵活的逻辑分层组织。

目录数据都存储在被称为域控制器的服务器上，并且可以被网络应用程序或服务所访问。一个域可能拥有一台以上的域控制器，但是只能有一台主域控制器，其他的都是备份域控制器。每一台域控制器都拥有它所在域的目录的一个副本。

Windows Server 2003 中的活动目录数据复制有以下两种方式：

（1）单主机复制模式。对目录的任何修改都是从主域控制器复制到域中的其他域控制器上的。

（2）多主机复制模式。多个域控制器没有主次之分。域中每个域控制器都能接收其他域控制器对目录的改变信息，也可以把自己改变的信息复制到其他域控制器上。

由于目录可以被复制，而且所有的域控制器都拥有目录的一个可写副本，所以用户和管理员便可以非常方便地在域的任何位置获得所需的目录信息。在各台域控制器之间进行复制的有三种类型的目录数据：域数据、配置数据和架构数据。

（1）域数据：域数据包含了与域中对象有关的信息，如用户、计算机账户属性等信息。

（2）配置数据：配置数据描述了目录的拓扑结构，包括所有域及域控制器的位置等信息。

（3）架构数据：架构是对目录中存储的所有对象和属性数据的正式定义。定义了多种对象类型，如用户和计算机账户、组、域及安全策略等。

9.1.2　用户与组

1. 用户账号

在 Windows Server 2003 中，系统安装完之后会自动创建一些默认用户账号，常用的是 Administrator、Guest 及其他一些基本的账号。为了便于管理，系统管理员可以通过对不同的用户账号和组账号设置不同的权限，从而大大提高系统的访问安全性和管理的效率。

（1）Administrator。Administrator 是服务器上 Administrators 组的成员，具有对服务器的完全控制权限，可以根据需要要向用户分配权限。不可以将 Administrator 账户从 Administrators 组中删除，但可以重命名或禁用该账号。若此计算机加入到域中，则域中 domain admins 组的成员会自动加入到本机的 Administrators 组中。因此域中 domain admins 组的成员也具备本机 Administrators 的权限。

（2）Guest。Guest 是 Guests 组的成员，一般是在这台计算机上没有实际账号的人使用。如果已禁用但还未删除某个用户的账号，该用户也可以使用 Guest 账号。Guest 账号默认是禁用的，可以手动启用。

（3）IUSR_机器名、IWAM_机器名。IUSR_机器名和 IWAM_机器名这两个账号是安装了 IIS 之后的系统自动生成的账号，IUSR_机器名通常称为"Web 匿名用户"账号或"Internet 来宾"账号。**当匿名用户访问 IIS 时**，实际上系统是以"**IUSR_机器名**"账号在访问。IWAM_机器名是应用程序所使用的账号，**在 IIS 中，ASP 默认执行的用户账号就是 IWAM_机器名**。

2. 组账号

组账号是具有相同权限的用户账号的集合。组账号可以对组内的所有用户赋予相同的权利和权限。在安装运行 Windows Server 2003 操作系统时会自动创建一些内置的组，即默认本地组。具体的默认本地组如下：

（1）Administrators 组。Administrators 组的成员对服务器有完全控制权限，可以为用户指派用户权利和访问控制权限。

（2）Guests 组。Guests 组的成员拥有一个在登录时创建的临时配置文件，注销时将删除该配置文件。"来宾账号"（默认为禁用）也是 Guests 组的默认成员。

（3）Power Users 组。Power Users 组的成员可以创建本地组，并在已创建的本地组中添加或删除用户，还可以在 Power Users 组、Users 组和 Guests 组中添加或删除用户。

（4）Users 组。Users 组的成员可以运行应用程序，但是不能修改操作系统的设置。

（5）Backup Operators 组。该组成员不管是否具有访问该计算机文件的权限，都可以运行系统的备份工具，对这些文件和文件夹进行备份和还原。

（6）Network Configuration Operators 组。该组成员可以在客户端执行一般的网络设置任务（如更改 IP 地址），但是不能设置网络服务器。

（7）Everyone 组。任何用户都属于这个组，因此当 GUEST 被启用时，改组的权限设置必须严格限制。

（8）Interactive 组。任何本地登录的用户都属于这个组。

（9）System 组。该组拥有系统中最高的权限，系统和系统级服务的运行都是依靠 System 赋予的权限，从任务管理器中可以看到很多进程是由 System 开启的。System 组只有一个用户（即System），它不允许其他用户加入，在查看用户组的时候也不显示出来。默认情况下，只有系统管理员组用户（Administrator）和系统组用户（System）拥有访问和完全控制终端服务器的权限。

9.1.3 IP 配置网络命令

1. ipconfig

Ipconfig 是 Windows 网络中最常使用的命令，用于显示计算机中网络适配器的 IP 地址、子网掩码及默认网关等信息。

命令基本格式：

ipconfig [/all | /renew [*adapter*] **| /release** [*adapter*] **| /flushdns | /displaydns | /registerdns [ ]**

具体参数解释如表 9-1-1 所示。

在 Windows 中可以选择"开始菜单"→"运行"命令并输入 CMD，进入 Windows 的命令解释器，然后再输入各种 Windows 提供的命令，也可以执行"开始菜单"→"运行"命令直接输入相关命令。在实际应用中，为了完成一项工作，往往会连续输入多个命令，最好是直接进入命令解释器界面。

表 9-1-1   ipconfig 基本参数表

参数	参数作用	备注
/all	显示所有网络适配器的完整 TCP/IP 配置信息	尤其是查看 MAC 地址信息，DNS 服务器等配置
/release adapter	释放全部（或指定）适配器的、由 DHCP 分配的动态 IP 地址，仅用于 DHCP 环境	DHCP 环境中的释放 IP 地址
/renew adapter	为全部（或指定）适配器重新分配 IP 地址。常用 release 结合使用	DHCP 环境中的续借 IP 地址
/flushdns	清除本机的 DNS 解析缓存	
/registerdns	刷新所有 DHCP 的租期和重注册 DNS 名	DHCP 环境中的注册 DNS
/displaydns	显示本机的 DNS 解析缓存	

常见的命令显示效果如图 9-1-1 所示。

```
Ethernet adapter 无线网络连接:

      Connection-specific DNS Suffix  . :
      Description . . . . . . . . . . . : Intel(R) Wireless WiFi Link
4965AG
      Physical Address. . . . . . . . . : 00-1F-3B-CD-29-DD
      Dhcp Enabled. . . . . . . . . . . : Yes
      Autoconfiguration Enabled . . . . : Yes
      IP Address. . . . . . . . . . . . : 192.168.0.235
      Subnet Mask . . . . . . . . . . . : 255.255.255.0
      Default Gateway . . . . . . . . . : 192.168.0.1
      DHCP Server . . . . . . . . . . . : 192.168.0.1
      DNS Servers . . . . . . . . . . . : 202.103.96.112
                                          211.136.17.108
      Lease Obtained. . . . . . . . . . : 20xx年10月6日 10:59:50
      Lease Expires . . . . . . . . . . : 20xx年10月6日 11:29:50
```

图 9-1-1   ipconfig/all 显示效果图

从此命令中不仅可以知道本机的 IP 地址、子网掩码和默认网关，还可以看到系统提供的 DHCP 服务器地址和 DNS 服务器地址。从图中最后两项还可以看到 DHCP 服务器设置的租期是半个小时。

2. tracert

Tracert 是 Windows 网络中 Trace Route 功能的缩写。基本工作原理是：通过向目标发送不同 IP 生存时间（TTL）值的 ICMP ECHO 报文，在路径上的每个路由器转发数据包之前将数据包上的 TTL 减 1。当数据包上的 TTL 减为 0 时，路由器返回给发送方一个超时信息。

在 tracert 工作时，先发送 TTL 为 1 的回应报文，并在随后的每次发送过程中将 TTL 增加 1，直到目标响应或 TTL 达到最大值为止，通过检查中间路由器超时信息确定路由。

tracert 基本格式如下：

tracert   [**-d**]   [**-h** *maximumhops*]   [**-w** *timeout*]   [**-R**] [**-S** *srcAddr*] [**-4**][**-6**]   *targetname*

其中各参数的含义如下：

● -d：禁止 tracert 将中间路由器的 IP 地址解析为名称，这样可加速显示 tracert 的结果。

- -h maximum hops：指定搜索目标的路径中存在节点数的最大数（默认为 30 个节点）。
- -w timeout：指定等待"ICMP 已超时"或"回显答复"消息的时间。如果超时的时间内未收到消息，则显示一个星号（*）（默认的超时时间为 4000ms）。
- -R：指定 IPv6 路由扩展标头将"回显请求"消息发送到本地计算机，使用目标作为中间目标并测试反向路由。
- -S：指定在"回显请求"消息中使用的源地址，仅当跟踪 IPv6 地址时才使用该参数。
- -4：指定 IPv4 协议。
- -6：指定 IPv6 协议。
- targetname：指定目标，可以是 IP 地址或计算机名。

3．ARP

ARP 命令基本格式如下：

（1）**ARP -s** inet_addr eth_addr [if_addr]

（2）**ARP -d** inet_addr [if_addr]

（3）**ARP -a** [inet_addr] [**-N** if_addr]

参数说明：

-s：静态指定 IP 地址与 MAC 地址的对应关系。

-a：显示所有 IP 地址与 MAC 地址的对应，使用-g 的参数与-a 是一样的，尤其注意一下这个参数。

-d：删除指定的 IP 与 MAC 的对应关系。

-N if_addr：只显示 if_addr 这个接口的 ARP 信息。

4．route

route 命令主要用于手动配置静态路由并显示路由信息表。

基本命令格式：

route [**-f**] [**-p**] *command* [*destination*] [**mask** *netmask*] [*gateway*] [**metric** metric] [**if interface**]

参数说明：

（1）-f：清除所有不是主路由（子网掩码为 255.255.255.255 的路由）、环回网络路由（目标为 127.0.0.0 的路由）或多播路由（目标为 224.0.0.0，子网掩码为 240.0.0.0 的路由）的条目路由表。如果它与命令 Add、Change 或 Delete 等结合使用，路由表会在运行命令之前清除。

（2）-p：与 add 命令共同使用时，指定路由被添加到注册表并在启动 TCP/IP 协议的时候初始化 IP 路由表。默认情况下，启动 TCP/IP 协议时不会保存添加的路由，与 print 命令一起使用时，则显示永久路由列表。

（3）command：该选项下可用以下几个命令：

- print：用于显示路由表中的当前项目，由于用 IP 地址配置了网卡，因此所有这些项目都是自动添加的。
- add：用于向系统当前的路由表中添加一条新的路由表条目。
- delete：从当前路由表中删除指定的路由表条目。

● change：修改当前路由表中已经存在的一个路由条目，但不能改变数据的目的地。

（4）Destination：指定路由的网络目标地址。目标地址对于计算机路由是 IP 地址，对于默认路由是 0.0.0.0。

（5）mask subnetmask：指定与网络目标地址的子网掩码。子网掩码对于 IP 网络地址可以是一适当的子网掩码，对于计算机路由是 255.255.255.255，对于默认路由是 0.0.0.0。如果将其忽略，则使用子网掩码 255.255.255.255。

（6）gateway：指定超过由网络目标和子网掩码定义的可达到的地址集的前一个或下一个节点 IP 地址。对于本地连接的子网路由，网关地址是分配给连子网接口的 IP 地址。

（7）Metric：为路由指定所需节点数的整数值（范围是 1～9999），用来在路由表里的多个路由中选择与转发包中的目标地址最为匹配的路由。所选的路由有最少的节点数。

（8）if interface：指定目标可以到达的接口索引。

5．netstat

Netstat 是一个监控 TCP/IP 网络的工具，它可以显示路由表、实际的网络连接、每一个网络接口设备的状态信息，以及与 IP、TCP、UDP 和 ICMP 等协议相关的统计数据。一般用于检验本机各端口的网络连接情况。

Netstat 基本命令格式：

netstat [-a] [-e] [-n] [-o] [-p *proto*] [-r] [-s] [-v] [interval]

● -a：显示所有连接和监听端口。

● -e：用于显示关于以太网的统计数据。它列出的项目包括传送的数据报的总字节数、错误数、删除数、数据报的数量和广播的数量。这些统计数据既有发送的数据报数量，也有接收的数据报数量。此选项可以与 -s 选项组合使用。

● -n：以数字形式显示地址和端口号。

● -o：显示与每个连接相关的所属进程 ID。

● -p proto：显示 proto 指定协议的连接；proto 可以是下列协议之一：TCP、UDP、TCPv6 或 UDPv6。如果与 -s 选项一起使用，则显示按协议统计信息。

● -r：显示路由表，与 route print 显示效果一样。

● -s：显示按协议统计信息。默认显示 IP、IPv6、ICMP、ICMPv6、TCP、TCPv6、UDP 和 UDPv6 的统计信息。

● -v：与-b 选项一起使用时，将显示包含为所有可执行组件创建连接或监听端口的组件。

● interval：重新显示选定统计信息，每次显示之间暂停的时间间隔（以秒计）。按 Ctrl+C 组合键停止重新显示统计信息。如果将其省略，则 netstat 只显示一次当前配置信息。

6．nslookup

Nslookup（name server lookup）是一个用于查询 Internet 域名信息或诊断 DNS 服务器问题的工具。Windows 下的 nslookup 命令格式比较丰富，可以直接使用带参数的形式，也可以使用交互式命令设置参数。

9.2　Windows 安全策略

安全策略是影响计算机安全性的安全设置的组合。Windows 的安全策略结构如图 9-2-1 所示。

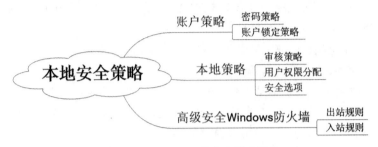

图 9-2-1　Windows 的安全策略结构

单击"开始"→"程序"→"管理工具"→"本地安全策略"命令或者运行命令 secpol.msc，可以得到 Windows 安全策略设置界面。

9.2.1　账户策略

账户策略包含"密码策略"和"账户锁定策略"两个部分。具体设置界面如图 9-2-2 和图 9-2-3 所示。

图 9-2-2　密码策略　　　　　　　　　　图 9-2-3　账户锁定策略

9.2.2　本地策略

本地策略包含审核策略、用户权限分配、安全选项三个部分。

1. 审核策略

审核策略设置界面如图 9-2-4 所示。

图 9-2-4　审核策略

各策略说明如表 9-2-1 所示。

表 9-2-1　策略说明

策略说明	策略说明
审核策略更改	确定是否对用户权限分配策略、审核策略或信任策略的更改进行审核
审核登录事件	确定是否审核系统中发生的登录和注销事件
审核对象访问	确定是否审核用户访问某个对象（如文件、文件夹、注册表项、打印机）的事件
审核进程跟踪	跟踪并记录系统后台程序运行的状态，例如跟踪并记录服务器系统后台突然运行或关闭的程序
审核目录服务访问	确定是否生成审核事件访问 Active Directory 域服务
审核特权使用	跟踪、监视用户在系统运行过程中执行除注销操作、登录操作以外的其他特权操作
审核系统事件	确定是否审核用户重新启动、关闭计算机以及对系统安全或安全日志有影响的事件
审核账户登录事件	确定是否审核在这台计算机用于验证账户时，用户登录到其他计算机或者从其他计算机注销的每个实例
审核账户管理	审核计算机上的每一个账户管理事件，包括：创建、更改或删除用户账户或组；重命名、禁用或启用用户账户；设置或更改密码

2. 用户权限分配

用户权限分配用于为操作策略分配用户权限，其设置界面如图 9-2-5 所示。

3. 安全选项

安全选项用于控制一些和操作系统安全相关的设置，其设置界面如图 9-2-6 所示。

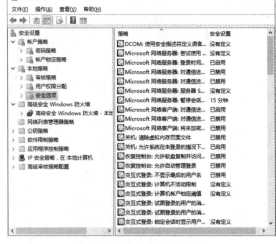

图 9-2-5　用户权限分配　　　　　　　　　图 9-2-6　安全选项

9.2.3　高级安全 Windows 防火墙

Windows Server 2008 中的高级安全 Windows 防火墙支持双向保护，可以对入站、出站通信进行过滤。同时将 Windows 防火墙功能和 Internet 协议安全（IPSec）集成到一个控制台中。设置界面如图 9-2-7 所示。

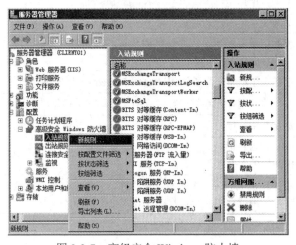

图 9-2-7　高级安全 Windows 防火墙

9.2.4　事件查看器

通过 Windows 的事件查看器，可以查看关于硬件、软件和系统问题的信息，也可以监视 Windows

系统的安全事件、系统状态。查看界面如图 9-2-8 所示。

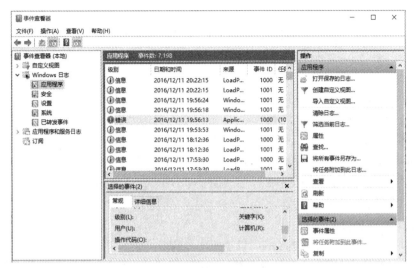

图 9-2-8　事件查看器

事件查看器的事件类型如表 9-2-2 所示。

表 9-2-2　事件类型

事件类型	图标	说明
错误	⊗	重要的问题、如数据丢失、操作失败
警告	⚠	表示有可能引起错误，处于危险期，如磁盘空间不足时，会记录"警告"
信息	ⓘ	表示应用程序、驱动程度或服务的成功操作
成功审核	🔑	表示成功的事件，如登录成功
失败审核	🔒	表示失败的事，如访问网络失败

9.3　Linux 基础

9.3.1　分区与文件管理

在安装 Linux 时，也需要像安装 Windows 一样对硬盘进行分区，为了能更好地规划分析，我们必须要对硬盘分区的相关知识有所了解。

1. 分区管理

为了区分每个硬盘上的分区，系统分配了一个 1～16 的序列号码，用于表示硬盘上的分区，如第一个 IDE 硬盘的第一个分区就用 hda1 表示，第二个分区就用 hda2 表示。因为 Linux 规定每一个硬盘设备最多能有 4 个主分区（包含扩展分区），任何一个扩展分区都要占用一个主分区号码，也就是在一个硬盘中，主分区和扩展分区最多一共有 4 个。主分区的作用就是使计算机可以启动操作系统的分区，因此每一个操作系统启动的引导程序都应该存放在主分区上。

Linux 的分区不同于其他操作系统分区，一般 Linux 至少需要两个专门的分区 Linux Native 和 Linux Swap。通常在 Linux 中安装 Linux Native 硬盘分区。

（1）Linux Swap 分区的特点是不用指定"载入点"（Mout Point），既然作为交换分区并为其指定大小，它至少要等于系统实际内存容量。一般来说，取值为系统物理内存的 2 倍比较合适。系统也支持创建和使用一个以上的交换分区，最多支持 16 个。

（2）Linux Native 分区是存放系统文件的地方，它能用 EXT2 和 EXT3 等分区类型。对 Windows 用户来说，操作系统的文件必须装在同一个分区里。而 Linux 可以把系统文件分几个区来装，也可以装在同一个分区中。

2．Linux 常见分区格式

（1）ext。Ext 是第一个专门为 Linux 设计的文件系统类型，叫做扩展文件系统。

（2）ext2。Ext2 是为解决 ext 文件系统的缺陷而设计的一种高性能的文件系统，又称为二级扩展文件系统。Ext2 是目前 Linux 文件系统类型中使用最多的格式，并且在速度和 CPU 利用率上表现突出，是 Linux 系统中标准的文件系统，其特点为存取文件的性能极好。

（3）ext3。Ext3 是由开放资源社区开发的日志文件系统，是 ext2 的升级版本，尽可能地方便用户从 ext2fs 向 ext3fs 迁移。Ext3 在 ext2 的基础上加入了记录元数据的日志功能，因此 ext3 是一种日志式文件系统。

（4）iso9660。Iso9660 标准 CDROM 文件系统，允许长文件名。在使用 CD-ROM 时常用。

（5）NFS。Sun 公司推出的网络文件系统，允许多台计算机之间共享同一个文件系统，易于从所有计算机上存取文件。

（6）HPFS。HPFS 是高性能文件系统，能访问较大的硬盘驱动器，提供更多的组织特性并改善了文件系统的安全特性，是 Microsoft 的 LAN Manager 中的文件系统，同时也是 IBM 的 LAN Server 和 OS/2 的文件系统。

3．文件管理

每种操作系统都有自己独特的文件系统，用于对本系统的文件进行管理，文件系统包括了文件的组织结构、处理文件的数据结构、操作文件的方法等。Linux 文件系统采用了多级目录的树型层次结构管理文件。

（1）树型结构的最上层是根目录，用"/"表示。

（2）在根目录之下是各层目录和文件。在每层目录中可以包含多个文件或下一级目录，每个目录和文件都有由多个字符组成的目录名或文件名。

系统所处的目录称为当前目录。这里的目录是一个驻留在磁盘上的文件，称为目录文件。

4．设备管理

Linux 中只有文件的概念，因此系统中的每一个硬件设备都映射到一个文件。对设备的处理简化为对文件的处理，这类文件称为设备文件，如 Linux 系统对硬盘的处理就是每个 IDE 设备指定一个由 hd 前缀组成的文件，每个 SCSI 设备指定一个由 sd 前缀组成的文件。系统中的第一个 IDE 设备指定为 hda，第二个 SCSI 设备指定为 sdb。

5．Linux 主要目录及其作用

（1）/：根目录。

（2）/boot：包含了操作系统的内核和在启动系统过程中所要用到的文件。

（3）/home：用于存放系统中普通用户的宿主目录，每个用户在该目录下都有一个与用户同名的目录。

（4）/tmp：是系统临时目录，很多命令程序在该目录中存放临时使用的文件。

（5）/usr：用于存放大量的系统应用程序及相关文件，如说明文档、库文件等。

（6）/var：系统专用数据和配置文件，即用于存放系统中经常变化的文件，如日志文件、用户邮件等。/var/log/目录存放日志文件。

（7）/dev：终端和磁盘等设备的各种设备文件，如光盘驱动器、硬盘等。

（8）/etc：用于存放系统中的配置文件，Linux 中的配置文件都是文本文件，可以使用相应的命令查看。

（9）/bin：用于存放系统提供的一些二进制可执行文件。

（10）/sbin：用于存放标准系统管理文件，通常也是可执行的二进制文件。

（11）/mnt：挂载点，所有的外接设备（如 cdrom、U 盘等）均要挂载在此目录下才可以访问。

9.3.2　系统运行级别

运行级别，其实就是操作系统当前正在运行的功能级别。这些级别在/etc/initab 文件中有详细的定义。Init 程序也是通过寻找 initab 文件来使相应的运行级别有相应的功能，通常每个级别最先运行的服务是放在/etc/rc.d 目录下的文件，Linux 下共有 7 个运行级别：

（1）0：系统停机状态，系统默认运行级别不能设置为 0，否则不能正常启动，导致机器直接关闭。

（2）1：单用户工作状态，仅有 root 权限，用于系统维护，不能远程登录，类似 Windows 的安全模式。

（3）2：多用户状态，但不支持 NFS，同时也不支持网络功能。

（4）3：完整的多用户模式，支持 NFS，登录后可以使用控制台命令行模式。

（5）4：系统未使用，该级别一般不用，在一些特殊情况下可以用它来做一些事情。

（6）5：X11 控制台，登录后进入图形用户界面 XWindow 模式。

（7）6：系统正常关闭并重启，默认运行级别不能设为 6，否则不能正常启动。运行 init 6 时机器会重启。

标准的 Linux 运行级别为 3 或 5。

9.3.3 守护进程

Linux 系统中的后台服务多种多样，每个服务都运行一个对应程序，这些后台服务程序对应的进程就是守护进程。守护进程常常在系统引导时自动启动，在系统关闭时才终止，平时并没有一个程序界面与之对应。系统中可以看到很多如 DHCPD 和 HTTPD 之类的进程，这里的结尾字母 D 就是 Daemon 的意思，表示守护进程。

Linux 系统常见的守护进程如下：

- dhcpd：动态主机控制协议（Dynamic Host Control Protocol，DHCP）的服务守护进程。
- crond：crond 是 UNIX 下的一个传统程序，该程序周期性地运行用户调度的任务。比起传统的 UNIX 版本，Linux 版本添加了不少属性，而且更安全，配置更简单。类似于 Windows 中的计划任务。
- httpd：Web 服务器 Apache 守护进程，可用来提供 HTML 文件及 CGI 动态内容服务。
- iptables：iptables 防火墙守护进程。
- named：DNS（BIND）服务器守护进程。
- pppoe：ADSL 连接守护进程。
- sendmail：邮件服务器 sendmail 守护进程。
- smb：Samba 文件共享/打印服务守护进程。
- snmpd：简单网络管理守护进程。
- squid：代理服务器 squid 守护进程。
- sshd：SSH 服务器守护进程。Secure Shell Protocol 可以实现安全地远程管理主机。

9.3.4 常见配置文件

1. ifcfg-ethx 配置文件

用于存放系统 eth 接口的 IP 配置信息，类似于 Windows 中"本地连接"的属性界面能修改的参数。文件位于/etc/sysconfig/networking/ifcfg-ethx 中，x 可以是 0 或 1，代表不同的网卡接口。

2. /etc/sysconfig/network 配置文件

用于存放系统基本的网络信息，如计算机名、默认网关等。

3. /etc/host.conf 配置文件

用于保存系统解析主机名或域名的解析顺序。

4. /etc/hosts 配置文件

用于存放系统中的 IP 地址和主机对应关系的一个表，在网络环境中使用计算机名或域名时，系统首先会去/etc/host.conf 文件中寻找配置，确定解析主机名的顺序。

5. /etc/resolv.conf 配置文件

用于存放 DNS 客户端设置文件。

9.4 Linux 命令

9.4.1 系统与文件管理命令

1．Linux 系统管理命令

（1）ls [list] 命令。

这是 Linux 控制台命令中最重要的几个命令之一，其作用相当于 dos 下的 dir，用于查看文件和目录信息的命令。

基本命令格式：**ls** [*OPTION*] [*FILE*]

OPTION 最常用的参数有三个：-a、-l、-F。

● -a：Linux 中以 "." 开头的文件被系统视为隐藏文件，仅用 ls 命令是看不到的，而用 ls -a 除了显示一般文件名外，连隐藏文件也会显示出来。

● -l：可以使用长格式显示文件内容，通常在需要查看详细的文件信息时，就可以使用 ls -l 这个指令。

● -F：使用这个参数表示在文件的后面多添加表示文件类型的符号，如*表示可执行，/表示目录，@表示连接文件。

【例 9-4-1】ls -l 示例 13467691067。

```
[root@hunau ~]# ls -l
```

文件属性	文件数	拥有者	所属的 group	文件大小	建档日期	文件名
drwx------	2	Guest	users	1024	Nov 11 20：08	book
brwx--x--x	1	root	root	69040	Nov 19 23：46	test
lrwxrwxrwx	1	root	root	4	Nov 3 17：34	zcat->gzip
-rwsr-x---	1	root	bin	3853	Aug 10 5：49	javac

第一列：表示文件的属性。Linux 的文件分为三个属性：可读（r）、可写（w）、可执行（x）。从上例中可以看到，一共有十个位置可以填。第一个位置是表示类型，可以是目录或连结文件，其中 d 表示目录，l 表示连结文件，"-" 表示普通文件，b 代表块设备文件，c 代表字符设备文件。剩下的 9 个位置以每 3 个为一组。因为 Linux 是多用户多任务系统，所以一个文件可能同时被多个用户使用，所以管理员一定要设好每个文件的权限。若文件的权限位置排列顺序是：rwx（Owner）r-x（Group）r-x（Other）关于权限的问题在后面会详细讲到。

第二列：表示文件个数。如果是文件，这个数就是 1；如果是目录，则表示该目录中的文件个数。

第三列：表示该文件或目录的拥有者。

第四列：表示所属的组（group）。每一个使用者都可以拥有一个以上的组，但是大部分的使用者应该都只属于一个组。

第五列：表示文件大小。文件大小用 byte 来表示，而空目录一般都是 1024byte。

第六列：表示创建日期。以 "月，日，时间" 的格式表示。

第七列：表示文件名。

（2）"|"管道命令。

基本命令格式：cmd1 | cmd2 | cmd3

利用 Linux 所提供的管道符"|"将两个命令隔开，管道符左边命令的输出就会作为管道符右边命令的输入。连续使用管道意味着第一个命令的输出会作为第二个命令的输入，第二个命令的输出又会作为第三个命令的输入，依此类推。

【例 9-4-2】一个管道示例。

[root@hunau ~]# **rpm** -qa|grep gcc

这条命令使用管道符"|"建立了一个管道。管道将 rpm -qa 命令输出系统中所有安装的 RPM 包作为 grep 命令的输入，从而列出带有 gcc 字符的 RPM 包来。

（3）chmod 命令。

Linux 中文档的存取权限分为三级：文件拥有者、与拥有者同组的用户、其他用户，不管权限位如何设置，root 用户都具有超级访问权限。利用 chmod 可以精确地控制文档的存取权限。

基本命令格式：**chmod** *mode file*

Mode：权限设定字串，格式为[ugoa...][[+-=][rwxX]...][, ...]，其中 u 表示该文档的拥有者，g 表示与该文档的拥有者同一个组（group）者，o 表示其他的人，a 表示所有的用户。"+"表示增加权限，"-"表示取消权限，"="表示直接设定权限。"r"表示可读取，"w"表示可写入，"x"表示可执行，"X"表示只有当该文档是个子目录或者该文档已经被设定为可执行。

权限设定格式如图 9-4-1 所示。默认情况下，系统将创建的普通文件的权限设置为-rw-r-r-。

图 9-4-1　文件权限位示意图

此外，chmod 也可以用数字来表示权限。

数字权限基本命令格式：**chmod** *abc file*

其中，a、b、c 各为一个数字，分别表示 User、Group 及 Other 的权限。其中各个权限对应的数字为 r=4，w=2，x=1。因此对应的权限属性如下：

若要属性为 rwx，则对应的数字为 4+2+1=7；

若要属性为 rw-，则对应的数字为 4+2=6；

若要属性为 r-x，则对应的数字为 4+1=5。

命令示例如下：

chmod a=rwx file 和 chmod 777 file 效果相同
chmod ug=rwx，o=x file 和 chmod 771 file 效果相同

（4）cd 命令。

基本命令格式：**cd** [*change directory*]

其作用是改变当前目录。

注意：Linux 的目录对大小写是敏感的。

【例 9-4-3】cd 命令示例。

[root@hunau ~]# cd /
[root@hunau /]#

此命令将当前工作目录切换到"/"目录。

（5）mkdir 和 rmdir 命令。

Mkdir 命令用来建立新的目录，rmdir 用来删除已建立的目录。

基本命令格式：

mkdir [*directory*]

rmdir [*option*] [*directory*]

【例 9-4-4】mkdir 和 rmdir 命令示例。

[root@hunau /]# **mkdir** testdir

在当前目录下创建名为 testdir 的目录。

[root@hunau /]# **rmdir** testdir

在当前目录下删除名为 testdir 的目录。

（6）cp 命令。

基本命令格式：**cp** -r 源文件（source）　目的文件（target）

主要参数-r 是指连同源文件中的子目录一同复制，在复制多级目录时特别有用。

【例 9-4-5】cp 命令示例。

[root@hunau etc]# mkdir /backup/etc
[root@hunau etc]# cp -r /etc /backup/etc

该命令的作用是将/etc 下的所有文件和目录复制到/backup/etc 下作为备份。

（7）rm 命令。

Rm 命令的作用是删除文件。

基本命令格式：**rm** [*option*] *filename*

其常用的参数有-i、-r、-f。"-i"参数系统会加上提示信息，确认才能删除；"-r"操作可以连同这个目录下面的子目录都删除，功能和 rmdir 相似；"-f"操作是进行强制删除。

（8）**mv** 命令。

移动目录或文件，可以用于给目录或文件重命名。当使用该命令来移动目录时，它会连同该目录下面的子目录也一同移动。

基本命令格式：**mv** [option] source dest

常用参数"-f"表示强制移动，覆盖之前也不会提示。

（9）pwd 命令。

基本命令格式：**pwd**

Pwd 命令用于显示用户的当前工作目录。

（10）grep 命令。

Grep 命令用于查找当前文件夹下的所有文件内容，列出包含 string 中指定的字符串的行并显示行号。

基本命令格式：**grep** [*option*] string

Option 参数主要有：

● -a：作用是将 binary 文件以 text 文件的方式搜寻数据。

● -c：计算找到 string 的次数。

● -I：忽略大小写的不同，即大小写视为相同。

【例 9-4-6】命令示例。

```
[root@hunau ~]# grep -a  '127'
```

在当前目录下的所有文件中查找"127"这个字符串。

（11）mount 命令。

基本命令格式：**mount -t** *type dev dir*

将分区作为 Linux 的一个"文件"挂载到 Linux 的一个空文件夹下，从而将分区和/mnt 这个目录联系起来，因此用户只要访问该文件夹就相当于访问该分区了。

注意：必须将光盘、U 盘等放入驱动器再实施挂载操作，不能在挂载目录下实施挂载操作，至少在上一级不能在同一目录下挂载两个以上的文件系统。

【例 9-4-7】命令示例。

```
[root@hunau ~]# mount -t iso9660 /dev/cdrom /mnt/cdrom   #挂载光盘
[root@hunau ~]# umount /mnt/cdrom   #卸载光盘
[root@hunau ~]# mount /dev/sdb1 /mnt/usb#挂载 U 盘
```

（12）rpm 命令。

基本命令格式：**rpm** [*option*] name

RPM（RedHat Package Manager）最早是由 RedHat 开发的，现在已经是公认的行业标准了。用于查询各种 RPM 包的情况。这里的参数不作详细讲解，主要熟悉使用-q 参数实现查询。如常用的查询有以下几项：

```
[root@hunau ~]# rpm -q bind #查询 bind 软件包是否有安装
[root@hunau ~]#rpm –qa   #查询系统安装的所有软件包
[root@hunau ~]#rpm -qa|grep bind #查询系统安装的所有软件包，并从中过滤出 bind
```

（13）ps 命令。

Ps 命令用于查看进程。

基本命令格式：**ps** [*option*]

Option 参数主要有：

● -aux：用于查看所有静态进程。

● -top：用于查看动态变化的进程。

● -A：用于查看所有的进程。

● -r：表示只显示正在运行的进程。

- -l：表示用长格式显示。

Ps 查看的进程通常有以下几类状态：

- D：Uninterruptible sleep。
- R：正在运行中。
- S：处于休眠状态。
- T：停止或被追踪。
- W：进入内存交换。
- Z：僵死进程。

【例 9-4-8】ps 命令示例。

```
[root@hunau ~]# ps -Al
F S   UID   PID   PPID  C PRI  NI   ADDR   SZ    WCHAN   TTY    TIME       CMD
4 S    0     1     0    0  80   0     -     9138    -     ?     00:00:03    init
1 S    0     2     0    0  80   0     -      0      -     ?     00:00:00    kthreadd
1 S    0     3     2    0  80   0     -      0      -     ?     00:01:12    ksoftirqd/0
1 S    0     5     2    0  60  -20    -      0      -     ?     00:00:00    kworker/0:0H
1 S    0     7     2    0  80   0     -      0      -     ?     02:45:52    rcu_sched
```

（14）kill 命令。

基本命令格式：**kill** *signal PID*

其中 PID 是进程号，可以用 ps 命令查出，signal 是发送给进程的信号，TERM（或数字 9）表示"无条件终止"。

【例 9-4-9】命令示例。

```
[root@hunau ~]# Kill 9 2754
```

表示无条件终止进程号为 2754 的进程。

（15）passwd 命令。

基本命令格式：**passwd** [*option*] <accountName>

Option 参数主要有：

- -l：锁定口令，即禁用账号。
- -u：口令解锁。
- -d：使账号无口令。
- -f：强迫用户下次登录时修改口令。

如果默认用户名，则修改当前用户的口令。

Linux 系统中的/etc/passwd 文件是用于存放用户密码的重要文件，这个文件对所有用户都是可读的，系统中的每个用户在/etc/passwd 文件中都有一行对应的记录。/etc/shadow 保存着加密后的用户口令。而/etc/group 是管理用户组的基本文件，在/etc/group 中，每行记录对应一个组，它包括用户组名、加密后的组口令、组 ID 和组成员列表。可以通过 passwd 指令直接修改用户的密码。

【例 9-4-10】命令示例如下：

```
[root@hunau ~]# passwd
Changing password for user root.
```

```
New UNIX password:
Retype new UNIX password:
passwd: all authentication tokens updated successfully.
直接修改当前登录用户的口令
```

可以通过 vi /etc/passwd 查看系统中的用户信息，下面列出系统的部分用户信息。

```
[root@hunau ~]# vi /etc/passwd
root:x:0:0:root:/root:/bin/bash
bin:x:1:1:bin:/bin:/sbin/nologin
daemon:x:2:2:daemon:/sbin:/sbin/nologin
adm:x:3:4:adm:/var/adm:/sbin/nologin
```

/etc/passwd 中一行记录对应一个用户，每行记录又被冒号（:）分隔为 7 个部分，其格式如下：

用户名:口令:用户 ID:用户组 ID:注释:主目录:登录 Shell

- 用户名：一个用户的唯一标示，用户登录时所用用户名。
- 口令：早期 Linux 密码加密存放在该字段中，每个用户均能读取，存在隐患；现在 Linux 采用影子密码，存放在/etc/shadow 中，只有 root 用户能查看。
- 用户 ID：用户 ID 使用整数表示。值为 0 表示系统管理员，值为 1-499 表示系统保留账号，值大于 500 表示一般账号。
- 用户组 ID：唯一的标识了一个用户组。
- 注释：用户账号注释。
- 主目录：用户目录。
- 登录 Shell：通常是/bin/bash。

（16）useradd 命令。

此命令的作用是在系统中创建一个新用户账号，创建新账号时要给账号分配用户号、用户组、主目录和登录 Shell 等资源。

基本命令格式：useradd [*option*] username

Option 参数主要有：

- -c comment：指定一段注释性描述。
- -d 目录：指定用户主目录，如果此目录不存在，则同时使用-m 选项可以创建主目录。
- -g 用户组：指定用户所属的用户组。
- -G 用户组：指定用户所属的附加组。
- -s Shell 文件：指定用户的登录 Shell。
- -u 用户号：指定用户的用户号，如果同时有-o 选项，则可以重复使用其他用户的标识号。
- username：指定新账号的登录名，保存在/etc/passwd 文件中，同时更新其他系统文件，如/etc/shadow, /etc/group 等。

【例 9-4-11】命令示例。

```
[root@hunau ~]# useradd –d   /usrs/sam -m sam
```

创建了一个用户账号 sam，其中-d 和-m 选项用来为登录名 sam 产生一个主目录/usrs/sam，其中/usrs 是默认的用户主目录所在的父目录。

```
[root@hunau ~]# useradd -s /bin/sh -g apache –G admin,root    test
```

此命令新建了一个用户 test，该用户的登录 Shell 是/bin/sh，属于 apache 用户组，同时又属于 admin 和 root 用户组。

类似的命令还有 userdel 和 usermod，分别用于删除和修改用户账号的信息。

（17）groupadd 命令。

基本命令格式：groupadd [*option*] groupname

Option 参数主要有：

- -g gid：用于指定组的 ID，这个 ID 值必须是唯一的且不可以为负数，在使用-o 参数时可以相同。通常 0~499 是保留给系统账号使用的，新建的组 ID 都是从 500 开始往上递增。组账户信息存放在/etc/group 中。
- -r：用于建立系统组号，它会自动选定一个小于 499 的 gid。
- -f：用于在新建一个已经存在的组账号时，系统弹出错误信息，然后强制结束 groupadd。避免对已经存在的组进行修改。
- -o：用于指定创建新组时，gid 不使用唯一值。

【例 9-4-12】命令示例。

```
[root@hunau ~]#groupadd –r    apachein
```

创建一个名为 apachein 的系统组，其 gid 是系统默认选用的 0~499 之间的数值。

也可以通过 vi /etc/group 看到系统中的组，下面列出系统部分组：

```
root:x:0:root
bin:x:1:root,bin,daemon
daemon:x:2:root,bin,daemon
sys:x:3:root,bin,adm
```

9.4.2　网络配置命令

本小节主要讨论 Linux 系统与 Windows 系统中不同的网络命令。

1. ifconfig 命令

Ifconfig 是一个用来查看、配置、启用或禁用网络接口的工具，这个工具极为常用。类似 Windows 中的 ipconfig 指令，但是其功能更为强大，在 Linux 系统中可以用这个工具来配置网卡的 IP 地址、掩码、广播地址、网关等。

常用的方式有查看网络接口状态和配置网络接口信息两种。

（1）ifconfig 查看网络接口状态。

```
[root@hunau ~]# ifconfig
eth0 Link encap:Ethernet HWaddr 00:00:1F:3B:CD:29:DD
inet addr:172.28.27.200 Bcast:172.28.27.255 Mask:255.255.255.0
inet6 addr: fe80::203:dff:fe21:6C45/64 Scope:Link
UP BROADCAST RUNNING MULTICAST MTU:1500 Metric:1
RX packets:618 errors:0 dropped:0 overruns:0 frame:0
TX packets:676 errors:0 dropped:0 overruns:0 carrier:0
collisions:0 txqueuelen:1000
RX bytes:409232 (409.7 KiB) TX bytes:84286 (84.2 KiB)
```

```
Interrupt:5 Base address:0x8c00
lo Link encap:Local Loopback
inet addr:127.0.0.1 Mask:255.0.0.0
inet6 addr: ::1/128 Scope:Host
UP LOOPBACK RUNNING MTU:16436 Metric:1
RX packets:1694 errors:0 dropped:0 overruns:0 frame:0
TX packets:1694 errors:0 dropped:0 overruns:0 carrier:0
collisions:0 txqueuelen:0
RX bytes:3203650 (3.0 MiB) TX bytes:3203650 (3.0 MiB)
```

Ifconfig 如果不接收任何参数，就会输出当前网络接口的情况。上面命令结果中的具体参数说明：

● eth0：表示第一块网卡，其中 HWaddr 表示网卡的物理地址，可以看到目前这个网卡的物理地址是 00:00:1F:3B:CD:29:DD。

● inet addr：用来表示网卡的 IP 地址，此网卡的 IP 地址是 172.28.27.200，广播地址 Bcast 是 172.28.27.255，掩码地址 Mask 是 255.255.255.0。lo 是表示主机的回环地址，这个一般是用来作测试用途。

若要查看主机所有网络接口的情况，可以使用下面的指令：

```
[root@hunau ~]#ifconfig  -a
```

若要查看某个端口状态，可以使用下面的命令：

```
[root@hunau ~]#ifconfig  eth0
```

这就可以查看 eth0 的状态。

（2）ifconfig 配置网络接口。

Ifconfig 可以用来配置网络接口的 IP 地址、掩码、网关、物理地址等。

Ifconfig 的基本命令格式：**ifconfig** if_num IPaddres hw MACaddres **netmask** *mask* **broadcast** *broadcast_address* [**up**/**down**]

【例 9-4-13】命令示例。

```
[root@hunau ~]#ifconfig eth0 down
```

Ifconfig eth0 down 表示如果 eth0 是激活的，就把它 down 掉。此命令等同于 ifdown eth0。

```
[root@hunau ~]#ifconfig eth0 192.168.1.99 broadcast 192.168.1.255 netmask 255.255.255.0
```

用 ifconfig 来配置 eth0 的 IP 地址、广播地址和网络掩码。

```
[root@hunau ~]#ifconfig eth0 up
```

用 ifconfig eth0 up 来激活 eth0。此命令等同于 ifup eth0。

（3）ifconfig 配置虚拟网络接口。

有时为了满足不同的应用需求，Linux 系统可以允许配置虚拟网络接口，如用不同的 IP 地址来运行多个 Web 服务器，就可以用虚拟地址；虚拟网络接口指的是为一个网络接口指定多个 IP 地址，虚拟接口通常是用 eth0:0,eth0:1,eth0:2,…,eth0:N 形式。

【例 9-4-14】命令示例。

```
[root@hunau ~]#ifconfig eth1:0  172.28.27.199  hw  ether    00:19:21:D3:6C:46  netmask  255.255.255.0  broadcast 172.28.27.255 up
```

2. ifdown 和 ifup 命令

Ifdown 和 ifup 命令是 Linux 系统中的两个常用命令，其作用类似于 Windows 中对本地连接的启用和禁用。这两个命令是分别指向/sbin/ifup 和/sbin/ifdown 的符号连接，这是该目录下唯一可以直接调用执行的脚本。这两个符号连接为了一致，所以放在这个目录下，可以用 ls -l 看到。

```
[root@hunau network-scripts]# ls -l
lrwxrwxrwx   1 root root      20   7 月 23 22:34 ifdown -> ../../../sbin/ifdown
lrwxrwxrwx   1 root root      18   7 月 23 22:34 ifup -> ../../../sbin/ifup
```

若要关闭 eth0 接口，可以直接使用下面的命令：

```
[root@hunau network-scripts]# ifdown eth0
```

此时 eth0 关闭，用 ifconfig 查看不到 eth0 的信息。要开启 eth0，只要将 ifdown 改成 ifup 即可。

3. route 命令

Linux 系统中 route 命令的用法与 Windows 中的用法有一定的区别，因此在学习的过程中要注意区分。

基本命令格式：#route [-add][-net|-host] targetaddress [-netmask mask] [dev] If

　　　　　　　　#route [-delete] [-net|-host] targetaddress [gw Gw] [-netmask mask] [dev] If

参数说明：

● -add：用于增加一条路由。

● -delete：用于删除路由。

● -net：表明路由到达的是一个网络，而不是一台主机。

● -host：路由到达的是一台主机，与-net 选项只能选其中的一个使用。

● -netmask mask：指定目标网络的子网掩码。

● gw：指定路由所使用的网关。

● [dev] If：指定路由使用的接口。

4. traceroute 命令

该命令的作用与 Windows 中的 tracert 作用类似，用于显示数据包从源主机到达目的主机的中间路径。

基本命令格式：traceroute [-dFlnrvx][-f <firstTTL>][-g <gw>][-I <ifname>] [-m <TTL>][-p <port>]

　　　　　　　　[-s<src IP>][-t <tos>][-w <timeout>][dst ip] [packetsize]

参数说明：

● -d：使用 Socket 层级的排错功能。

● -f <firstTTL>：设置第一个检测数据包的存活数值 TTL 的大小。

● -g <gw>：设置来源路由网关，最多可设置 8 个。

● -I <ifname>：使用指定的网络接口名发送数据包。

● -I：使用 ICMP 回应取代 UDP 资料信息。

● -m <TTL>：设置检测数据包的最大存活数值 TTL 的大小。

● -n：直接使用 IP 地址，而非主机名称。

● -p <port>：设置 UDP 传输协议的通信端口。

● -r：忽略普通的 Routing Table，直接将数据包送到远端主机上。

● -s<src ip>：设置本地主机送出数据包的 IP 地址。

- -t <tos>：设置检测数据包的 TOS 数值。
- -v：详细显示指令的执行过程。
- -w <timeout>：设置等待远端主机回报的时间。
- -x：开启或关闭数据包的正确性检验。

5. iptables 命令

Iptables 是 Linux 系统中常用的一个 IP 包过滤功能。

Iptables 基本语法如下：

iptables [-t table] command [match] [-j target/jump]

其中[-t table] 指定规则表，默认的是 filter。

filter：这个规则表是默认规则表，拥有 input、forward 和 output 三个规则链，顾名思义，它是用来进行数据包过滤的处理动作（如 drop、accept 或 reject 等），通常的基本规则都建立在此规则表中。

（1）command 常用命令列表（以下命令中同一行的两个命令作用是同等的，写法上有区别）：

- -a，-append 用于新增规则到某个规则链中，该规则将成为规则链中的最后一条规则。
- -d，-delete 用于从某个规则链中删除一条规则，可以输入完整规则，或直接指定规则编号加以删除。
- -r，-replace 用于取代现行规则，规则被取代后并不会改变顺序。
- -i，-insert 用于插入一条规则，原本该位置上的规则将会往后移动一个位置。
- -l，-list 用于列出某规则链中的所有规则。
- -f，-flush 用于删除 filter 表中 input 链的所有规则。

（2）match 常用数据包匹配参数。

- -p，-protocol 用于匹配通信协议类型是否相符，可以使用"!"运算符进行反向匹配，如-p !tcp 的意思是指除 TCP 以外的其他类型，如 udp、icmp 等非 TCP 的其他协议。如果要匹配所有类型，则可以使用 all 关键词。
- -s，-src，-source 用来匹配数据包的来源 IP 地址（单机或网络），匹配网络时用数字来表示子网掩码，如-s 192.168.0.0/24，也可以使用"!"运算符进行反向匹配。
- -d，-dst，-destination 用来匹配数据包的目的 IP 地址。
- -i，-in-interface 用来匹配数据包是从哪块网卡进入的，可以使用通配字符"+"来做大范围匹配，如-i eth+表示所有的 ethernet 网卡，也可以使用"!"运算符进行反向匹配。
- -o，-out-interface 用来匹配数据包要从哪块网卡送出。
- -sport，-source-port 用来匹配数据包的源端口，可以匹配单一端口或一个范围，如--sport 22:80 表示从 22 到 80 端口之间都算是符合条件，如果要匹配不连续的多个端口，则必须使用--multiport 参数。
- -dport，-destination-port 用来匹配数据包的目的地端口号。

（3）-j target/jump 常用的处理动作。

- -j 参数用来指定要进行的处理动作，常用的处理动作包括：accept、reject、drop、redirect、

masquerade、log、snat、dnat 等。具体如下：

- accept：将数据包放行，进行完此处理动作后将不再匹配其他规则，直接跳往下一个规则链（nat postrouting）。
- reject：拦阻该数据包并传送数据包通知对方，进行完此处理动作后将不再匹配其他规则，直接中断过滤程序。
- drop：丢弃数据包不予处理，进行完此处理动作后将不再匹配其他规则，直接中断过滤程序。
- redirect：将数据包重新导向到另一个端口（pnat），进行完此处理动作后将会继续匹配其他规则。
- masquerade：改写数据包的源 IP 地址为自身接口的 IP 地址，可以指定 port 对应的范围，进行完此处理动作后直接跳往下一个规则链（mangle postrouting）。这个功能与 snat 不同的是，当进行 IP 伪装时不需指定要伪装成哪个 IP 地址，这个 IP 地址会自动从网卡读取，尤其是当使用 DHCP 方式获得地址时 masquerade 特别有用。
- log：将数据包相关信息记录在/var/log 中，进行完此处理动作后将继续匹配其他规则。
- snat：改写数据包的源 IP 为某特定 IP 或 IP 范围，可以指定 port 对应的范围，进行完此处理动作后将直接跳往下一个规则（mangle postrouting）。
- dnat：改写数据包目的 IP 地址为某特定 IP 或 IP 范围，可以指定 port 对应的范围，进行完此处理动作后将直接跳往下一个规则链（filter:input 或 filter:forward）。

IPtables 的命令参数非常多，在考试中，主要用到的是 IP 地址伪装和数据包过滤的相关参数。

【例 9-4-15】数据包过滤命令示例。

用 IPtables 建立包过滤防火墙，以实现对内部的 WWW 和 FTP 服务器进行保护。基本规则如下：

```
[root@hunau sbin]# iptables -f    #先清除 input 链的所有规则
[root@hunau sbin]# iptables -p forward drop    #设置防火墙 forward 链的策略为 drop，也就是防火墙的默认规则是：先禁止转发任何数据包，然后再依据规则允许通过的包
[root@hunau sbin]# iptables -a forward -p tcp -d 172.28.27.100 --dport www -i eth0 -j accept    #开放服务端口为 TCP 协议 80 端口的 WWW 服务
[root@hunau sbin]# iptables -a forward -p tcp -d 172.28.27.100 --dport ftp -i eth0 -j accept    #开放 FTP 服务,其余的服务依此类推即可。这里要特别注意的是，设置服务器的包过滤规则时要保证服务器与客户机之间的通信是双向的，因此不仅要设置数据包流出的规则，还要设置数据包返回的规则。下面是内部数据包流出的规则
[root@hunau sbin]# iptables -a forward -s 172.28.27.0/24 -i eth1 -j accept    #接收来自整个内部网络的数据包并使之通过
```

5

模拟测试，反复操练

经历过前 4 天的学习后，进入最后一天的学习了。今天最主要的任务就是做模拟题、熟悉考题风格、检验自己的学习成果。考生一定摩拳擦掌好久了吧？下面就一起来进入吧。

第 1~2 学时　模拟测试（上午一）

1. 国家密码管理局于 2006 年公布了"无线局域网产品须使用的系列密码算法"，其中规定签名算法应使用的算法是＿＿（1）＿＿。

　　A. DH　　　　　　B. ECDSA　　　　C. ECDH　　　　D. CPK

2. 以下网络攻击中，＿＿（2）＿＿属于被动攻击

　　A. 拒绝服务攻击　　B. 重放　　　　　C. 假冒　　　　　D. 窃听

3. 下列算法中，不属于非对称加密算法的是＿＿（3）＿＿。

　　A. ECC　　　　　　B. DSA　　　　　C. RSA　　　　　D. RC5

4. 利用 3DES 进行加密，以下说法正确的是＿＿（4）＿＿。

　　A. 3DES 的密钥长度是 56 位

　　B. 3DES 全部使用三个不同的密钥进行三次加密

　　C. 3DES 的安全性高于 DES

　　D. 3DES 的加密速度比 DES 加密速度快

5. 面向身份信息的认证应用中，最简单的认证方法是＿＿（5）＿＿。

　　A. 基于数据库的认证　　　　　　　　B. 基于摘要算法认证

　　C. 基于 PKI 认证　　　　　　　　　　D. 基于账户名/口令认证

6. 在报文摘要算法 MD5 中，首先要进行明文分组与填充，其中分组时明文报文摘要按照＿＿（6）＿＿位分组。

A．128　　　　　B．256　　　　　C．512　　　　　D．1024

7．报文摘要算法 SHA-1 输出的位数是 ___（7）___ 。

A．100 位　　　　B．128 位　　　　C．160 位　　　　D．180 位

8．利用报文摘要算法生成报文摘要的目的是 ___（8）___ 。

A．验证通信对方的身份，防止假冒

B．对传输数据进行加密，防止数据被窃听

C．防止发送方否认发送过的数据

D．防止发送的报文被篡改

9．公钥体系中，用户甲发送给用户乙的数据要用 ___（9）___ 进行加密。

A．甲的公钥　　　B．甲的私钥　　　C．乙的公钥　　　D．乙的私钥

10．在电子政务信息系统设计中应高度重视系统的 ___（10）___ 设计，防止对信息的篡改、越权获取和蓄意破坏。

A．容错　　　　　B．结构化　　　　C．可用性　　　　D．安全性

11．以下关于入侵检测设备的叙述中， ___（11）___ 是不正确的。

A．不产生网络流量　　　　　　　　B．部署在靠近攻击源的地方，则很有效

C．使用在尽可能接近受保护资源的地方　　D．必须跨接在链路上

12．代理服务器防火墙主要使用代理技术来阻断内部网络和外部网络之间的通信，达到隐蔽内部网络的目的。以下关于代理服务器防火墙的叙述中， ___（12）___ 是不正确的。

A．仅"可以信赖的"代理服务才允许通过

B．由于已经设立代理，因此任何外部服务都可以访问

C．允许内部主机使用代理服务器访问 Internet

D．不允许外部主机连接到内部安全网络

13．完整性是信息未经授权不能进行改变的特性，它要求保持信息的原样。下列方法中，不能用来保证应用系统完整性的措施是 ___（13）___ 。

A．安全协议　　　B．纠错编码　　　C．数字签名　　　D．信息加密

14．在信息系统安全管理中，业务流控制、路由选择控制和审计跟踪等技术主要用于提高信息系统的 ___（14）___ 。

A．保密性　　　　B．可用性　　　　C．完整性　　　　D．不可抵赖性

15．以下选项中，不属于生物特征识别方法的是 ___（15）___ 。

A．语音识别　　　　　　　　　　　B．指纹识别

C．气味识别　　　　　　　　　　　D．身份证号识别

16．计算机取证是将计算机调查和分析技术应用于对潜在的、有法律效应的确定和提取。以下关于计算机取证的描述中，错误的是 ___（16）___ 。

A．计算机取证的通常步骤有：准备工作、保护目标计算机系统（保护现场）、确定电子证据、收集电子证据、保全电子证据

B．计算机取证的工具有 X-Ways Forensics、X-Ways Trace、FBI 等

C．计算机取证时，可先将目标主机设置为蜜罐，等待犯罪嫌疑人破坏证据时，一举抓获

D．电子证据综合了文本、图形、图像、动画、音频及视频等多种类型的信息

17．注入语句：http://xxx.xxx.xxx/abc.asp?p=YY and db_name()>0 不仅可以判断服务器的后台数据库是否为 SQL Server，还可以得到___（17）___。

A．当前连接数据库的用户数量　　　　　B．当前连接数据库的用户名

C．当前正在使用的用户口令　　　　　　D．当前正在使用的数据库名

18．数字水印利用人类的听觉、视觉系统的特点，在图像、音频、视频中加入特定的信息，使人很难察觉，而通过特殊方法和步骤又能提取所加入的特定信息。数字图像的内嵌水印有很多鲜明的特点，其中，加入水印后图像不能有视觉质量的下降，与原始图像对比，很难发现二者的差别属于___（18）___。

A．透明性　　　　B．机密性　　　　C．鲁棒性　　　　D．安全性

19．数字水印常用算法中，___（19）___算法将信息嵌入到随机选择的图像点中最不重要的像素位上。

A．Patchwork　　　　B．LSB　　　　C．DCT　　　　D．NEC

20．数字水印空间域算法中，___（20）___算法利用像素的统计特征将信息嵌入像素的亮度值中。该算法先对图像分块，再对每个图像块进行嵌入操作，可以加入更多信息。

A．Patchwork　　　　B．LSB　　　　C．DCT　　　　D．NEC

21．下列网络攻击行为中，属于 DoS 攻击的是___（21）___。

A．特洛伊木马攻击　　　　　　　　　　B．SYN Flooding 攻击

C．端口欺骗攻击　　　　　　　　　　　D．IP 欺骗攻击

22．下面属于蠕虫病毒的是___（22）___。

A．Worm.Sasser 病毒　　　　　　　　　B．Trojan.QQPSW 病毒

C．Backdoor.IRCBot 病毒　　　　　　　D．Macro.Melissa 病毒

23．杀毒软件报告发现病毒 Macro. Melissa，由该病毒名称可以推断出病毒类型是___（23）___，这类病毒的主要感染目标是___（24）___。

（23）A．文件型　　B．引导型　　　　C．目录型　　　　D．宏病毒

（24）A．.exe 或.com 可执行文件　　　B．Word 或 Excel 文件

　　　　C．DLL 系统文件　　　　　　　D．磁盘引导区

24．依据《中华人民共和国网络安全法》，某大学购买了上网行为管理设备，安装时设定设备日志应该保存___（25）___。

A．1 个月　　　　B．3 个月　　　　C．6 个月　　　　D．12 个月

25．依据《信息安全等级保护管理办法》要求，某政府信息化办公室按照密级为机密的标准，对单位涉密信息系统实施分级保护，其保护水平总体上不低于国家信息安全等级保护___（26）___的水平。

A．第二级　　　　B．第三级　　　　C．第四级　　　　D．第五级

26.《中华人民共和国刑法》（2015 修正）侵入国家事务、国防建设、尖端科学技术领域的计算机信息系统的，处___（27）___有期徒刑或者拘役。

    A．一年以上   B．三年以下   C．五年以上   D．三年以上七年以下

27. 依据《信息安全等级保护管理办法》，信息系统的安全保护等级分为___（28）___级。

    A．2   B．3   C．4   D．5

28.《信息安全等级保护管理办法》中，信息系统受到破坏后，会对公民、法人和其他组织的合法权益产生严重损害，或者对社会秩序和公共利益造成损害，但不损害国家安全。该系统的安全保护等级为___（29）___级。

    A．2   B．3   C．5   D．6

29. 依据《信息安全等级保护管理办法》，信息系统运营、使用单位应当依据国家有关管理规范和技术标准进行保护。国家信息安全监管部门对该级信息系统信息安全等级保护工作进行监督、检查。这种措施属于___（30）___级。

    A．2   B．3   C．5   D．6

30. ___（31）___是应用系统工程的观点、方法，分析网络系统安全防护、监测和应急恢复。这一原则要求在进行安全规划设计时充分考虑各种安全措施的一致性，不要顾此失彼。

    A．木桶原则   B．整体原则

    C．等级性原则   D．动态化原则

31. 一个数据包过滤系统被设计成只允许用户许可服务的数据包进入，而过滤掉不必要的服务。这属于___（32）___基本原则。

    A．最小特权   B．最大共享   C．开放系统   D．封闭系统

32. 安全电子邮件使用___（33）___协议。

    A．PGP   B．HTTPS   C．MIME   D．DES

33. 下图为一种数字签名方案，网上传送的报文是___（34）___，防止 A 抵赖的证据是___（35）___。

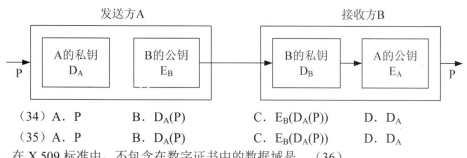

    （34）A．P   B．$D_A(P)$ C．$E_B(D_A(P))$ D．D_A

    （35）A．P   B．$D_A(P)$ C．$E_B(D_A(P))$ D．D_A

34. 在 X.509 标准中，不包含在数字证书中的数据域是___（36）___。

    A．序列号   B．签名算法

    C．认证机构的签名   D．私钥

35. 某 Web 网站向 CA 申请了数字证书。用户登录该网站时，通过验证___（37）___，可确认

该数字证书的有效性，从而＿＿(38)＿＿。

    （37）A．CA 的签名   B．网站的签名

            C．会话密钥   D．DES 密码

    （38）A．向网站确认自己的身份   B．获取访问网站的权限

            C．和网站进行双向认证   D．验证该网站的真伪

36．计算机感染特洛伊木马后的典型现象是＿＿＿(39)＿＿。

    A．程序异常退出   B．有未知程序试图建立网络连接

    C．邮箱被垃圾邮件填满   D．Windows 系统黑屏

37．下列行为不属于网络攻击的是＿＿＿(40)＿＿。

    A．连续不停 Ping 某台主机   B．发送带病毒和木马的电子邮件

    C．向多个邮箱群发一封电子邮件   D．暴力破解服务器密码

38．窃取是对＿＿＿(41)＿＿的攻击，DDos 攻击破坏了＿＿＿(42)＿＿。

    （41）A．可用性   B．保密性   C．完整性   D．真实性

    （42）A．可用性   B．保密性   C．完整性   D．真实性

39．下面＿＿＿(43)＿＿地址可以应用于公共互联网中。

    A．10.172.12.56   B．172.32.12.23

    C．192.168.22.78   D．172.16.33.124

40．ICMP 协议属于因特网中的＿＿＿(44)＿＿协议，ICMP 协议数据单元封装在＿＿＿(45)＿＿中。

    （44）A．数据链路层   B．网络层

            C．传输层   D．会话层

    （45）A．以太帧   B．TCP 段

            C．UDP 数据报   D．IP 数据报

41．ARP 协议的作用是＿＿＿(46)＿＿，它的协议数据单元封装在＿＿＿(47)＿＿中传送。ARP 请求是采用＿＿＿(48)＿＿方式发送的。

    （46）A．由 MAC 地址求 IP 地址   B．由 IP 地址求 MAC 地址

            C．由 IP 地址查域名   D．由域名查 IP 地址

    （47）A．IP 分组   B．以太帧   C．TCP 段   D．UDP 报文

    （48）A．单播   B．组播   C．广播   D．点播

42．下面信息中＿＿＿(49)＿＿包含在 TCP 头中而不包含在 UDP 头中。

    A．目标端口号   B．顺序号   C．发送端口号   D．校验号

43．在进行域名解析过程中，由＿＿＿(50)＿＿获取的解析结果耗时最短。

    A．主域名服务器   B．辅域名服务器

    C．本地缓存   D．转发域名服务器

44．在 Kerberos 认证系统中，用户首先向＿＿＿(51)＿＿申请初始票据，然后从＿＿＿(52)＿＿获得会话密钥。

　　(51) A．域名服务器 DNS 　　　　　　　B．认证服务器 AS
　　　　 C．票据授予服务器 TGS 　　　　　D．认证中心 CA
　　(52) A．域名服务器 DNS 　　　　　　　B．认证服务器 AS
　　　　 C．票据授予服务器 TGS 　　　　　D．认证中心 CA

45．如果一个登录处理子系统允许处理一个特定的用户识别码，以绕过通常的口令检查，则这种威胁属于　　(53)　　。
　　A．假冒　　　　　B．授权侵犯　　　　C．旁路控制　　　D．陷门

46．HTTPS 是一种安全的 HTTP 协议，它使用　　(54)　　来保证信息安全，使用　　(55)　　来发送和接收报文。
　　(54) A．IPSec　　B．SSL　　　　　C．SET　　　　　D．SSH
　　(55) A．TCP 的 443 端口 　　　　　　B．UDP 的 443 端口
　　　　 C．TCP 的 80 端口 　　　　　　D．UDP 的 80 端口

47．以下用于在网络应用层和传输层之间提供加密方案的协议是　　(56)　　。
　　(56) A．PGP　　B．SSL　　　　　C．IPSec　　　D．DES

48．主动防御是新型的杀病毒技术，其原理是　　(57)　　。
　　A．根据特定的指令串识别病毒程序并阻止其运行
　　B．根据特定的标志识别病毒程序并阻止其运行
　　C．根据特定的行为识别病毒程序并阻止其运行
　　D．根据特定的程序结构识别病毒程序并阻止其运行

49．很多系统在登录时都要求用户输入以图片形式显示的一个字符串，其作用是　　(58)　　。
　　A．阻止没有键盘的用户登录　　　　　B．欺骗非法用户
　　C．防止用户利用程序自动登录　　　　D．限制登录次数

50．IPSec 的加密和认证过程中所使用的密钥由　　(59)　　机制来生成和分发。
　　A．ESP　　　　　B．IKE　　　　　C．TGS　　　　D．AH

51．针对用户的需求，设计师提出了用物理隔离来实现网络安全的方案。经过比较，决定采用隔离网闸实现物理隔离。物理隔离的思想是　　(60)　　，隔离网闸的主要实现技术不包括　　(61)　　。
　　(60) A．内外网隔开，不能交换信息
　　　　 B．内外网隔开，但分时与另一设备建立连接，间接实现信息交换
　　　　 C．内外网隔开，但分时对一存储设备写和读，间接实现信息交换
　　　　 D．内外网隔开，但只有在经过网管人员或网管系统认可时才能连接
　　(61) A．实时开关技术 　　　　　　　　B．单向连接技术
　　　　 C．网络开关技术 　　　　　　　　D．隔离卡技术

52．用于保护通信过程的初级密钥在分配时，通常的形式是　　(62)　　，利用其加密或解密时，应实施的操作是　　(63)　　。
　　(62) A．一次一密的明文 　　　　　　　B．一次一密的密文

  C．可多次使用的密文   D．不限次数的密文

（63）A．利用二级密钥解密出原始密钥

   B．利用主密钥解密出原始密钥

   C．利用二级密钥和主密钥解密出原始密钥

   D．利用自身私钥解密出原始密钥

53．椭圆曲线密码 ECC 是一种公开密钥加密算法体制，其密码由六元组 T=<p,a,b,G,n,h>表示。用户的私钥 d 的取值为 （64） ，公钥 Q 的取值为 （65） 。

  利用 ECC 实现数字签名与利用 RSA 实现数字签名的主要区别是 （66） 。

（64）A．0～n-1 间的随机数   B．0～n-1 间的一个素数

   C．0～p-1 间的随机数   D．0～p-1 间的一个素数

（65）A．Q=dG B．Q=ph   C．Q=ab G   D．Q=hnG

（66）A．ECC 签名后的内容中没有原文，而 RSA 签名后的内容中包含原文

   B．ECC 签名后的内容中包含原文，而 RSA 签名后的内容中没有原文

   C．ECC 签名需要使用自己的公钥，而 RSA 签名需要使用对方的公钥

   D．ECC 验证签名需要使用自己的私钥，而 RSA 验证签名需要使用对方的公钥

54．S 盒是 DES 中唯一的非线性部分，DES 的安全强度主要取决于 S 盒的安全强度。DES 中有 （67） 个 S 盒，其中 （68） 。

（67）A．2   B．4   C．6   D．8

（68）A．每个 S 盒有 6 个输入，4 个输出

   B．每个 S 盒有 4 个输入，6 个输出

   C．每个 S 盒有 48 个输入，32 个输出

   D．每个 S 盒有 32 个输入，48 个输出

55．RC4 是 Ron Rivest 为 RSA 设计的一种序列密码，它在美国一般密钥长度是 128 位，因为受到美国出口法的限制，向外出口时限制到 （69） 位。

  A．64   B．56   C．32   D．40

56．打电话请求密码属于 （70） 攻击方式。

  A．木马   B．社会工程

  C．电话窃听攻击   D．电话系统漏洞

57．Certificates are （71） documents attesting to the （72） of a public key to an individual or other entity. They allow verification of the claim that a given public key does in fact belong to a given individual. Certificates help prevent someone from using a phony key to （73） someone else. In their simplest form, certificates contain a public key and a name. As commonly used, a certificate also contains an （74） date, the name of the CA that issued the certificate, a serial number, and perhaps other information. Most importantly, it contains the digital （75） of the certificate issuer. The most widely accepted format for certificates is X.509 , thus, certificates can be read or written by any application complying with X.509.

（71）A．text　　B．data　　　　　C．digital　　D．structured

（72）A．connecting B．binding　　C．composing　D．conducting

（73）A．impersonate　　　　　　　B．personate　　C．damage D．control

（74）A．communication　　　　　　B．computation

　　　C．expectation　　　　　　　D．expiration

（75）A．signature　B．mark　　　　C．stamp　　　D．hypertext

第3～4学时　模拟测试（下午一）

试题一（共20分）

【说明】密码编码学是研究把信息（明文）变换成没有密钥就不能解读或很难解读的密文的方法，密码分析学的任务是破译密码或伪造认证密码。

【问题1】（10分）

通常一个密码系统简称密码体制，请简述密码体制的构成。

【问题2】（3分）

根据所基于的数学基础的不同，非对称密码体制通常分为　(1)　、　(2)　、　(3)　。

【问题3】（2分）

根据密文数据段是否与明文数据段在整个明文中的位置有关，可以将密码体制分为　(4)　体制和　(5)　体制。

【问题4】（5分）

在下图给出的加密过程中，m_i（i=1,2,...,n）表示明文分组，c_i（i=1,2,...,n）表示密文分组，K表示密钥，E表示分组加密过程。该分组加密过程属于哪种工作模式？这种分组密码的工作模式有什么缺点？

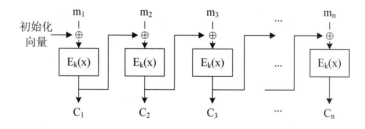

试题二（共15分）

【说明】RSA是典型的非对称加密算法，该算法基于大素数分解。核心是模幂运算。利用RSA

密码可以同时实现数字签名和数据加密。

【问题 1】（3 分）

简述 RSA 的密钥生成过程。

【问题 2】（4 分）

简述 RSA 的加密和解密过程。

【问题 3】（4 分）

简述 RSA 的数字签名过程。

【问题 4】（4 分）

在 RSA 中，已获取用户密文 C=10，该用户的公钥 e=5，n=35，求明文 M。

试题三（共 10 分）

【说明】阅读下面程序，回答问题 1 至问题 3。

```
void function(char *str)
{
    char buffer[16];
    strcpy(buffer,str);
}
void main()
{
    int t;
    char buffer[128];
    for(i=0;i<127;i++)
      buffer[i] ='A';
      buffer[127]=0;
    function(buffer);
    print("This is a test\n");
}
```

【问题 1】（3 分）

上述代码能否输出"This is a test"？上述代码存在什么类型的隐患？

【问题 2】（4 分）

造成上述隐患的原因是？

【问题 3】（3 分）

给出消除该安全隐患的思路。

试题四（共 15 分）

【说明】某公司通过 PIX 防火墙接入 Internet，网络拓扑如下图所示。

在防火墙上利用 show 命令查询当前配置信息如下：

```
PIX#show config
...
```

```
nameif eth0 outside security 0
nameif ethl inside security 100
nameif eth2 dmz security 40
…
fixup protocol ftp 21
fixup protocol http 80 ___(1)___
…
ip address outside 61.144.51.42255.255.255.248
ip address inside 192.168.0.1 255.255.255.0
ip address dmz 10.10.0.1 255.255.255.0
…
global（outside）1 61.144.51.46
nat（inside）1 0.0.0.0 0.0.0.0
…
route outside 0.0.0.0 0.0.0.0 61.144.51.451 ___(2)___
…
```

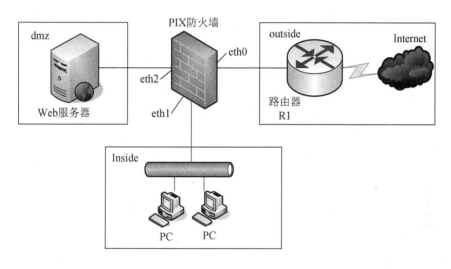

【问题1】（4分）

解释（1）、（2）处画线语句的含义。

【问题2】（6分）

根据配置信息填写以下表格。

习题用表

域名称	接口名称	IP 地址	IP 地址掩码
inside	eth1	___(3)___	255.255.255.0
outside	eth0	61.144.51.42	___(4)___
dmz	___(5)___	___(6)___	255.255.255.0

【问题 3】（2 分）

根据所显示的配置信息，由 inside 域发往 Internet 的 IP 分组在到达路由器 R1 时的源 IP 地址是___(7)___。

【问题 4】（3 分）

如果需要 dmz 域的服务器（IP 地址为 10.10.0.100）对 Internet 用户提供 Web 服务（对外公开 IP 地址为 61.144.51.43），请补充完成下列配置命令。

```
PIX（config）#static（dmz,outside）___(8)___    ___(9)___
PIX（config）#conduit permit tcp host___(10)___eq www any
```

试题五（共 15 分）

【说明】某企业在公司总部和分部之间采用两台 Windows Server 2003 服务器部署企业 IPSec VPN，将总部和分部的两个子网通过 Internet 互连，如下图所示。

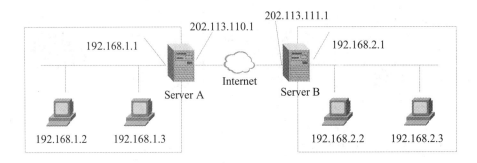

【问题 1】（3 分）

隧道技术是 VPN 的基本技术，隧道是由隧道协议形成的，常见隧道协议有 IPSec、PPTP 和 L2TP，其中___(1)___和___(2)___属于第二层隧道协议，___(3)___属于第三层隧道协议。

【问题 2】（3 分）

IPSec 安全体系结构包括 AH、ESP 和 ISAKMP/Oakley 等协议。其中，___(4)___为 IP 包提供信息源验证和报文完整性验证，但不支持加密服务；___(5)___提供加密服务；___(6)___提供密钥管理服务。

【问题 3】（6 分）

设置 Server A 和 Server B 之间通信的"筛选器 属性"界面如图 1 所示，在 Server A 的 IPSec 安全策略配置过程中，当源地址和目标地址均设置为"一个特定的 IP 子网"时，源子网 IP 地址应设为___(7)___，目标子网 IP 地址应设为___(8)___。如图 2 所示的隧道设置中的隧道终点 IP 地址应设为___(9)___。

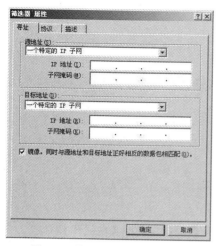 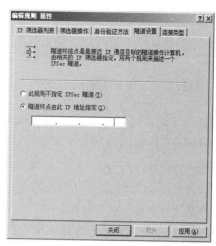

图 1　"筛选器 属性"对话框　　　图 2　"编辑规划 属性"对话框

【问题4】（3分）

在 Server A 的 IPSec 安全策略配置过程中，Server A 和 Server B 之间通信的 IPSec 筛选器"许可"属性设置为"协商安全"，并且安全措施为"加密并保持完整性"，如图 3 所示。根据上述安全策略填写图 4 中的空格，表示完整的 IPSec 数据包格式。

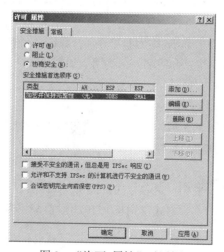

图 3　"许可 属性"对话框

新 IP 头	＿＿（10）	＿＿（11）	TCP 头	数据	＿＿（12）

图 10-4　数据包格式

（10）～（12）备选答案：

A．AH 头　　　B．ESP 头　　　C．旧 IP 头　　　D．新 TCP 头

E．AH 尾　　　F．ESP 尾　　　G．旧 IP 尾　　　H．新 TCP 尾

第 5~6 学时　模拟测试点评（上午一）

试题 1 解析　国家密码管理局于 2006 年 1 月 6 日发布公告，公布了"无线局域网产品须使用的系列密码算法"，包括：

- 对称密码算法：SMS4；
- 签名算法：ECDSA；
- 密钥协商算法：ECDH；
- 杂凑算法：SHA-256；
- 随机数生成算法：自行选择。

其中，ECDSA 和 ECDH 密码算法须采用国家密码管理局指定的椭圆曲线和参数。

试题答案：B

试题 2 解析　攻击可分为两类：

■主动攻击涉及修改数据流或创建数据流，它包括假冒、重放、修改消息与拒绝服务。

■被动攻击只是窥探、窃取、分析重要信息，但不影响网络、服务器的正常工作。

试题答案：D

试题 3 解析　加密密钥和解密密钥相同的算法，称为对称加密算法。常见的对称加密算法有 DES、3DES、RC5、IDEA。

加密密钥和解密密钥不相同的算法，称为非对称加密算法，这种方式又称为公钥密码加密算法。在非对称加密算法中，私钥用于解密和签名，公钥用于加密和认证。典型的公钥密码体制有 RSA、DSA、ECC。

试题答案：D

试题 4 解析　3DES 是 DES 的扩展，是执行了三次的 DES。3DES 安全强度较高，可以抵抗穷举攻击，但是用软件实现起来速度比较慢。

3DES 有两种加密方式：

■第一、三次加密使用同一密钥，这种方式密钥长度 128 位（112 位有效）。

■三次加密使用不同密钥，这种方式密钥长度 192 位（168 位有效）。

目前中国人民银行的智能卡技术规范支持 3DES。

试题答案：C

试题 5 解析　用户名/口令认证技术是最简单、最普遍的身份识别技术，如各类系统的登录等。

试题答案：D

试题 6 解析　消息摘要算法 5（MD5），把信息分为 512 比特的分组，并且创建一个 128 比特的摘要。

试题答案：C

试题 7 解析　安全 Hash 算法（SHA-1），把信息分为 512 比特的分组，并且创建一个 160 比特的摘要。

试题答案：C

试题 8 解析 Hash 函数用于构建数据的"指纹"，而"指纹"用于标识数据，可以防止发送的报文被篡改。

试题答案：D

试题 9 解析 在非对称加密算法中，私钥用于解密和签名，公钥用于加密和认证。因此用乙的公钥加密信息发给乙是合适的。

试题答案：C

试题 10 解析 安全性设计可以防攻击、破坏、篡改等。

试题答案：D

试题 11 解析 入侵检测设备由于可以使用旁路方式部署，不必是跨接方式部署，因此可以不产生流量。

IDS 部署在尽可能接近受保护资源的地方可以起到更好的保护作用，部署在尽可能靠近攻击源的地方则最有效，但因为攻击源的不确定性，所以很难做到。

试题答案：D

试题 12 解析 代理服务型防火墙:防火墙代替用户访问所需信息，再将信息转发给用户。优点是安全，缺点是速度较慢。

这种方式下，也不是所有外部服务都能访问，只有"可以信赖的"代理服务才允许通过。

试题答案：B

试题 13 解析 完整性是信息未经授权不能进行改变的特性。保证完整性手段有安全协议、纠错编码、数字签名、公证。信息加密属于保证信息不被泄漏给未授权的人。

试题答案：D

试题 14 解析 提高可用性常用方法有：身份识别、访问控制、业务流控制、跟踪审计。

试题答案：B

试题 15 解析 经验表明身体特征（指纹、掌型、视网膜、虹膜、人体气味、脸型、手的血管和 DNA 等）和行为特征（签名、语音、行走步态等）可以对人进行唯一标识，可以用于身份识别。目前指纹识别技术发展最为深入。

试题答案：D

试题 16 解析 计算机取证时首先必须隔离目标计算机系统,不给犯罪嫌疑人破坏证据的机会。实际取证工作需要遵循一个重要的原则：尽量避免在被调查的计算机上进行工作。

试题答案：C

试题 17 解析 SQL Server 有 user、db_name()等系统变量,利用这些系统值不仅可以判断 SQL-SERVER，而且还可以得到大量有用信息。如：

● 语句 http://xxx.xxx.xxx/abc.asp?p=YY and user>0，不仅可以判断是否是 SQL-SERVER，而且还可以得到当前连接数据库的用户名。

● 语句 http://xxx.xxx.xxx/abc.asp?p=YY and db_name()>0，不仅可以判断是否是 SQL Server，而还可以得到当前正在使用的数据库名。

试题答案：D

试题 18 解析 数字图像的内嵌水印有很多鲜明的特点，具体如下：

透明性：水印后图像不能有视觉质量的下降，与原始图像对比，很难发现二者的差别。

鲁棒性：图像中的水印经过变换操作（如加入噪声、滤波、有损压缩、重采样、D/A 或 A/D 转换等）后，不会丢失水印信息，仍然可以清晰地提取。

安全性：数字水印应能抵抗各种攻击，必须能够唯一地标识原始图像的相关信息，任何第三方都不能伪造他人的水印图像。

试题答案：A

试题 19 解析 LSB 算法将信息嵌入到随机选择的图像点中最不重要的像素位上，这可保证嵌入的水印是不可见的。

试题答案：B

试题 20 解析 Patchwork 算法利用像素的统计特征将信息嵌入像素的亮度值中。该算法先对图像分块，再对每个图像块进行嵌入操作，可以加入更多信息。

试题答案：A

试题 21 解析 拒绝服务攻击（Denial of Service，DoS），即攻击者想办法让目标机器停止提供服务或资源访问。TCP SYN Flooding 建立大量处于半连接状态的 TCP 连接就是一种使用 SYN 分组的 DoS 攻击。

试题答案：B

试题 22 解析 蠕虫病毒的前缀是 Worm。

试题答案：A

试题 23 解析 Macro.Melissa 是一种宏病毒，主要感染 Office 文件。

试题答案：（23）D　（24）B

试题 24 解析 《中华人民共和国网络安全法》规定如下：

第二十一条　采取监测、记录网络运行状态、网络安全事件的技术措施，并按照规定留存相关的网络日志不少于六个月。

试题答案：C

试题 25 解析 《信息安全等级保护管理办法》规定如下：

第二十七条　涉密信息系统建设使用单位应当依据涉密信息系统分级保护管理规范和技术标准，按照秘密、机密、绝密三级的不同要求，结合系统实际进行方案设计，实施分级保护，其保护水平总体上不低于国家信息安全等级保护第三级、第四级、第五级的水平。

试题答案：C

试题 26 解析 《中华人民共和国刑法》（2015 修正）对计算机犯罪的规定如下：

第二百八十五条　【非法侵入计算机信息系统罪】违反国家规定，侵入国家事务、国防建设、尖端科学技术领域的计算机信息系统的，处三年以下有期徒刑或者拘役。

试题答案：B

试题27解析 依据《信息安全等级保护管理办法》第七条，信息系统的安全保护等级分为五级。

试题答案：D

试题28解析 依据《信息安全等级保护管理办法》：

第七条 信息系统的安全保护等级分为五级，其中：

第二级，信息系统受到破坏后，会对公民、法人和其他组织的合法权益产生严重损害，或者对社会秩序和公共利益造成损害，但不损害国家安全。

试题答案：A

试题29解析 依据《信息安全等级保护管理办法》

第八条 信息系统运营、使用单位依据本办法和相关技术标准对信息系统进行保护，国家有关信息安全监管部门对其信息安全等级保护工作进行监督管理。

第一级，信息系统运营、使用单位应当依据国家有关管理规范和技术标准进行保护。

第二级，信息系统运营、使用单位应当依据国家有关管理规范和技术标准进行保护。国家信息安全监管部门对该级信息系统信息安全等级保护工作进行指导。

第三级，信息系统运营、使用单位应当依据国家有关管理规范和技术标准进行保护。国家信息安全监管部门对该级信息系统信息安全等级保护工作进行监督、检查。

第四级，信息系统运营、使用单位应当依据国家有关管理规范、技术标准和业务专门需求进行保护。国家信息安全监管部门对该级信息系统信息安全等级保护工作进行强制监督、检查。

第五级，信息系统运营、使用单位应当依据国家管理规范、技术标准和业务特殊安全需求进行保护。国家指定专门部门对该级信息系统信息安全等级保护工作进行专门监督、检查。

试题答案：B

试题30解析 整体性原则是应用系统工程的观点、方法，分析网络系统安全防护、监测和应急恢复。这一原则要求在进行安全规划设计时充分考虑各种安全配套措施的整体一致性，不要顾此失彼。

试题答案：B

试题31解析 最小特权管理一方面给予主体"必不可少"的权力，确保主体能在所赋予的特权之下完成任务或操作；另一方面，给予主体"必不可少"的特权，限制了主体的操作。这样可以确保可能的事故、错误、遭遇篡改等原因造成的损失最小。

试题答案：A

试题32解析 标准的电子邮件协议使用 SMTP、POP3 或者 IMAP。这些协议都是不能加密的。而安全的电子邮件协议使用 PGP 加密。

试题答案：A

试题33解析 数字签名的作用是确保 A 发送给 B 的信息就是 A 本人发送的，并且没有改动。

（1）A 使用"摘要"算法（SHA-1、MD5 等）对发送信息进行摘要。

（2）使用 A 的私钥对消息摘要进行加密运算。加密摘要和原文一并发给 B。

验证签名的基本过程则如下：

（1）B 接收到加密摘要和原文后，使用和 A 同样的"摘要"算法对原文再次摘要，生成新摘要。

（2）使用 A 公钥对加密摘要解密，还原成原摘要。

（3）两个摘要对比，一致则说明由 A 发出并且没有经过任何篡改。

由此可见，数字签名功能有信息身份认证、信息完整性检查、信息发送不可否认性，但不提供原文信息加密，不能保证对方能收到消息，也不对接收方身份进行验证。

所以 $E_B(D_A(P))$ 是网上传送的报文，即 A 私钥加密的原文，被 B 公钥加密后传输到网上。

$D_A(P)$ 是被 A 私钥加密的信息，不可能被第三方篡改，所以可以看作 A 身份证明。

试题答案：（34）C　　（35）B

试题 34 解析　在 X.509 标准中，包含在数字证书中的数据域有证书、版本号、序列号（唯一标识每一个 CA 下发的证书）、算法标识、颁发者、有效期、有效起始日期、有效终止日期、使用者、使用者公钥信息、公钥算法、公钥、颁发者唯一标识、使用者唯一标识、扩展、证书签名算法、证书签名（发证机构即 CA 对用户证书的签名）。

试题答案：D

试题 35 解析　用户登录该网站时，通过验证 CA 的签名，可确认该数字证书的有效性，从而验证该网站的真伪。

试题答案：（37）A　　（38）D

试题 36 解析　任何木马程序成功入侵到主机后都要和攻击者进行通信。计算机感染特洛伊木马后的典型现象就是有未知程序试图建立网络连接。

试题答案：B

试题 37 解析　单位因为工作的要求往往需要群发邮件，因此向多个邮箱群发同一封电子邮件，一般不认为是网络攻击。

试题答案：C

试题 38 解析　窃取是攻击者绕过系统的保密措施得到可用的信息。DDos 就是用分布式的方法，用多台机器进行拒绝服务攻击，从而使服务器变得不可用。

试题答案：（41）B　　（42）A

试题 39 解析　在 A 类地址中，10.0.0.0 到 10.255.255.255 是私有地址。在 B 类地址中，172.16.0.0 到 172.31.255.255 是私有地址。在 C 类地址中，192.168.0.0 到 192.168.255.255 是私有地址。

试题答案：B

试题 40 解析　Internet 控制报文协议（ICMP）是 TCP/IP 协议簇的一个子协议，是网络层协议，用于 IP 主机和路由器之间传递控制消息。ICMP 报文是封装在 IP 数据报内传输的。

试题答案：（44）B　　（45）D

试题 41 解析　地址解析协议（ARP）是将 32 位的 IP 地址解析成 48 位的以太网地址；而反向地址解析（RARP）则是将 48 位的以太网地址解析成 32 位的 IP 地址。ARP 报文封装在以太网帧中进行发送。

请求主机以广播方式发出 ARP 请求分组。ARP 请求分组主要由主机本身的 IP 地址、MAC 地址以及需要解析的 IP 地址三个部分组成。

试题答案：（46）B　（47）B　（48）C

试题 42 解析　TCP 报头包括源端口号、目标端口号、顺序号和校验号等字段；而 UDP 报头不包括顺序号字段。

试题答案：B

试题 43 解析　本地缓存改善了网络中 DNS 服务器的性能，减少反复查询相同域名的时间，提高解析速度，节约出口带宽。这种方式由于没有域名数据库，因此获取解析结果的耗时最短。

试题答案：C

试题 44 解析　在 Kerberos 认证系统中，用户首先向认证服务器 AS 申请初始票据，然后从票据授予服务器 TGS 获得会话密钥。

试题答案：（51）B　（52）C

试题 45 解析

陷门：是在某个系统或某个文件中设置的"机关"，使得当提供特定的输入数据时，允许违反安全策略。

授权侵犯：又称内部威胁，授权用户将其权限用于其他未授权的目的。

旁路控制：攻击者通过各种手段发现本应保密却又暴露出来的一些系统"特征"，利用这些"特征"，攻击者绕过防线守卫者渗入系统内部。

试题答案：D

试题 46 解析　SSL 是解决传输层安全问题的一个主要协议，其设计的初衷是基于 TCP 协议之上提供可靠的端到端安全服务。应用 SSL 协议最广泛的是 HTTPS，它为客户浏览器和 Web 服务器之间交换信息提供安全通信支持。它使用 TCP 的 443 端口发送和接收报文。

试题答案：（54）B　（55）A

试题 47 解析　SSL 是在网络应用层和传输层之间提供加密方案的协议。

试题答案：B

试题 48 解析　主动防御技术是根据特定行为判断程序是否为病毒。

试题答案：C

试题 49 解析　很多系统在登录时都要求用户输入以图片形式显示的一个字符串，可防止非法用户利用程序自动生成密码登录，即用暴力方式破解密码。

试题答案：C

试题 50 解析　IPSec 的加密和认证过程中所使用的密钥由 Internet 密钥交换协议（IKE）机制来生成和分发。

试题答案：B

试题 51 解析　网闸借鉴了船闸的概念，设计上采用"代理+摆渡"方式。摆渡的思想是内外网进行隔离，分时对网闸中的存储进行读写，间接实现信息交换；内外网之间不能建立网络连接，不能通过网络协议互相访问。网闸的代理功能是数据的"拆卸",把数据还原成原始的部分,拆除各种通信协议添加的"包头包尾",在内外网之间传递净数据。

网闸的主要实现技术包括实时开关技术、单向连接技术和网络开关技术。

- 实时开关:原理是使用硬件连接两个网络,两个网络之间通过硬件开关来保证不同时连通。通过开关的快速切换,并剥去 TCP 报头,通过不可路由的数据转存池来实现数据转发。
- 单向连接:数据只能从一个网络单向向另外一个网络摆渡数据,两个网络是完全断开的。单向连接实际上通过硬件实现一条"只读"的单向传输通道来保证安全隔离。
- 网络开关:是将一台机器虚拟成两套设备,通过开关来确保两套设备不连通,同一时刻最多只有一个虚拟机是激活的。

试题答案:(60)C   (61)D

试题 52 解析   初级密钥通常采用一次一密的使用形式,在将密钥的明文传输给对方时,需要使用更高级的密钥进行加密。对方接收到加密的初级密钥后,需要将其解密才能使用。

试题答案:(62)A   (63)A

试题 53 解析   ECC 规定用户的私钥 d 为一个随机数,取值范围为 0~n-1。公钥 Q 通过 dG 进行计算。

利用 ECC 实现数字签名与利用 RSA 实现数字签名的主要区别是,ECC 签名后的内容中包含原文,而 RSA 签名后的内容中没有原文。

试题答案:(64)A   (65)A   (66)B

试题 54 解析   S 盒变换是一种压缩替换,通过 S 盒将 48 位输入变为 32 位输出。共有 8 个 S 盒,并行作用。每个 S 盒有 6 个输入,4 个输出,是非线性压缩变换。

试题答案:(67)D   (68)A

试题 55 解析   RC4 是 Ron Rivest 为 RSA 设计的序列密码,RC4 算法简单、速度快、容易用软硬件实现,因此应用广泛。出于种种原因,美国政府限制出口超过 40 位密钥的 RC4 算法。

试题答案:D

试题 56 解析   为某些非容易的获取信息,利用社会科学(此指其中的社会常识),尤其心理学、语言学、欺诈学并将其进行综合,有效地利用(如人性的弱点),并最终获得信息为最终目的的学科称为"社会工程学"。

信息完全定义的社会工程是使用非计算机手段(如欺骗、欺诈、威胁、恐吓甚至实施物理上的盗窃)得到敏感信息的方法集合。

试题答案:B

试题 57 解析   数字认证是一种证明个人或其他机构**拥有**某一公开密钥的**数字**文件。数字认证用于确定某一给定的公钥是否确实属于某个人或某个机构。数字认证有助于防止有人**假冒**别人的秘钥。形式最简单的数字认证包含一个公钥和一个用户名。通常,数字认证还包括**有效期**,发证机关名称,序列号,也许还包含其他信息。最重要的是,它包含了发证机关的数字**签名**。最普遍公认的数字认证标准是 X.509 国际标准,任何遵循 X.509 的应用程序都能读写遵循 X.509 标准的数字认证。

试题答案：（71）C　　（72）B　　（73）A　　（74）D　　（75）A

第7~8学时　模拟测试点评（下午一）

试题一分析

密码分组链接模式（CBC）可以分为密文链接方式和明密文链接方式。

（1）CBC 的密文链接方式。

密文链接方式中，输入是当前明文组与前一密文组的异或。

CBC 的密文链接方式下：加密会引发错误传播无界，解密引发错误传播有界。CBC 不利于并行计算。

（2）CBC 的明密文链接方式。

明密文链接方式中，输入是前一组密文和前一组明文异或之后，再与当前明文组异或。CBC 的明密文链接方式下：加密和解密均会引发错误传播无界。

试题一答案

【问题1】（10分）

密码体制由以下五个部分组成：

（1）明文空间 M：全体明文的集合。

（2）密文空间 C：全体密文的集合。

（3）加密算法 E：一组明文 M 到密文 C 的加密变换。

（4）解密算法 D：一组密文 C 到明文 M 的加密变换。

（5）密钥空间 K：包含加密密钥 K_e 和解密密钥 K_d 的全体密钥集合。

【问题2】（3分）

（1）基于因子分解。

（2）基于离散对数。

（3）基于椭圆曲线离散对数。

注：（1）~（3）次序可以变化。

【问题3】（2分）

（4）分组密码。

（5）序列密码。

注：（4）~（5）次序可以变化。

【问题4】（5分）

该加密过程属于 CBC 的密文链接方式。

CBC 的密文链接方式下：加密会引发错误传播无界，解密引发错误传播有界。CBC 不利于并行计算。

试题二分析

已知 n=35，得到 p 和 q 分别为 5 和 7；

计算 $\varphi(n) = (p-1) \times (q-1) = 24$

已知公钥 e=5，又由于私钥 d 满足 $ed = 1 \mod (p-1) \times (q-1)$，因此 d=5

明文 $M = C^d \mod n = 10^5 \mod 35 = 5$

试题二答案

【问题 1】（3 分）

选出两个大质数 p 和 q，使得 $p \neq q$

计算 $p \times q = n$

计算 $\varphi(n) = (p-1) \times (q-1)$

选择 e，使得 $1 < e < (p-1) \times (q-1)$，并且 e 和 $(p-1) \times (q-1)$ 互为质数

计算解密密钥，使得 $ed = 1 \mod (p-1) \times (q-1)$

公钥=e，n

私钥=d，n

公开 n 参数，n 又称为模

消除原始质数 p 和 q

【问题 2】（4 分）

设定 C 为密文，M 为明文：

加密：

$C = M^e \mod n$

解密：

$M = C^d \mod n$

【问题 3】（4 分）

设 M 为明文，M 的签名过程为：

签名：$M^d \mod n$

验证签名：$(M^d)^e \mod n$

【问题 4】（4 分）

M=5

试题三分析

C 语言程序在内存中分为三个部分：程序段、数据段和堆栈。程序段里存放程序的机器码和只读数据；数据段存放程序中的静态数据；动态数据则通过堆栈来存放。在内存中，它们的位置如下图所示。

内存高位

堆　　栈
数　据　段
程　序　段

内存低位

　　Function()函数将长度为 128 字节的字符串拷贝到只有 16 字节的缓冲区中去；而调用 strcpy() 函数进行字符串拷贝时，没有进行缓冲区越界检查。

　　下图中可以看到执行 function()函数前后的堆栈情况。

　　程序执行 function()函数完毕时，由于缓冲区溢出，子程序的返回地址被覆盖，变成了 0x41414141（AAAA 的 ASCII 码表示，A 的 ASCII 码为 0x41）。因此无法执行 print("This is a test\n") 语句。此时，返回地址已经不正常，也无法预计会执行什么指令。

压入堆栈中的参数	内存高位	... A ...
返回地址		AAAA
少量缓存		... 在此向上共 256 个 A
缓存 16 字节空间	内存低位	16 个 A

执行 strcpy()前　　　　　　　　　　　　　　　　执行 strcpy()后

试题三答案

【问题 1】（3 分）

不能。（1 分）

代码存在缓冲区溢出错误。（2 分）

【问题 2】（4 分）

（1）function()函数将长度为 128 字节的字符串拷贝到只有 16 字节的缓冲区中去。（2 分）

（2）strcpy()函数进行字符串拷贝时，没有进行缓冲区越界检查。（2 分）

【问题 3】（3 分）

防范缓冲溢出的策略有：

- 系统管理防范策略：关闭不必要的特权程序、及时打好系统补丁。（1 分）
- 软件开发的防范策略：正确编写代码、缓冲区不可执行、改写 C 语言函数库、程序指针完整性检查、堆栈向高地址方向增长等。（2 分）

试题四分析

Fixup 命令可以启用或者禁止特定的服务、协议。

题干出现的 PIX 配置语句含义解释如下：

```
PIX#show config
…
nameif eth0 outside security 0              //eth0 接口命名为 outside，安全级别设置为 0
nameif ethl inside security 100            //eth1 接口命名为 inside，安全级别设置为 100
nameif eth2 dmz security 40                //eth2 接口命名为 dmz，安全级别设置为 40
…
fixup protocol ftp 21                      //启动 FTP 协议，允许 21 端口的数据通过
fixup protocol http 80                     //启动 HTTP 协议，允许 80 端口的数据通过
…
ip address outside 61.144.51.42   255.255.255.248    //配置 outside 接口 IP 地址与掩码
ip address inside 192.168.0.1   255.255.255.0        //配置 inside 接口 IP 地址与掩码
ip address dmz 10.10.0.1   255.255.255.0             //配置 dmz 接口 IP 地址与掩码
…
global（outside）1 61.144.51.46
//经 outside 接口去外网的数据，地址转换为 61.144.51.46，全局地址池标志为 1。所以由 inside 域发往 Internet 的 IP
分组，在到达路由器 R1 时的源 IP 地址是 61.144.51.46
nat（inside）1 0.0.0.0   0.0.0.0
//所有地址按地址池 1 定义进行地址转换
…
route outside 0.0.0.0 0.0.0.0 61.144.51.45 1    //设定默认路由，所有数据通过 61.144.51.45 转发
```

使用 static 命令配置静态地址映射，使得内外部地址一一对应。

Firewall（config）#**static**（internal_interface_name, external_interface_name）outside_ip_address inside_ip_address
其中 internal_ interface _name 表示内部网络接口，安全级别较高，如 inside；
external_ interface _name 表示外部网络接口，安全级别较低，如 outside；
outside_ip_address 表示共有 IP 地址；inside_ip_address 表示被转换的 IP 地址。

如果需要 dmz 域的服务器（IP 地址为 10.10.0.100）对 Internet 用户提供 Web 服务（对外公开
IP 地址为 61.144.51.43），就需要完成两步工作：

①将 10.10.0.100 和 61.144.51.43 建立映射关系。

PIX（config）#static（dmz,outside）61.144.51.43 10.10.0.100 可以完成这种映射。

②防火墙上放开外网地址 61.144.51.43 的 80 端口。

PIX（config）#conduit permit tcp host 61.144.51.43 eq www any 可以完成端口放开的任务。

试题四答案

【问题 1】（4 分）

（1）启用 FTP 服务　　　　　　　　　　（2 分）

（2）设置 eth0 口的默认路由，指向 61.144.51.45，且跳步数为 1（2 分）

【问题 2】（6 分）

（3）192.168.0.1　　　　　　　　　　（1.5 分）

（4）255.255.255.248　　　　　　　　（1.5 分）

（5）eth2　　　　　　　　　　　　　　　（1.5 分）

（6）10.10.0.1　　　　　　　　　　　　（1.5 分）

【问题 3】（2 分）

（7）61.144.51.46

【问题 4】（3 分）

（8）61.144.51.43　　　　　　　　　　（1 分）

（9）10.10.0.100　　　　　　　　　　　（1 分）

（10）61.144.51.43　　　　　　　　　　（1 分）

试题五分析

【问题 1】（3 分，各 1 分）

表　常见的隧道协议

协议层次	实例
数据链路层	L2TP、PPTP、L2F
网络层	IPSec
传输层与应用层之间	SSL

【问题 2】（3 分，各 1 分）

IPSec 安全体系结构包括 AH、ESP 和 ISA KMP/Oakley 等协议。其中，<u>AH</u> 为 IP 包提供信息源验证和报文完整性验证，但不支持加密服务；<u>ESP</u> 提供加密服务；<u>ISA KMP/Oakley</u> 提供密钥管理服务。

【问题 3】（6 分，各 2 分）

"筛选器 属性"界面配置源子网 IP 地址（内网地址）和目的子网 IP 地址（内网地址）。

针对 Server A，源子网 IP 地址（内网地址）为 192.168.1.2/32，所以"筛选器 属性"界面源子网 IP 地址应设为 **192.168.1.0**；目的子网 IP 地址（内网地址）为 192.168.1.2/32，所以"筛选器 属性"界面目标子网 IP 地址应设为 **192.168.2.0**。

"编辑规则 属性"界面的隧道地址应该配置隧道对端（公网地址）。

针对 Server A 隧道对端（公网地址）为 202.113.111.1，所以隧道设置中的隧道终点 IP 地址应设为 **202.113.111.1**。

【问题 4】（3 分，各 1 分）

本题要求"加密并保持完整性"，由于 AH 协议不支持加密，因此采用 ESP 封装。前面题目给出了总公司与子公司通信建立了隧道，因此采用隧道模式。具体如下图所示。

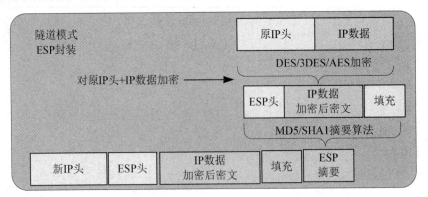

这里 IP 数据加密后，密文可以看作旧 IP 头，ESP 摘要可以看作 ESP 尾。

试题五答案

【问题 1】（3 分，各 1 分）

（1）PPTP

（2）L2TP（1、2 顺序可调换）

（3）IPSec

【问题 2】（3 分，各 1 分）

（4）AH

（5）ESP

（6）ISA KMP/Oakley

【问题 3】（6 分，各 2 分）

（7）192.168.1.0

（8）192.168.2.0

（9）202.113.111.1

【问题 4】（3 分，各 1 分）

（10）B 或 ESP 头

（11）C 或旧 IP 头

（12）F 或 ESP 尾

后 记

完成"5 天修炼"后，感觉如何？是否觉得更加充实？是否觉得意犹未尽？5 天踏实学习后，应考时会备感轻松，考完后会是捷报频传。基于此，还想再啰嗦几句，提出几点建议供参考：

（1）认真钻研历年真题。这是确保通过的重要方式。

（2）该背的背，该记的记。如果可以，整本书都尽可能背诵记忆。

（3）在经济条件许可的情况下，参加辅导培训。这不是广告，而是真诚的建议。良师益友，可以少走很多弯路。

（4）关注"攻克要塞"微信公众号，我们会及时发布学习指南和考试信息。

最后，预祝"准信息安全工程师"们顺利过关，老师在公众号等您留言报喜哟。

参考文献

[1] 谢希仁．计算机网络．5 版．北京：电子工业出版社，2008．

[2] 王达．路由器配置与管理完全手册（Cisco 篇）．武汉：华中科技大学出版社，2011．

[3] 王达．交换机配置与管理完全手册（Cisco/H3C）．北京：中国水利水电出版社，2009．

[4] （美）Andrew S.Tanenbaum 著．计算机网络．4 版．潘爱民译．北京：清华大学出版社，
     2009．

[5] 黄传河．网络规划设计师教程．北京：清华大学出版社，2009．

[6] 张焕国．信息安全工程师教程．北京：清华大学出版社，2016．

[7] 朱小平．网络工程师 5 天修炼．2 版．北京：中国水利水电出版社，2015．